RA6M3 기반
임베디드 시스템

RA6M3 기반 임베디드 시스템

오성빈 · 김종훈 · 임세정 · 최혁준 · 차성근 · 전재욱 지음

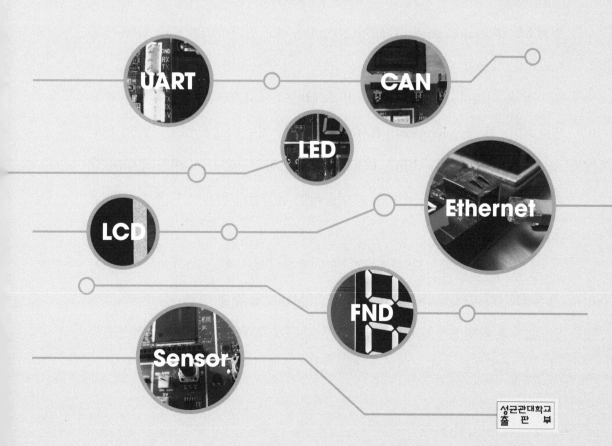

UART

CAN

LED

LCD

Ethernet

FND

Sensor

성균관대학교
출 판 부

머리말

오늘날 자동차, 제조 생산 장비, 건설 장비 등을 포함하여 산업 전 분야에 걸쳐 MCU(Micro Controller Unit)가 널리 사용되고 있다. 따라서 MCU에 대해 이해하고 응용할 수 있는 역량을 갖추는 것이 중요하다. 이를 위해 MCU 관련 이론을 이해하고 직접 MCU 기반의 임베디드 시스템을 다루어 보는 것이 필요하다. 이 책은 Renesas의 RA6M3 MCU를 기반으로 UART, CAN, Ethernet 등의 통신 기능과 LED, LCD, FND, 스위치, 센서, 모터 등의 주변 장치를 포함하는 임베디드 시스템을 이용하여 다양한 실험과 실습을 수행할 수 있도록 하였다.

이 책에서는 임베디드 시스템과 개발 환경 구축 방법을 소개하고, GPIO, 인터럽트, 타이머, ADC/DAC, CAN, Ethernet 등과 관련된 내용을 설명하고, 실시간 운영체제인 FreeRTOS 기반의 프로그래밍에 대해서도 설명하였다. 각 실습 부분에서는 관련 이론을 먼저 소개하고 다양한 실습 과정을 수행할 수 있는 설명을 제공하였다.

이 책을 통하여 모든 학습자가 임베디드 시스템을 이해하기 바라며, 출판에 이르도록 도와주신 성균관대학교 출판부 여러분과 프로그래밍 및 실험을 수행하며 여러 가지로 도움을 준 성균관대학교 자동화연구실 인원 모두에게 감사의 마음을 전한다.

오성빈, 김종훈, 임세정, 차성근, 최혁준, 전재욱

목차

머리말   4
용어 정리   11

1 임베디드 시스템 소개   15

1.1 마이크로프로세서 소개   16
    1.1.1 ARM 프로세서   17
    1.1.2 Renesas RA   18
1.2 RA6M3   20
1.3 임베디드 시스템   23
    1.3.1 전원   25
    1.3.2 LED   26
    1.3.3 스위치   26
    1.3.4 FND   27
    1.3.5 ADC/DAC   27
    1.3.6 UART 통신   28
    1.3.7 CAN   29
    1.3.8 Ethernet   31
    1.3.9 디버거   31

2 개발환경 소개   33

2.1 개요   34
2.2 E2 Studio 개발환경   36
    2.2.1 개발환경 설치   36
    2.2.2 E2 Studio 사용법   42
    2.2.3 FSP 사용법   50
    2.2.4 디버깅 환경 및 사용법   53
2.3 데이터시트 분석 방법   61
    2.3.1 데이터시트 종류   61
    2.3.2 데이터시트 분석   62
2.4 관련 프로그램 설치   66
    2.4.1 Renesas Flash Programmer   66
    2.4.2 CanKing   78
    2.4.3 Tera Term   83

2.4.4 WireShark   86

2.4.5 WinPcap   90

2.4.6 dll File   92

2.4.7 GoldWave   93

2.4.8 HxD Hex Editor   95

3 GPIO/FND   99

3.1 개요   100

3.2 이론   102

3.2.1 GPIO   102

3.2.2 LED 회로 구성 방법   105

3.2.3 FND   107

3.2.4 회로도 및 핀맵   109

3.2.5 GPIO FSP Configuration   112

3.2.6 GPIO 레지스터 설정   119

3.3 실습   122

3.3.1 실습 1: FND (원하는 숫자 표현)   122

3.3.2 실습 2: FND (증감하는 10진수 표현)   130

3.3.3 실습 3: FND (증감하는 16진수 표현)   131

4 인터럽트   133

4.1 개요   134

4.2 이론   136

4.2.1 인터럽트   136

4.2.2 하드웨어 동작 원리   137

4.2.3 회로도 및 핀맵   142

4.2.4 인터럽드 FSP Configuration   144

4.2.5 인터럽트 레지스터 설정   147

4.3 실습   157

4.3.1 실습 1: 스위치 기반 LED 제어   157

4.3.2 실습 2: 스위치 기반 FND 제어   163

4.3.3 실습 3: 비밀번호 입력   164

5 타이머   167

5.1 개요   168

5.2 이론   170

5.2.1 오실레이터 및 타이머	170
5.2.2 하드웨어 동작 원리	171
5.2.3 회로도 및 핀맵	183
5.2.4 타이머 FSP Configuration	187
5.2.5 타이머 레지스터 설정	197
5.3 실습	**207**
5.3.1 실습 1: AGT 기반 LED 제어	207
5.3.2 실습 2: GPT 기반 DC 모터 제어	213
5.3.3 실습 3: GPT 기반 서보 모터 제어	218

6 ADC/DAC

223

6.1 개요	**224**
6.2 이론	**226**
6.2.1 신호 변환 과정	226
6.2.2 분해능	229
6.2.3 아날로그 센서 소개	230
6.2.4 하드웨어 동작 원리	234
6.2.5 회로도 및 핀맵	239
6.2.6 ADC/DAC FSP Configuration	241
6.2.7 ADC/DAC 레지스터 설정	245
6.3 실습	**251**
6.3.1 실습 1: 조도 센서 기반 LED 제어	251
6.3.2 실습 2: 가변 저항 기반 DC 모터 제어	256
6.3.3 실습 3: DAC 기반 음성 재생	257

7 SCI-UART

267

7.1 개요	**268**
7.2 이론	**269**
7.2.1 SCI 구성	269
7.2.2 시리얼 통신 소개	271
7.2.3 SCI-UART	276
7.2.4 하드웨어 동작 원리	280
7.2.5 회로도 및 핀맵	283
7.2.6 SCI-UART FSP Configuration	284
7.2.7 SCI-UART 레지스터 설정	288
7.3 실습	**296**
7.3.1 실습 1: SCI-UART 기반 LED 제어	296

7.3.2 실습 2: 카이사르 암호 생성기   305
7.3.3 실습 3: 음료 자판기   306

8 CAN 통신   309

8.1 개요   310
8.2 이론   312
8.2.1 CAN 통신 소개   312
8.2.2 CAN 표준 프레임   316
8.2.3 CAN 통신 주요 개념   317
8.2.4 하드웨어 동작 원리   323
8.2.5 회로도 및 핀맵   325
8.2.6 CAN FSP Configuration   326
8.2.7 CAN 레지스터 설정   330

8.3 실습   339
8.3.1 실습 1: CAN 기반 LED 제어   339
8.3.2 실습 2: 받아쓰기   349
8.3.3 실습 3: 자동차 운전 시뮬레이션   350

9 Ethernet 통신   353

9.1 개요   354
9.2 이론   356
9.2.1 OSI 7계층 (ISO-7498)   356
9.2.2 Ethernet 표준 프레임 (IEEE 802.3)   357
9.2.3 하드웨어 동작 원리   362
9.2.4 회로도 및 핀맵   367
9.2.5 Ethernet FSP Configuration   369
9.2.6 Ethernet 레지스터 설정   373

9.3 실습   381
9.3.1 실습 1: Ethernet 프레임 전송 (PC → ECU)   381
9.3.2 실습 2: Ethernet 프레임 전송 (ECU → PC)   399
9.3.3 실습 3: Ethernet 프레임 패딩   405

10 종합 프로젝트   409

10. 1개요   410
10.2 프로젝트 소개   412
10.2.1 하드웨어 연결   412

10.2.2 프로젝트용 실습 GUI   413

10.2.3 프로젝트용 SCI-UART 통신 규약   421

10.2.4 제어 기능 설계   424

10.2.5 실시간 모니터링 기능 설계   439

10.2.6 보안 기능 설계   442

10.2.7 부가 기능 설계   447

11 FreeRTOS

     451

11.1 개요   452

11.2 이론   454

11.2.1 특징   454

11.2.2 멀티 스레드   456

11.2.3 스케줄링 알고리즘   459

11.2.4 세마포어 및 뮤텍스   465

11.2.5 RTOS FSP Configuration   469

11.2.6 태스크 기본 프로그래밍   481

11.3 실습   490

11.3.1 실습 1: RTOS 기반 FND 제어   490

11.3.2 실습 2: 가변저항 및 서보모터 (조향장치 표현)   493

A Appendix

     495

A.1 하드웨어 사양   496

A.1.1 MCU   496

A.1.2 전원   496

A.1.3 통신   497

A.1.4 모터류   497

A.1.5 센서류   497

A.2 펌웨어 구조   498

A.2.1 BSP   499

A.2.2 HAL 드라이버   500

A.2.3 응용 프로그램 계층   500

참고문헌   501

INDEX   504

용어 정리

A

ADC	Analog-to-Digital Converter
AGT	Asynchronous General-purpose Timer
ASCII	American Standard Code for Information Interchange

B

BPS	Bits Per Second
BRP	Baud Rate Prescaler
BSP	Board Support Package

C

CAN	Controller Area Network
CAN-FD	Controller Area Network Flexible Data-rate
CMSIS	Core Microcontroller Software Interface Standard
CPU	Central Processing Unit
CR	Carriage Return
CRC	Cyclic Redundancy Check

D

DA	Destination Address
DAC	Digital-to-Analog Converter
DC	Direct Current
DLC	Data Length Code
DLL	Dynamic Link Library
DMA	Direct Memory Access
DoIP	Diagnostics over Internet Protocol

E

ECU	Electronic Control Unit
EDMAC	Ethernet DMA Controller
EOF	End Of Frame
ETHERC	Ethernet Controller
ETX	End of Text

F

FCS	Frame Check Sequence
FND	Flexible Numeric Display
FSP	Flexible Software Package

G

	GND	Ground
	GPIO	General Purpose Input/Output
	GPS	Global Positioning System
	GPT	General Purpose Timer
	GUI	Graphical User Interface

H

	HAL	Hardware Abstraction Layer
	HMI	Human Machine Interface
	HOCO	High-speed On-Chip Oscillator
	HTTP	Hypertext Transfer Protocol

I

	I2C	Inter-Integrated Circuit
	IANA	Internet Assigned Numbers Authority
	IC	Integrated Circuit
	ICU	Interrupt Control Unit
	ID	Identifier
	IDE	Integrated Development Environment
	IEEE	Institute of Electrical and Electronics Engineers
	IH	Interrupt Handler
	IoT	Internet of Things
	IP	Internet Protocol
	IRQ	Interrupt Request
	ISR	Interrupt Service Routine

L

	LAN	Local Area Network
	LCD	Liquid-Crystal Display
	LED	Light-Emitting Diode
	LF	Line Feed
	LiDAR	Light Detection And Ranging
	LLC	Logical Link Control
	LOCO	Low-speed On-Chip Oscillator

M

	MAC	Medium Access Control
	MCU	Micro Conroller Unit
	MDI	Medium-Dependent Interface
	MDIO	Management Data Input/Output

MII	Media-Independent Interface
MOCO	Middle-speed On-Chip Oscillator
MOSC	Main Oscillator
MTU	Maximum Transmission Unit

N

NVIC	Nested Vector Interrupt Control

O

OSI	Open System Interconnection
OUI	Organizationally Unique Identifier

P

PCLK	Peripheral module clock
PCM	Pulse Code Modulation
PHASE_SEG	Phase Segment
PROP_SEG	Propagation Segment
PWM	Pulse Width Modulation

Q

QSPI	Quad Serial Peripheral Interface

R

RADAR	Radio Detection And Ranging
RMII	Reduced Media-Independent Interface
RTOS	Real-Time Operating System
RTR	Remote Transmission Request

S

SA	Source Address
SCB	System Control Block
SCI	Serial Communication Interface
SCL	Serial Clock Line
SCS	System Control Space
SDA	Serial Data Line
SDHI	Secure Digital Host Interface
SFD	Start Frame Delimiter
SOF	Start Of Frame
SOME/IP	Scalable service-Oriented MiddlewarE over Internet Protocol
SOSC	Sub-clock Oscillator
SPI	Serial Peripheral Interface
SPS	Sample Per Second
SRAM	Static Random Access Memory

SS	Synchronization Segment
SSIE	Serial Sound Interface Enhanced
STX	Start of Text

T

TCP	Transmission Control Protocol
TSEG	Time Segment

U

UART	Universal Asnychronous Receiver/Transmitter
USART	Universal Synchronous/Asynchronous Receiver/Transmitter
USB	Universal Serial Bus

V

VCC	Voltage Collector
VLAN	Virtual Local Area Network

W

WDT	Watchdog Timer

X

XCP	Universal Measurement and Calibration Protocol

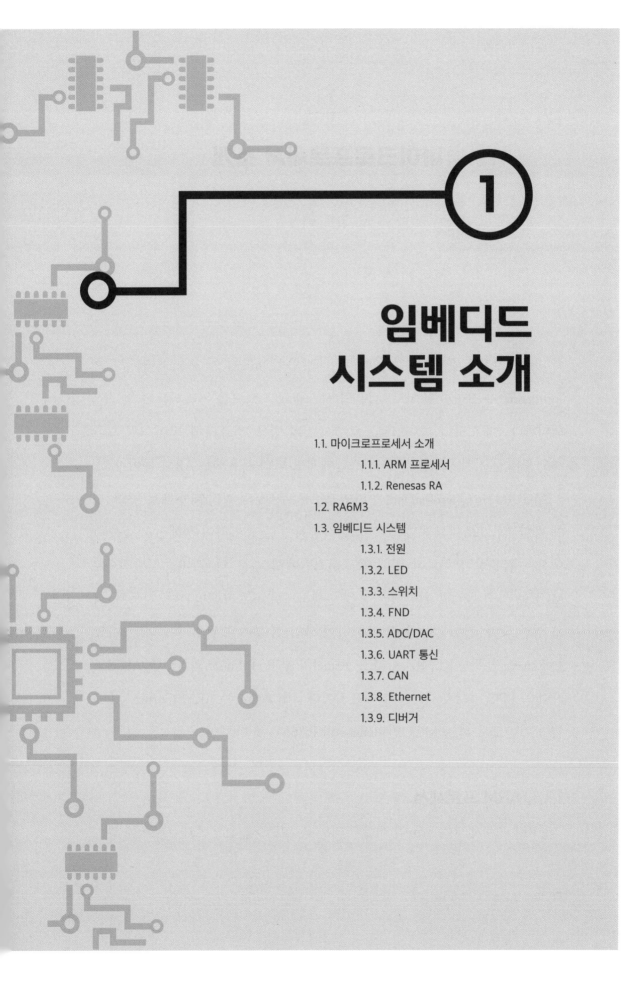

임베디드 시스템 소개

1.1. 마이크로프로세서 소개

    1.1.1. ARM 프로세서

    1.1.2. Renesas RA

1.2. RA6M3

1.3. 임베디드 시스템

    1.3.1. 전원

    1.3.2. LED

    1.3.3. 스위치

    1.3.4. FND

    1.3.5. ADC/DAC

    1.3.6. UART 통신

    1.3.7. CAN

    1.3.8. Ethernet

    1.3.9. 디버거

마이크로프로세서 소개

마이크로프로세서는 "작은"이라는 의미의 "micro"와 처리기라는 뜻의 "processor"가 결합한 용어로, 컴퓨팅 시스템에서 정보를 처리하는 소형 칩을 의미한다. 대표적인 마이크로프로세서로는 범용 컴퓨터에 많이 사용되는 x86, 모바일 기기 및 임베디드 시스템에서도 널리 사용되는 ARM 등이 있다.

MCU(Micro Controller Unit)는 마이크로프로세서의 확장된 형태로, 칩 하나에 마이크로프로세서와 메모리, 입출력장치 등을 통합하여 정해진 기능을 수행하는 컴퓨팅 장치로서 임베디드 시스템에서 주로 사용된다. 일반적으로 MCU는 특정 목적을 위하여 기능을 수행하도록 프로그래밍된다. 자동차, 제조 생산 장비, 건설 장비 등을 포함하여 산업 전 분야에 걸쳐 사용되는 MCU는 Renesas의 RA, RL, RZ 시리즈, Atmel의 AVR, Infineon의 XMC, AURIX, NXP의 LPC, i.MX 시리즈가 대표적이다. 이 책에서는 ARM Cortex-M 코어를 기반으로 하는 MCU인 Renesas의 RA6M3를 다룬다.

1.1.1. ARM 프로세서

ARM 프로세서는 Arm이 개발한 마이크로프로세서로, 스마트폰이나 태블

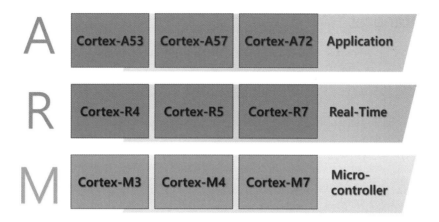

그림 1-1. ARM Cortex 제품군

릿 같은 소형 모바일 장치뿐만 아니라 자동차 제어 시스템, 가전제품, 의료 기기, 산업 자동화 등 다양한 분야에서 사용되고 있다.

ARM Cortex 제품군은 ARM의 다양한 제품 중에서도 주목받는 제품군 중하나로, 고성능, 실시간 혹은 저전력에 최적화된 제품군을 제공한다. 그림 1-1은 ARM Cortex 제품군을 보여준다. Cortex-A 시리즈는 ARM의 주력 상품군이며 고성능의 제품군으로, 'A'는 "Application"을 뜻한다. 스마트폰, TV 등의 기기나 고성능이 필요한 임베디드 기기에서 주로 사용된다. Cortex-R 시리즈는 실시간 운영체제를 기반으로 작동하는 제품을 위한 제품군으로, 'R'은 "Real-Time"을 뜻한다. 실시간 운영체제에서 신뢰성 높은 동작을 위한 장치들을 포함한다. Cortex-M 시리즈는 MCU를 위한 제품군으로, 'M'은 "Microcontroller"를 의미한다. 저전력 및 임베디드 시스템에 최적화되어 있으며, 낮은 가격으로 MCU 시장에서 주도적 위치를 차지하고 있다.

1.1.2 Renesas RA

Renesas는 히타치, 미쓰비시 전기, NEC 등 19개 일본 기업이 2003년 공동 출자한 반도체 기업이다. 2023년 기준 차량용 MCU에서 시장 점유율 30%로 세계 1위로, NXP, Infineon 등과 함께 전 세계 MCU 공급업체 상위권에 속하는 회사이다.

Renesas는 초저전력 MCU부터 고성능 MCU까지 광범위한 제품군을 제공하고 있다. 대표적으로 우수한 작동 성능 및 전력 효율성을 특징으로 하는 RX 시리즈, 그래픽 및 멀티미디어 처리에 특화된 RZ 시리즈, 그리고 IoT와 보안을 강화하여 광범위한 성능과 기능을 제공하는 RA 시리즈가 있다. 이 책에서 다룰 RA6M3 MCU는 Renesas의 RA 시리즈로서 ARM Cortex-M 코어 아키텍처를 기반으로 하는 32비트 MCU에 속한다. 현재까지 출시된 대표적인 RA 시리즈에 속하는 제품들은 그림 1-2와 같다.

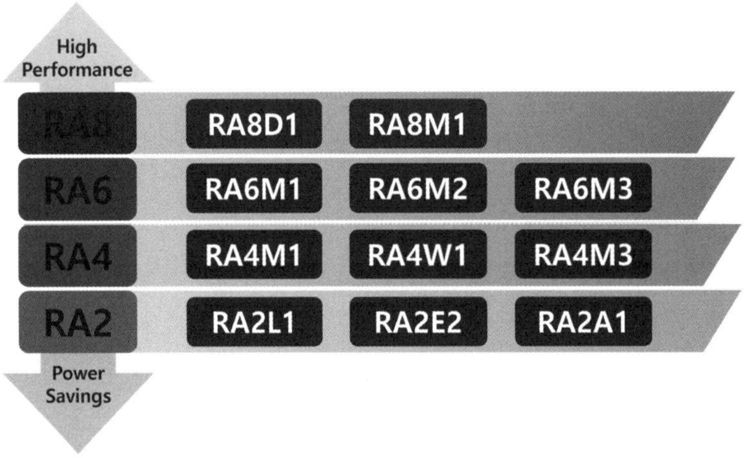

그림 1-2. RA 제품군 포트폴리오

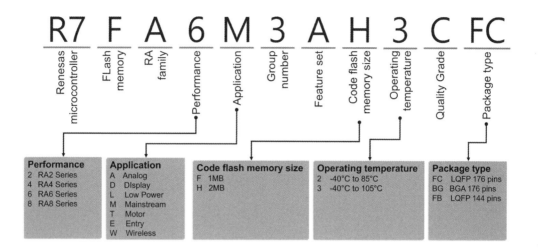

그림 1-3. RA 시리즈의 부품 번호 규칙

각각의 RA 시리즈에 속하는 MCU는 부품 번호만으로도 MCU의 주요 특징과 사양을 유추할 수 있다. 그림 1-3의 RA 시리즈의 제품명 규칙을 기반으로 MCU의 성능, 적용 분야, 메모리 타입과 크기와 같은 정보를 알 수 있다.

1.2

RA6M3

RA6 시리즈는 RA 계열 중 고성능, 연결성, 보안 및 확장성을 제공하는 제품군이다. 이 책에서 다룰 MCU는 RA6 시리즈에 속하는 RA6M3로, Cortex−M4 기반의 MCU이다. RA6M3 MCU는 최대 120MHz의 클럭 속도를 제공하며, 타이머나 GPIO와 같은 기본적인 모듈과 Ethernet, CAN 통신 인터페이스 등을 제공한다. 이 책에서 실습에 사용하는 임베디드 시스템의 MCU 주요 사양은 표 1−1과 같다.

표 1-1. 임베디드 시스템의 MCU 사양

MCU	부품 번호	R7FA6M3AH3CFC
CPU	프로세서	Arm Cortex-M4 Core
	클럭 속도	최대 120MHz
	디버깅 시스템	JTAG SWD ETM
Memory	code flash 용량	최대 2MB
	data flash 용량	64KB
	SRAM 용량	최대 640KB
Connectivity	Ethernet	Ethernet MAC Controller Ethernet DMA Controller Ethernet PTP Controller

Connectivity	USB	USB HS USB FS
	CAN/USART	2 / 12
	SPI/QSPI/I2C	2 / 1 / 3
	SSIE/SDHI	2 / 2
Analog	ADC	12-bit A/D Converter with 3 sample-and-hold circuits each x 2
	DAC	12-bit D/A Converter x 2
Timer	GPT	GPT32EH x 4 GPT32E x 4 GPT32 x 6
	AGT	Low Power AGT x 2
	WDT	Watchdog Timer x 1

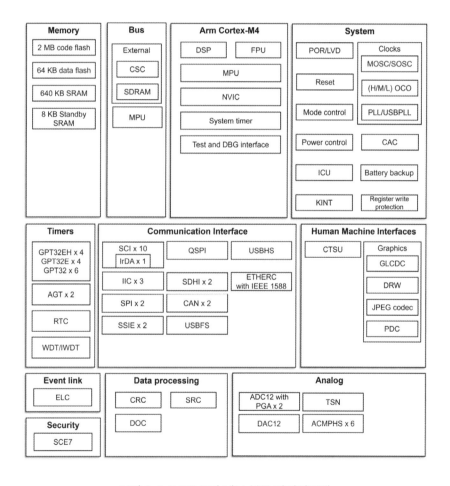

그림 1-4. RA6M3의 내부 블록 다이어그램

그림 1-4는 RA6M3의 내부 블록 다이어그램을 보여주고 있다. RA6M3 는 ADC, 타이머 등의 기능과 통신 인터페이스뿐만 아니라 그래픽 LCD 컨 트롤러, 정전식 터치 센서 유닛, 보안 암호화 모듈을 탑재해 HMI 및 보안 기 능도 지원하고 있다.

1.3

임베디드 시스템

이 책에서 사용하는 실습 보드는 그림 1-5와 같은 RA6M3 기반의 임베디드 시스템이다.

그림 1-5. RA6M3 기반 임베디드 시스템

그림 1-6은 실습 보드의 구성도를 나타낸다. 그림 1-6을 통하여 임베디드 시스템에 포함된 기능을 파악할 수 있다.

그림 1-7에는 실습에서 사용할 주요 I/O 요소를 나타내고 있다. 첫 번째

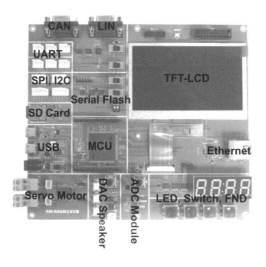

그림 1-6. RA6M3 기반 임베디드 시스템 구성도

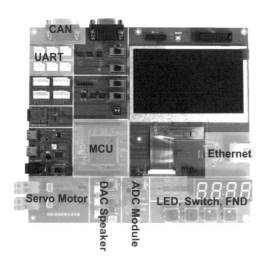

그림 1-7. 실습에서 사용할 주요 I/O

실습에서는 GPIO와 FND 제어를 수행할 것이다. 두 번째에서는 인터럽트에 대해 다룰 것이다. 세 번째에서는 AGT를 사용한 Timer 실습을 수행할 것이다. 네 번째에서는 ADC와 DAC에 대해 다룰 것이다. 다섯 번째에서는

UART를 이용한 시리얼 통신을 실습할 것이다. 여섯 번째에서는 CAN 통신에 대해 다룰 것이다. 일곱 번째에서는 Ethernet 통신 실습을 수행할 것이다. 여덟 번째에서는 이전 실습 내용들을 종합한 프로젝트를 수행할 것이다. 마지막으로는 FreeRTOS에 대해 다룬다. 앞으로 이 책에서는 RA6M3 기반 임베디드 시스템을 간단히 실습 보드로 칭할 것이다.

1.3.1. 전원

본 실습 보드는 12V~24V DC 전원 어댑터를 이용하여 전원을 공급받을 수 있다. 모터 등의 추가적인 모듈들의 정상적인 동작을 위해서 5A의 전류가 인가되어야 한다. 실습 보드에 전원이 공급되면 보드 내부에서 5V, 3.3V 전원을 모듈에 공급해줄 수 있다.

그림 1-8은 실습 보드의 전원부의 전원 커넥터와 전원 스위치를 표시하고 있다. 전원 어댑터를 전원 커넥터에 연결한 후 전원 스위치를 켜면 보드가 동작하게 된다.

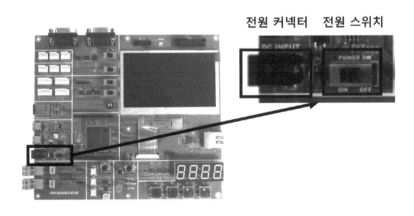

그림 1-8. 실습 보드 내 전원부 위치

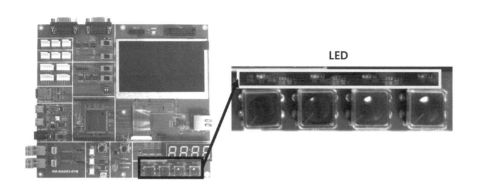

그림 1-9. 실습 보드 내 LED

1.3.2. LED

실습 보드에는 4개의 LED가 설치되어 있다. LED는 그림 1-9와 같이 실습보드 우측 하단에 위치되어 있다.

1.3.3. 스위치

실습 보드에는 4개의 스위치가 설치되어 있다. 이 스위치들은 그림 1-10

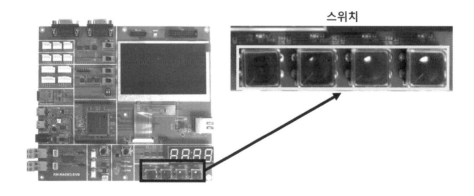

그림 1-10 실습 보드 내 스위치

과 같이 실습 보드의 우측 하단에 위치되어 있다.

1.3.4. FND

FND는 여러 개의 LED를 배치하여 숫자나 문자를 나타낼 수 있는 표시 장치이다. FND에 대한 자세한 내용은 3장에서 다뤄진다. 실습 보드에는 하나의 FND 모듈이 설치되어 있다. FND 모듈은 실습 보드의 우측 하단에 위치되어 있다.

그림 1-11. 실습 보드 내 FND

1.3.5. ADC/DAC

ADC와 DAC는 각각 아날로그 신호를 디지털 신호로 변환하거나 디지털 신호를 아날로그 신호로 변환하는 역할을 하는 장치이다. ADC와 DAC에 대한 자세한 내용은 6장에서 다뤄진다. 본 실습 보드의 ADC/DAC 모듈은 그림 1-12와 같이 중앙 하단에 위치되어 있다.

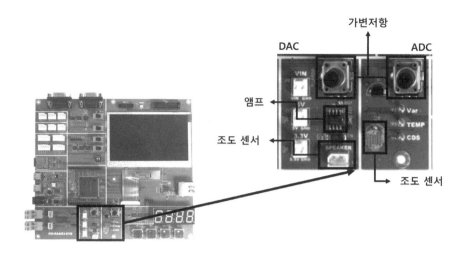

그림 1-12. 실습 보드 내 ADC/DAC

1.3.6. UART 통신

본 실습 보드에서 시리얼 통신은 UART 방식으로 수행된다. 시리얼 통신과 UART에 대한 자세한 설명은 7장에서 소개된다. 실습 보드의 시리얼 통신을 위해서는 그림 1–13과 같이 UART 신호를 USB 신호로 변경해주는 모듈이

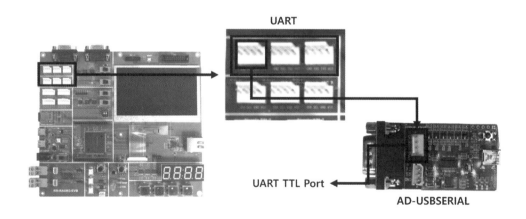

그림 1-13. 실습 보드 내 시리얼 통신 모듈

필요하다. 실습 보드 내 시리얼 통신 모듈은 좌측 상단에 위치되어 있다.

1.3.7. CAN

본 실습 보드에는 그림 1-14와 같이 CAN 통신을 지원하는 포트 1개와 종단 저항과 레벨 시프터를 탈/부착할 수 있는 스위치가 설치되어 있다. CAN에 대한 상세한 설명은 8장에서 소개된다.

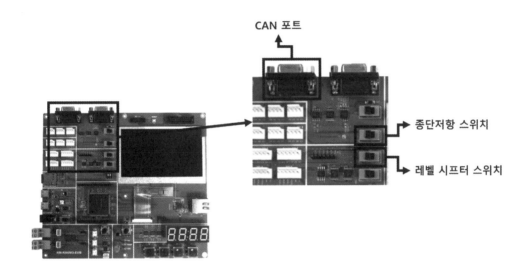

그림 1-14. 실습 보드 내 CAN 포트 및 종단저항/레벨 시프터 스위치

CAN 통신은 버스 형태의 네트워크를 사용하고, 버스 끝단에 종단 저항을 설치하여 신호 반사 현상을 방지한다. 그러나 종단 저항을 버스의 중간에 연결할 경우 오히려 통신 장애 문제를 일으킬 수 있다. 종단 저항을 버스의 중간에 연결하게 되면 CAN 신호가 약화되어 통신 장애 문제를 일으키기 때문에 본 실습 보드는 CAN의 종단 저항을 탈/부착할 수 있도록 설계되었다. 또한, 본 실습 보드에 설치되어 있는 CAN 트랜시버는 5V 전압을 사용하지만,

RA6M3 MCU는 3.3V를 사용한다. 두 장치 사이의 전압 규격이 일치하지 않기 때문에 레벨 시프터를 사용하여 전압을 맞춰주어야 한다. 본 실습 보드에는 스위치를 사용하여 레벨 시프터를 탈/부착할 수 있도록 설계되었다.

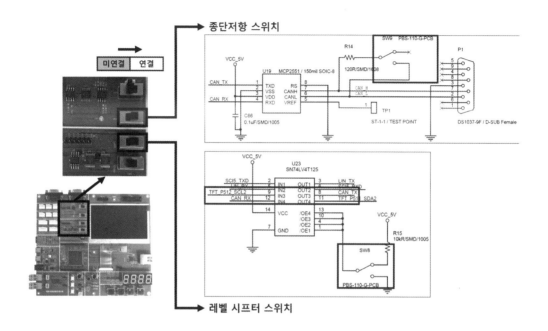

그림 1-15. CAN 통신 위한 하드웨어 설정

그림 1-15에는 이 책에서 CAN 실습을 진행하기 위한 하드웨어 설정을 보여주고 있나. 본 실습 보느에서는 별도의 스위치를 사용하여 CAN의 종단 저항과 레벨 시프터를 설정할 수 있다. 그림에 표시된 것과 같이, 두 번째 스위치를 오른쪽으로 이동시키면 종단 저항이 CAN 버스에 연결된다. 세 번째 스위치를 오른쪽으로 이동시키면 레벨 시프터가 켜져 CAN 트랜시버와 MCU 간의 전압을 일치시킨다. 실습에서 CAN 통신을 사용하기 위해서는 종단 저항과 레벨 시프터 스위치를 모두 오른쪽으로 이동시켜야 한다.

1.3.8. Ethernet

실습 보드에 10Mbps와 100Mbps를 지원하는 1개의 Ethernet 포트가 장착되어 있다. 그림 1-16에는 Ethernet 포트의 위치가 표시되어 있고, Ethernet 케이블을 연결하는 방법이 소개되어 있다. Ethernet 케이블은 RJ45 규격을 사용하고 있다. Ethernet에 대한 상세한 설명은 9장에 소개되어 있다.

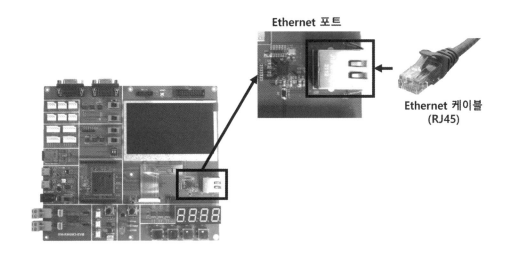

그림 1-16. 실습 보드 내 Ethernet 포트

1.3.9. 디버거

실습 보드를 사용하여 개발하기 위해서는 작성한 프로그램을 보드에 업로드 해야 한다. 또한, 작성한 코드의 오류를 잡아내기 위한 디버깅 장비가 필요하다. 그림 1-17은 실습 보드 내에 설치된 디버깅 커넥터를 표시한다. 실습 보드에는 디버깅 장비인 E2 Lite와 J-Link를 연결할 수 있는 디버깅 인터페이스가 각각 설치되어 있다. 이 책에서는 프로그램 업로드 및 디버깅을 위해 E2 Lite 디버거를 사용한다.

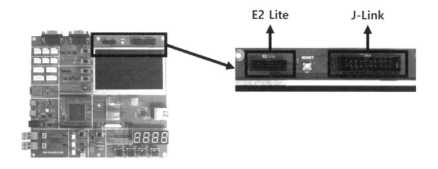

그림 1-17. 실습 보드 내 디버깅 커넥터

그림 1-18은 실습 보드와 PC 간의 디버깅 인터페이스를 연결하는 방법을 보여준다. E2 Lite 디버거 케이블을 사용하여 실습 보드와 E2 Lite 디버거를 연결하고, USB 케이블을 이용하여 디버거와 PC를 연결한다. 디버깅 인터페이스 연결 구성 이후에 상세한 개발환경에 관한 내용은 2장에서 다뤄진다.

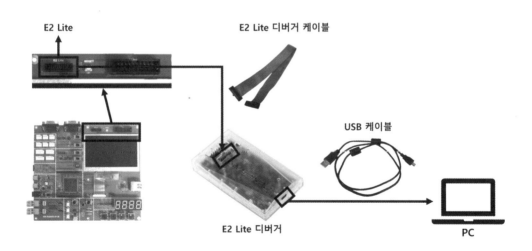

그림 1-18. 디버깅 인터페이스 연결 방법

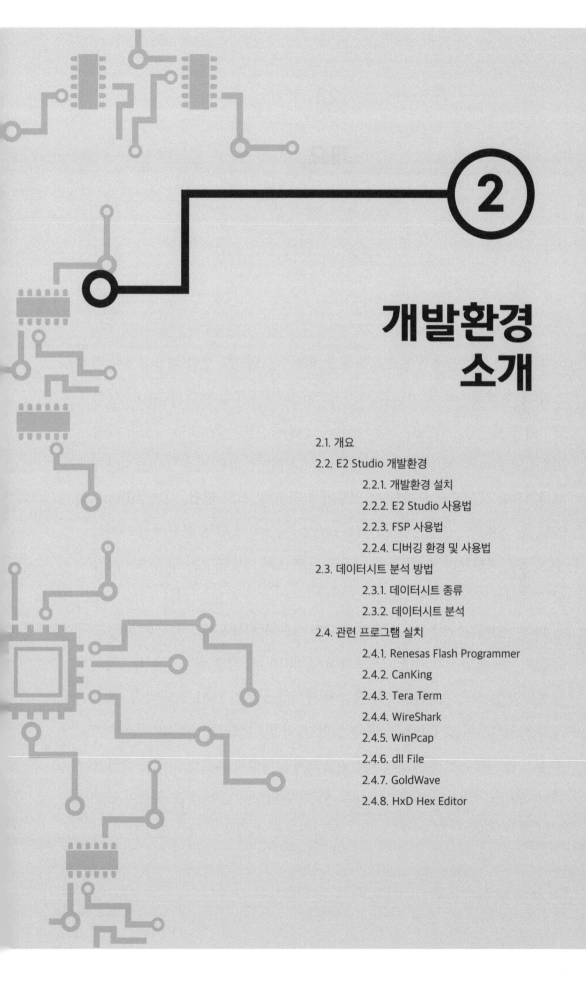

개발환경 소개

2.1. 개요

2.2. E2 Studio 개발환경

　　2.2.1. 개발환경 설치

　　2.2.2. E2 Studio 사용법

　　2.2.3. FSP 사용법

　　2.2.4. 디버깅 환경 및 사용법

2.3. 데이터시트 분석 방법

　　2.3.1. 데이터시트 종류

　　2.3.2. 데이터시트 분석

2.4. 관련 프로그램 실치

　　2.4.1. Renesas Flash Programmer

　　2.4.2. CanKing

　　2.4.3. Tera Term

　　2.4.4. WireShark

　　2.4.5. WinPcap

　　2.4.6. dll File

　　2.4.7. GoldWave

　　2.4.8. HxD Hex Editor

2.1

개요

임베디드 시스템에서 프로그램을 설계하기 위해서는 통합 개발환경이 필요하다. 우리가 사용할 실습 보드는 E2 Studio라는 통합 개발환경(IDE)을 활용하여 펌웨어를 구성한다. E2 Studio는 Eclipse 기반으로 제작된 통합 개발환경이며 Renesas MCU만을 지원한다. 해당 개발환경은 사용자가 편리하게 프로젝트를 생성하고 관리할 수 있도록 도와주며, 코드 편집, 디버깅(Debugging), 빌드(Build), 프로파일링(Profiling) 등을 하나의 통합된 환경에서 처리할 수 있도록 지원한다. 이를 통해 사용자는 빠르게 개발환경을 구축하고 복잡한 프로젝트를 편리하게 관리할 수 있다.

FSP는 임베디드 시스템 설계 과정에서 사용자 친화적이고 확장 가능한 고품질 기능을 제공하기 위한 소프트웨어 패키지이다. 해당 패키지는 하드웨어 설정을 위한 BSP, 주변 장치를 손쉽게 제어하기 위한 HAL 드라이버, 부가적인 라이브러리 및 RTOS 등을 포함한다. 또한, 미들웨어(Middleware)와 예제 코드를 표준화된 방식으로 제공함으로써 안정성과 효율성을 갖춘 소프트웨어 개발을 지원한다. 임베디드 시스템 개발 과정에 있어, FSP 사용이 필수적인 것은 아니다. 좀 더 세부적인 제어 기능을 설계하고 싶다면, FSP를 활용하지 않고도 직접 데이터 시트를 참고하여 장치 드라이버 등을 개발할 수도 있다. 개발환경을 위한 설치 파일과 실습 진행에 필요한 실습 파일은 GitHub(https://github.com/SKKUAutoLab/RA6M3_Embedded_System_Book)에서 제공하고 있다.

2.2

E2 Studio 개발환경

2.2.1. 개발환경 설치

1) FSP 다운로드

Renesas는 E2 Studio와 FSP를 하나로 통합한 통합 패키지를 배포하고 있다. 해당 패키지를 설치하면 추가적인 설치 과정 없이 바로 사용할 수 있다. 본 실습에서 사용할 FSP의 버전은 '3.5.0'이다.

그림 2-1. FSP 설치 응용 프로그램

GitHub에서 제공하는 "setup_fsp_v3_5_0_e2s_v2021-10.exe" 파일을 다운한다. 그림 2-1과 같은 응용 프로그램을 실행하여 설치를 시작한다.

2) FSP 설치

FSP를 설치하기 시작하면 그림 2-2와 같은 설치 준비 창을 확인할 수 있다. 설치 준비가 완료되었을 때, 그림 2-3과 같은 창으로 넘어간다. 그림

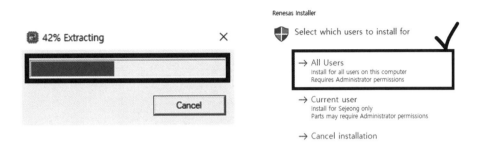

그림 2-2. FSP 설치 준비 창   그림 2-3. Renesas Installer 창

2-3과 같은 창이 나타나면 "All Users" 버튼을 누른다.

다음으로, 그림 2-4와 같은 화면이 나타나고 이는 FSP의 설치 타입을 선택하는 화면이다. "Quick Install" 버튼을 누른 후, "Next" 버튼을 누른다.

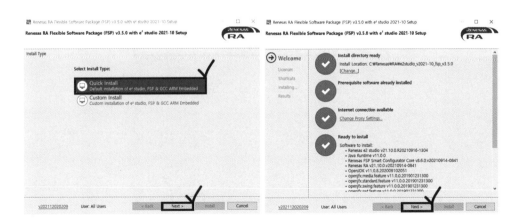

그림 2-4. Renesas RA Flexible Software   그림 2-5. Renesas RA Flexible Software
Package (FSP) 설치 과정 (1)   Package (FSP) 설치 과정 (2)

그림 2-5와 같은 화면을 확인하였으면 "Next" 버튼을 누른다.

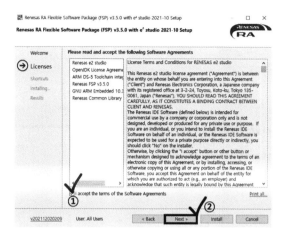

그림 2-6. Renesas RA Flexible Software Package (FSP) 설치 과정 (3)

① 그림 2-6과 같은 화면을 확인하고 체크 상자를 누른다.

② 체크 표시를 확인하였으면 "Next" 버튼을 누른다.

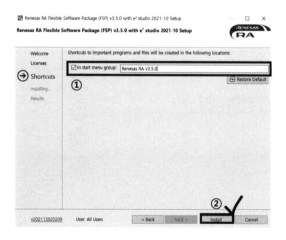

그림 2-7. Renesas RA Flexible Software Package (FSP) 설치 과정 (4)

① 그림 2-7과 같은 화면을 확인하고 이름을 그림과 동일하게 설정한다.

② 위 과정을 마쳤으면 "Install" 버튼을 누른다.

그림 2-8과 같은 화면을 확인하고 진행이 완료되었으면 "Next" 버튼을 누른다.

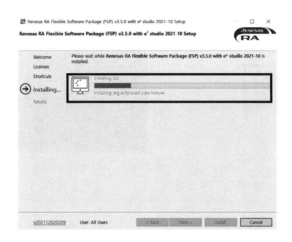

그림 2-8. Renesas RA Flexible Software Package (FSP) 설치 과정 (5)

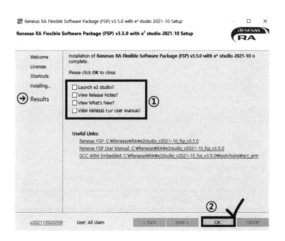

그림 2-9. Renesas RA Flexible Software Package (FSP) 설치 과정 (6)

① 그림 2-9와 같은 화면을 확인하고 체크 상자를 전부 선택 해제한다.

② 위 과정을 마쳤으면 "OK" 버튼을 누르고 E2 Studio가 실행되기를 기다린다.

그림 2-10. E2 Studio 응용 프로그램   그림 2-11. E2 Studio 대기 화면

3) E2 Studio 실행

E2 Studio를 실행하기 위해서 그림 2-10과 같은 응용 프로그램을 실행한다. 먼저 그림 2-11과 같은 화면을 확인할 수 있다. 이후 어느 정도의 시간이 지나면 프로그램이 실행된다.

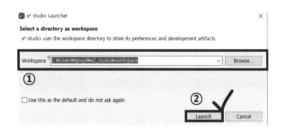

그림 2-12. E2 Studio 실행 경로 지정

① E2 Studio를 처음으로 실행하면 실행 경로를 지정해야 한다. 그림 2-12와 같은 화면에서 "Browse" 버튼을 누른 후, 원하는 경로로 설정하면 된다. 위 과정에서 주의해야 할 점은 경로는 영어로만 작성되어야 한다는 것이다.

그림 2-13. E2 Studio 대기 화면

그림 2-14. E2 Studio 실행 초기 화면

② 위 과정을 마쳤으면 "Launch" 버튼을 누른다.

E2 Studio 프로그램이 시작되기 전, 그림 2-13과 같은 대기 화면을 확인할 수 있다. 이후 어느 정도의 시간이 지나면 그림 2-14와 같은 E2 Studio 실행 초기 화면을 확인할 수 있다.

2.2.2. E2 Studio 사용법

1) 프로젝트 생성

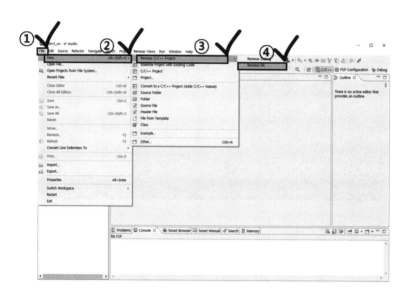

그림 2-15. 프로젝트 생성 (1)

E2 Studio는 사용자가 편리하게 프로젝트를 생성하고 관리할 수 있도록 도와준다. 하위 그림들을 참고하여 프로젝트를 생성하면 된다.

① 그림 2-15와 같은 화면을 확인하고 "File" 버튼을 누른다.

② "New" 버튼을 누른다.

③ "Renesas C/C++ Project" 버튼을 누른다.

④ "Renesas RA" 버튼을 누른다. 위 과정을 마치면 그림 2-16과 같은 화면이
표시된다.

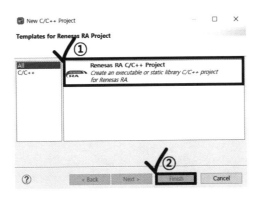

그림 2-16. 프로젝트 생성 (2)

① 그림 2-16과 같은 화면을 확인하고 C언어 기반의 프로젝트를 생성하기 위
해 "Renesas RA C/C++ Project" 버튼을 누른다.

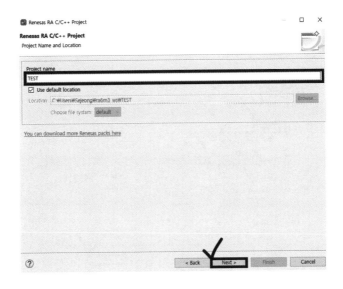

그림 2-17. 프로젝트 생성 (3)

② 위 과정을 마쳤다면 "Finish" 버튼을 누른다.

그림 2-17과 같이 프로젝트명 설정 화면을 확인할 수 있다. 프로젝트명을 자유롭게 작성한 후, "Next" 버튼을 누른다.

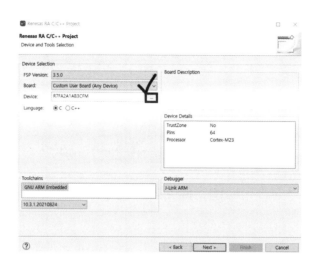

그림 2-18. 프로젝트 생성 (4)

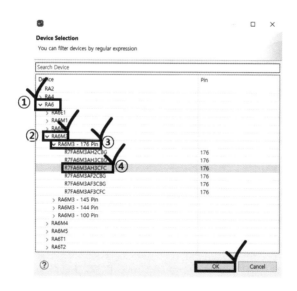

그림 2-19. 프로젝트 생성 (5)

다음으로, 그림 2-18과 같은 화면을 확인할 수 있다. 해당 화면에서 MCU 및 Debugger 종류를 결정할 수 있다. 먼저 MCU 종류를 선택하기 위해서 "…" 버튼을 누른다.

그림 2-19와 같은 화면에서 MCU 종류를 선택할 수 있다. 실습 보드에 해당하는 MCU를 선택하려면 다음과 같은 단계를 따르면 된다.

① "RA6" 버튼을 누른다.

② "RA6M3" 버튼을 누른다.

③ "RA6M3 – 176 Pin" 버튼을 누른다.

④ "R7FA6M3AH3CFC" 버튼을 누른다.

위 과정을 모두 마쳤다면 "OK" 버튼을 누른다.

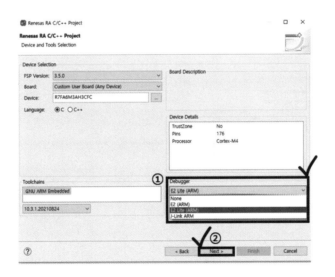

그림 2-20. 프로젝트 생성 (6)

① 그림 2-20과 같은 화면을 확인하고 "Debugger"에서 "E2 Lite (ARM)"로 설정하였는지 확인한다.

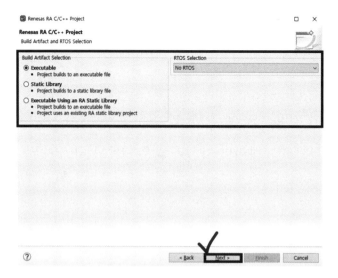

그림 2-21. 프로젝트 생성 (7)

② 위 과정을 모두 마쳤다면 "Next" 버튼을 누른다.

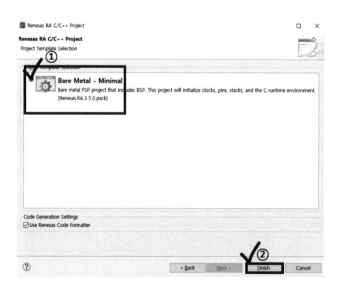

그림 2-22. 프로젝트 생성 (8)

이후, 그림 2-21과 같은 화면처럼 기본 설정을 확인하고 "Next" 버튼을
누른다.

그림 2-23. 프로젝트 생성 (9)

① 그림 2-22와 같은 화면을 확인하고 "Bare Metal – Minimal"을 선택한다.
② 위 과정을 모두 마쳤다면 "Finish" 버튼을 누른다.

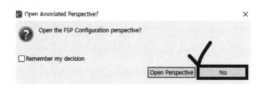

그림 2-24. 프로젝트 생성 (10)

그림 2-23과 같은 진행 화면을 확인할 수 있다. 진행이 완료되었을 때, 프
로젝트가 생성된다.

그림 2-24와 같은 화면을 확인할 수 있는데 이는 FSP 설정 창의 실행 여부를 선택하는 화면이다. 이후 "2.2.3. FSP 사용법"에서 FSP 설정에 관해 설명할 예정이니 지금은 "No" 버튼을 클릭한다. 다음으로, 그림 2-25와 같이 프로젝트가 생성된 파일 화면을 확인할 수 있다.

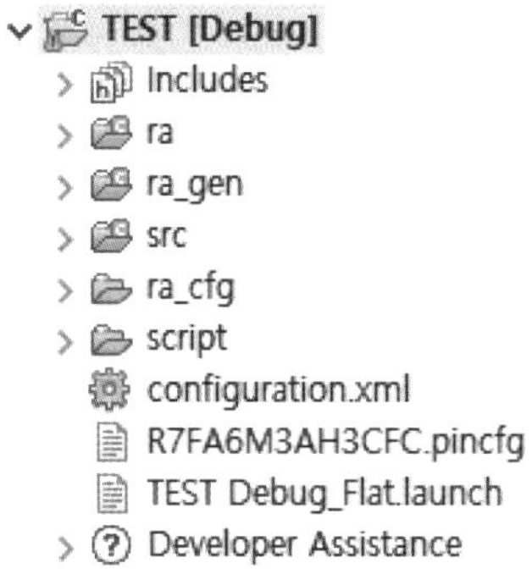

그림 2-25. 프로젝트 파일

2) 구성 폴더 설명

그림 2-25에서 확인할 수 있듯이, 새로 생성된 프로젝트는 여러 폴더로 구성이 되어있다. 각 폴더는 다른 기능을 담당하며, 이를 파악한다면 개발을 더욱 효율적으로 진행할 수 있다. 표 2-1은 구성 폴더 각각에 대한 설명을 포함한다. 해당 표를 통해 폴더별 역할을 이해할 수 있다.

표 2-1. 구성 폴더 설명

	폴더명	설명
1	ra	기본적인 라이브러리(Library) 포함, CMSIS 및 BSP, FSP Configuration에 추가된 스택들이 생성됨
2	ra_gen	FSP Configuration에서 설정한 클럭, 초기 설정 데이터가 선언된 코드 포함
3	src	사용자 편집 가능한 소스 코드 포함
4	ra_cfg	각 메모리 블록에 고드 부문을 힐딩힐 수 있는 스크립트 포함
5	Configuration.xml	FSP Configuration에 대한 설정들이 기록된 xml 형식의 파일
6	(MCU Model Name).pincfg	FSP Configuration에서 지정된 각 핀의 설정이 저장된 xml 파일
7	(Project Name) _Debug_Flat.launch	디버그 설정 기록된 파일
8	Developer Assistance	개발자 보조 기능, Renesas에서 제공하는 함수들을 볼 수 있는 파일

3) 소스 코드 작성

그림 2-26에서 보이듯, "src" 폴더에 있는 "hal_entry.c" 파일은 소스 코드를 작성하는 용도이며, 그림 2-27과 같은 화면은 "hal_entry.c" 파일의 내용을 보여준다.

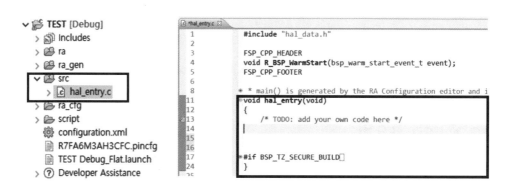

그림 2-26.
Source Code 작성 폴더

그림 2-27.
Source Code 작성 파일

4) E2 Studio 전체구성

그림 2-28. E2 Studio 전체구성

그림 2-28은 E2 Studio 전체구성을 나타내고 용도에 따라 4가지 구역으로 나눌 수 있다.

① 해당 창은 코드를 작성하는 용도이다.

② 해당 창은 생성한 프로젝트들의 목록을 나타내는 용도이다.

③ 해당 창은 프로그램 설계(Coding) 및 디버깅(Debugging)과 같은 상황에 따라 변화하는 부메뉴를 제공하는 용도이다.

④ 해당 창은 오류 및 상태와 같은 추가적인 정보를 표시하는 용도이다.

2.2.3. FSP 사용법

FSP는 사용자에게 고품질 기능을 제공하도록 설계된 소프트웨어 패키지이다. FSP는 하드웨어와 소프트웨어 간 인터페이스(Interface)를 간소화하여 개발 과정을 쉽게 만들어주는 역할을 한다.

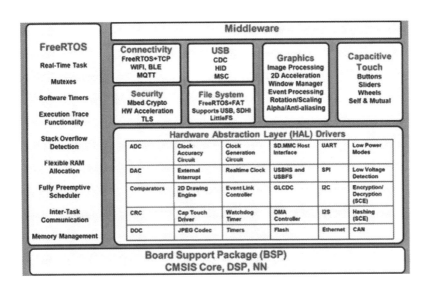

그림 2-29. FSP 전체구성

그림 2-29처럼 FSP는 BSP, HAL 드라이버 등 다양한 기능들을 포함하고 있다. BSP는 MCU에 따라 다양한 하드웨어 설정을 지원하는 패키지이다. HAL 드라이버는 하드웨어의 복잡성을 숨기고 표준화된 인터페이스를 제공하는 용도이다. 또한, FreeRTOS와 같은 운영체제도 제공한다. 이에 따라 하드웨어에 익숙하지 않은 개발자들도 MCU의 다양한 하드웨어 기능을 최대한 활용하면서, 더욱 간편하게 소프트웨어를 개발할 수 있다.

1) FSP Configuration 메뉴 창 실행

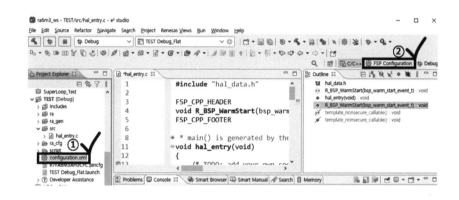

그림 2-30. FSP Configuration 메뉴 창 실행 방법

소프트웨어 스택을 구성하기 위해 그림 2-30과 같은 순서로 FSP Configuration 메뉴 창을 열 수 있다.

① "configuration.xml" 버튼을 누른다.

② "FSP Configuration" 버튼을 누른다.

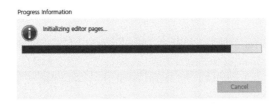

그림 2-31. 진행 화면

다음으로, 그림 2-31과 같은 화면을 확인할 수 있다.

그림 2-32. FSP Configuration 메뉴 창

진행이 완료되면 정상적으로 그림 2-32와 같은 FSP Configuration 메뉴 창을 확인할 수 있다.

그림 2-33. FSP Configuration 메뉴 구성

그림 2-33과 같이 FSP Configuration 메뉴 구성을 확인할 수 있다.

FSP Configuration 메뉴 구성에 대한 설명을 표 2-2에서 확인할 수 있다. 추가적인 사용 방법에 대해서는 추후 실습에서 설명할 예정이다.

표 2-2. FSP Configuration 메뉴 구성

	메뉴	설명
1	Summary	프로젝트 요약
2	BSP	FSP 버전 및 디바이스(Device) 재설정
3	Clocks	MCU의 클럭 설정
4	Pins	MCU 핀의 기능 설정
5	Interrupt	이벤트/인터럽트 추가 및 설정
6	Event Links	이벤트 구성
7	Stacks	FSP 모듈 추가, FSP 모듈의 다양한 설정값 변경
8	Components	선택된 FSP 모듈 확인 및 추가

2.2.4. 디버깅 환경 및 사용법

본 실습에서는 크로스 컴파일러(Cross Compiler) 개발환경을 이용하여 디버깅(Debugging)을 진행한다. 크로스 컴파일러란, 한 플랫폼에서 다른 플랫폼의 실행 파일을 생성하는 컴파일러(Compiler)를 뜻한다.

먼저 PC에서 E2 Studio를 통해 작성한 소스 코드를 컴파일러와 링커(Linker)를 통해 실행 파일로 변환한다. 해당 파일을 보드에 주입하는 방법은 실습 보드와 통신하는 방법에 따라 두 가지로 나뉜다.

첫 번째, 통신 인터페이스(Communication Interface)인 UART, USB를 활용하여 PC와 보드 내의 타겟 시스템(Target System) 간에 직접 통신하는 것이다. 이를 통해 실행 파일을 실습 보드에 주입할 수 있다.

두 번째, 컴파일 환경에서 바이너리(Binary) 파일로 변환하고, 디버거(Debugger)를 통해 보드의 타겟 시스템에 접근하여 파일을 주입하는 것이다. 본 실습에서는 디버거를 이용하여 실행 파일을 주입한다.

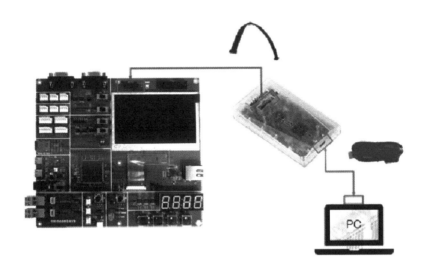

그림 2-34. 실습 보드 디버깅 환경

디버깅을 진행하기 위해 실습 보드의 하드웨어 환경을 그림 2-34처럼 구성해야 한다. 실습 보드에 직접 E2 Lite 디버거를 연결하고 이를 다시 PC와 USB 케이블(Cable)을 이용하여 연결한다. 위와 같이 구성하였다면 디버깅을 수행할 수 있다.

1) 디버깅 설정 - 외부 전원 사용

E2 Studio에서 디버깅 관련 설정을 위해 먼저 그림 2-35처럼 톱니바퀴 버튼을 누른다. 그림 2-36과 같은 창을 확인하고 해당 창에서 외부 전원 사용 설정을 할 수 있다.

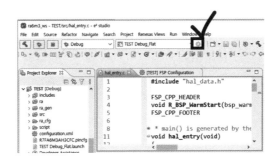

그림 2-35. 디버깅 설정

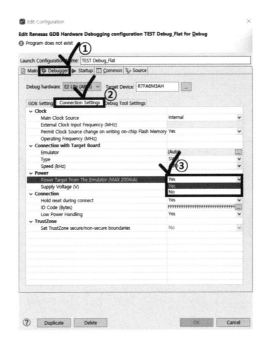

그림 2-36. 디버깅 설정 (외부 전원 사용)

① 그림 2-36과 같은 창에서 "Debugger" 버튼을 누른다.

② "Connection Settings" 버튼을 누른다.

③ "Power Target From The Emulator (MAX 200mA)"에서 "Yes" 버튼을 누르면 디버거로부터 전원을 받을 수 있고 "No" 버튼을 누르면 외부로부터 전원을 받을 수 있다.

외부 전원 외에도 다른 기능들을 설정할 수 있다. 하지만 다른 기능들은 이 책에서 따로 다루지 않을 것이다. 만약 본인에게 필요한 기능을 찾고 싶다면, 검색 엔진 사이트에서 E2 Studio 디버깅과 관련한 내용을 찾아보길 바란다.

2) 프로그램 주입 방법

2-1) 빌드

빌드(Build)는 해당 프로젝트를 컴파일(Compile)하여 실행 파일을 생성하는 작업이다. 프로그램을 주입하기 위해 먼저 빌드 과정을 수행해야 한다. 그림 2-37처럼 망치 버튼을 누르면 빌드를 실행할 수 있다.

그림 2-37. 빌드

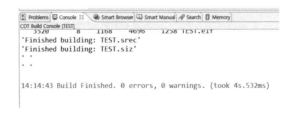

그림 2-38. 빌드 결과 확인

빌드 결과는 그림 2-38과 같이 E2 Studio의 하단에서 확인할 수 있다.

2-2) 디버그

디버그(Debug)는 생성된 실행 파일을 직접 실행하면서 오류나 비정상적인 연산을 검출하는 작업이다. 이상 없이 빌드를 마쳤다면 디버그 과정로 넘어간다. 해당 작업을 수행하기 위해 그림 2-39와 같이 벌레 모양 버튼을 누른다. 디버그 과정을 성공적으로 마치면 실습 보드에 실행 파일이 자동으로 주입된다.

그림 2-39. 디버그 과정

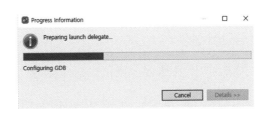

그림 2-40. 디버그 과정 (진행 정보 창)

이후, 그림 2-40과 같은 진행 정보 창을 확인할 수 있고 디버그 진행이 완료되면 그림 2-41과 같은 화면이 나타난다.

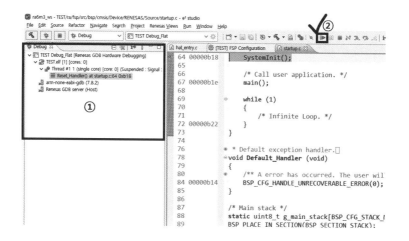

그림 2-41. 디버그 과정 (코드 실행)

① 그림 2-41과 같은 화면에서 "Debug" 창을 확인한다.

② 프로그램을 시작하려면 화살표 모양 버튼을 클릭하면 된다.

3) 디버깅 사용법 : 중단점 설정

디버깅에서 많이 사용되는 기능 중 하나는 중단점 설정이다. 이 기능은 소스 코드를 순서대로 실행할 때 개발자가 직접 설정한 위치에서 프로그램 실행을 일시적으로 멈추게 하는 도구로 활용된다.

그림 2-42와 같이 소스 코드의 원하는 지점에서 마우스 오른쪽 버튼을 누른 후, "Toggle Hardware Breakpoint" 버튼을 누른다. 이 과정을 마치면 중단점이 설정되고 위에서 설명한 기능을 수행할 수 있다. 중단점 설정 결과는 그림 2-43과 같은 회색 배경으로 확인할 수 있다.

중단점을 효과적으로 활용하면 코드 실행 중에 발생하는 오류를 빠르게 찾아내고 수정할 수 있다. 또 프로그램의 특정 부분에서 실행을 멈춰 개발자가 코드의 동작을 세밀하게 분석하고 디버깅할 수 있다.

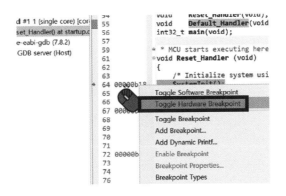

그림 2-42. 디버깅 사용법 (중단점 설정)

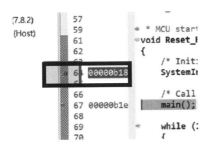

그림 2-43. 디버깅 사용법 (중단점 설정 결과)

4) 디버깅 사용법 : 전역 변수 확인

그림 2-44. 디버깅 사용법 (전역 변수 확인)

그림 2-44와 같은 화면에서 "Expressions"는 전역 변수를 실시간으로 확

인하는 기능을 제공한다. 소스 코드 내에 존재하는 전역 변수명을 입력하면, 디버깅 과정에서 실시간으로 전역 변수의 값을 확인할 수 있다.

2.3

데이터시트 분석 방법

2.3.1. 데이터시트 종류

본 실습에서 프로그램을 설계할 때, 참고할 수 있는 자료는 총 4가지가 있다.

첫 번째, 주로 사용하는 데이터시트 자료는 "Renesas Reference Manual"이다. 모든 MCU 사양들이 이 문서에 정리되어 있다.

두 번째, "Armv7-M Architecture Reference Manual"을 참고할 수 있고 이 문서에서는 "Armv7-M" 아키텍처의 일반적인 특성과 사양(메모리 할당 등)을 다룬다.

세 번째, "ARM Cortex-M4 Technical Reference Manual"을 참고할 수 있고 이 문서에서 "Armv7-M" 아키텍처를 기반으로 하는 특정한 "Cortex-M4" 프로세서에 대한 기술적인 세부 정보를 제공한다.

네 번째, "RM-RA6M3 Schematic Design"을 참고할 수 있고 이 문서에서 실습 보드의 하드웨어 디자인(회로 연결, 등)을 확인할 수 있다.

2.3.2. 데이터시트 분석

본 실습에서 프로그램을 설계하면서 주로 사용하는 데이터시트는 "Rene-sas Reference Manual"이다. 해당 데이터 시트의 분석 방법을 알아보도록 하겠다.

1) Renesas Reference Manual

그림 2-45를 통해 MCU의 구성을 살펴볼 수 있다. 또 MCU 내부 각각의 모듈(Module)에 대한 세부 사항이 기재되어 있다.

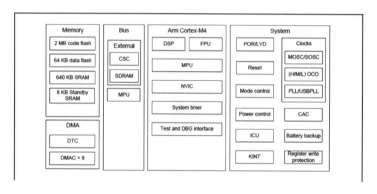

그림 2-45. MCU 구성도 일부

그림 2-46처럼 PDF 파일의 책갈피를 이용하면 원하는 파트로 쉽게 이동할 수 있다. "Contents"에서도 원하는 카테고리를 눌러서 해당 페이지로 넘어갈 수 있다.

그림 2-46. 메뉴얼 책갈피

1-1) Memory Map

"Renesas Reference Manual"에서 중요하게 살펴볼 부분 중 하나는 "Memory Map"이다. 책갈피에서 "4. Address Space"를 살펴보면 그림 2-47과 같은 "Memory Map"을 확인할 수 있다. 아래 플래시 메모리(Flash Memory)부터 위 시스템 메모리(System Memory)까지 구성되어 있다. 위에서부터 순서대로 어떠한 역할을 하는지 간략하게 살펴볼 것이다.

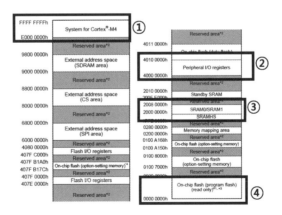

그림 2-47. Memory Map

① 해당 영역은 "ARM Cortex-M4 Processor"의 "System Control Space"로서 차지하는 메모리이다.

② 해당 영역은 주변 장치 제어 레지스터(Peripheral Module Control Register)가 차지하는 메모리이다.

③ 해당 영역은 전역 변수(Program Variable)가 차지하는 메모리이다.

④ 해당 영역은 프로그램 코드(Program Code)가 차지하는 메모리이다.

1-2) 레지스터

레지스터는 1비트(Bit)를 저장하는 플립플롭(Flip Flop)의 집합체로써, 여러 개의 비트로 구성된 데이터를 저장할 수 있다. 레지스터의 메모리 주소(Memory Address)는 효율적인 관리를 위해 바이트(byte) 단위로 표현한다.

본 실습에서 사용할 레지스터를 예시로 들어보겠다. NMICR 레지스터는 32비트 레지스터이다. 이는 "Peripheral I/O registers" 영역에 존재하며 메모리 주소는 '0x40006100'이다. 데이터시트에서 해당 레지스터에 대한 정보를

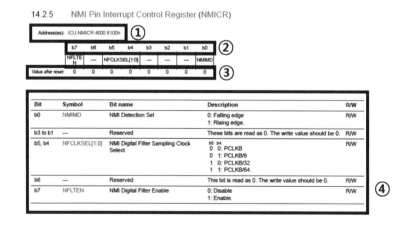

그림 2-48. NMICR 레지스터 상세 사항

확인할 수 있다. 이제 그림 2-48을 통해 데이터시트에서 레지스터 정보를 확인하는 방법을 살펴보겠다.

① 해당 영역은 메모리 할당 주소를 나타낸다. 이를 참고하여 해당 레지스터가 어떤 메모리 영역에 존재하는지 확인할 수 있다.

② 해당 영역은 레지스터의 비트 순서를 나타낸다. 그림 2-48과 같은 NMICR 레지스터는 8비트 레지스터이기 때문에 "b7"까지 존재한다. 이때 최상위 비트인 "b7"을 MSB로, 최하위 비트인 "b0"을 LSB로 정의한다.

③ 해당 영역은 레지스터의 초기 설정값을 나타낸다.

④ 해당 영역은 비트 필드에 대한 상세 사항을 나타낸다. 이를 참고하여 레지스터를 설정할 수 있다. 우측의 "R/W"는 레지스터 비트 필드별 읽기/쓰기 가능 여부를 나타낸다. 예를 들어, "R/W"라고 기재되어 있다면 레지스터값을 읽고 쓰기가 가능하다. 만약 "R"만 기재되어 있다면 레지스터값 읽기만 가능하다.

2.4

관련 프로그램 설치

2.4.1. Renesas Flash Programmer

1) 프로그램 소개

Renesas Flash Programmer는 플래시 프로그래밍(Flash Programming)을 지원하는 소프트웨어이다. 사용자는 별도의 디버깅 과정 없이 MCU에 Hex 파일을 직접 주입할 수 있다.

2) 프로그램 설치

그림 2-49와 같이, "https://www.renesas.com/us/en/software-tool/renesas-flash-programmer-programming-gui"에서 설치 파일을 다운하면 된다. 본 실습에서는 Renesas Flash Programmer 3.13.00 버전을 사용할 것이다. 또 이 책에서는 Windows 환경에 맞춰 실습을 진행할 것이고, 다른 환경(Ubuntu, macOS 등)을 사용하는 독자들은 그에 맞춰 알맞은 프로그램을 설치하면 된다.

설치 파일을 실행한 다음, 하위 그림들을 참고하여 기본 옵션 그대로 설치를 진행하면 된다.

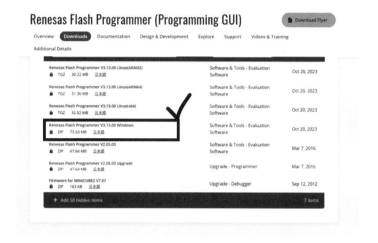

그림 2-49. Renesas Flash Programmer 설치 파일 다운로드 방법

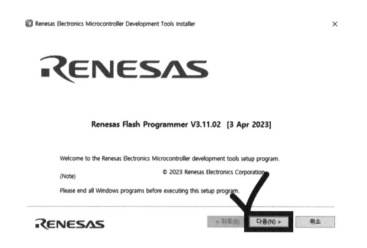

그림 2-50. Renesas Flash Programmer 설치 파일 다운로드 과정 (1)

그림 2-51. Renesas Flash Programmer 설치 파일 다운로드 과정 (2)

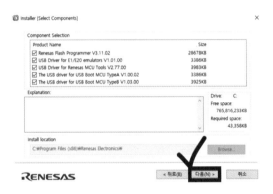

그림 2-52. Renesas Flash Programmer 설치 파일 다운로드 과정 (3)

그림 2-53. Renesas Flash Programmer 설치 파일 다운로드 과정 (4)

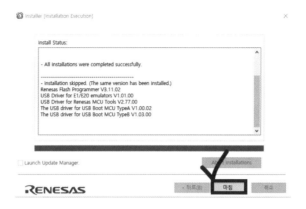

그림 2-54. Renesas Flash Programmer 설치 파일 다운로드 과정 (5)

설치가 완료되었다면, 작업 표시줄의 검색 창에 "Renesas Flash Programmer"를 검색하면 된다. 그림 2-55와 같이 표시될 경우, 정상적으로 설치된 것이다.

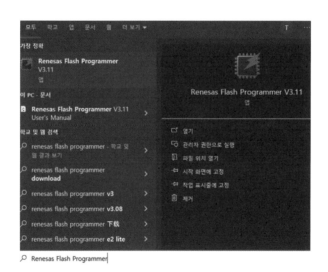

그림 2-55. Renesas Flash Programmer 실행 방법

3) 프로그램 사용 방법

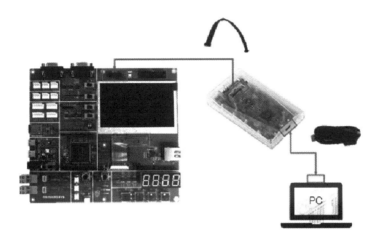

그림 2-56. 실습 보드 디버깅 환경

위 프로그램을 이용하기 위해 실습 보드 하드웨어 환경을 구성해야 한다. 그림 2-56과 같이 실습 보드에 직접 E2 Lite 디버거를 연결하고 이를 다시 PC와 USB 케이블을 이용하여 연결한다.

그림 2-57. Renesas Flash Programmer 응용 프로그램

그림 2-57과 같은 응용 프로그램을 실행하면 그림 2-58과 같은 Renesas Flash Programmer 화면을 확인할 수 있다. 하위 그림들을 참고하여 기본 옵

선 그대로 프로그램 사용 준비를 마친다.

그림 2-58. Renesas Flash Programmer 응용 프로그램 실행 화면

그림 2-59. Renesas Flash Programmer 프로젝트 생성 과정 (1)

그림 2-60. Renesas Flash Programmer 프로젝트 생성 과정 (2)

그림 2-61. Renesas Flash Programmer 프로젝트 생성 과정 (3)

그림 2-62. Renesas Flash Programmer 프로젝트 생성 과정 (4)

그림 2-63. Renesas Flash Programmer 프로젝트 생성 과정 (5)

그림 2-64. Renesas Flash Programmer 프로젝트 생성 과정 (6)

그림 2-64와 같은 하단 화면을 확인하면 Renesas Flash Programmer를 사용할 준비가 된 것이다.

3-1) Hex 파일 생성

Renesas Flash Programmer를 통해 프로그램을 주입할 때, 프로젝트의 Hex

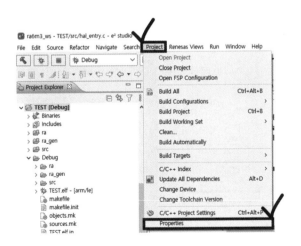

그림 2-65. Hex 파일 생성 과정 (1)

파일이 필요하다. Hex 파일을 생성하는 과정은 E2 Studio에서 이루어진다.
하위 그림들을 참고하여 프로젝트의 Hex 파일을 생성한다.

그림 2-66. Hex 파일 생성 과정 (2)

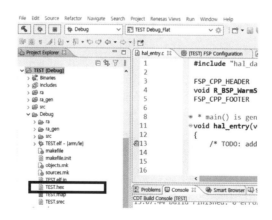

그림 2-67. Hex 파일 생성 과정 (3)

그림 2-66과 같이 설정하였다면, 프로젝트를 빌드하면 된다. 이 경우 그림 2-67과 같이, "Debug" 폴더에 Hex 파일이 생성된다.

3-2) Hex 파일 주입

하위 그림들을 참고하여 Renesas Flash Programmer를 통해 Hex 파일을 주입한다.

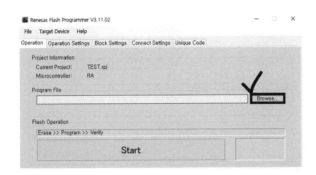

그림 2-68. Renesas Flash Programmer에서 Hex 파일 주입 과정 (1)

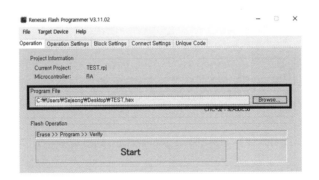

그림 2-69. Renesas Flash Programmer에서 Hex 파일 주입 과정 (2)

그림 2-70과 같이 설정을 마친 후, 그림 2-71과 같이 "Start" 버튼을 누르면 프로그램 주입을 시작한다. 그림 2-72와 같이 진행 정보 창을 확인할 수있고 그림 2-73과 같이 상태 정보가 표시되면 프로그램 주입이 완료된 것이다.

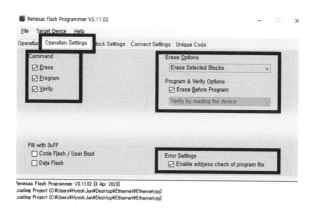

그림 2-70. Renesas Flash Programmer에서 Hex 파일 주입 과정 (3)

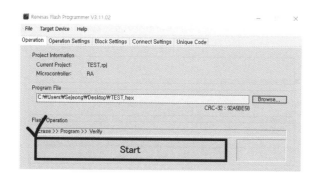

그림 2-71. Renesas Flash Programmer에서 Hex 파일 주입 과정 (4)

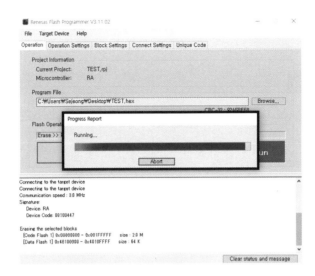

그림 2-72. Renesas Flash Programmer에서 Hex 파일 주입 과정 (5)

그림 2-73. Renesas Flash Programmer에서 Hex 파일 주입 과정 (6)

2.4.2. CanKing

1) 프로그램 소개

CanKing은 CAN 버스 모니터링 및 범용 진단을 위한 소프트웨어이다. 해당 소프트웨어를 통해 PC에서 CAN 메시지를 쉽게 송/수신하고 버스 상황(Bus Load)을 관찰할 수 있다. 모든 CAN 통신 과정에서 데이터를 확인하기 위해 CanKing을 이용할 것이다.

2) 프로그램 설치

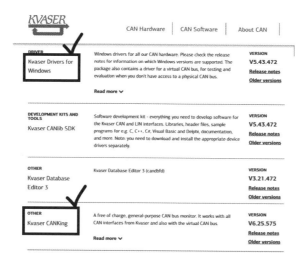

그림 2-74. CanKing 설치 파일 다운로드 방법

그림 2-74와 같이, "https://www.kvaser.com/download/"에서 설치 파일을 다운하면 된다.

첫 번째, CAN 트랜시버를 위한 "kvaser Drivers for Windows"를 다운한다. 이 책에서는 Windows 환경에 맞춰 실습을 진행할 것이고, 다른 환경(Ubuntu, macOS 등)을 사용하는 독자들은 그에 맞춰 알맞은 프로그램을 설치하면 된다.

설치 파일을 실행한 다음, 하위 그림들을 참고하여 기본 옵션 그대로 설치를 진행하면 된다.

그림 2-75. Kvaser Drivers for Windows(or Linux, etc) 설치 과정 (1)

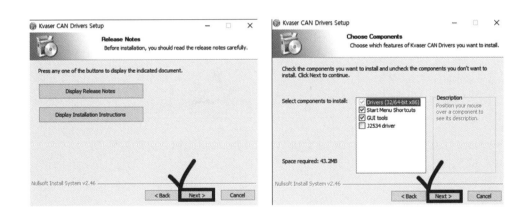

그림 2-76. Kvaser Drivers for Windows(or Linux, etc) 설치 과정 (2)

그림 2-77. Kvaser Drivers for Windows(or Linux, etc) 설치 과정 (3)

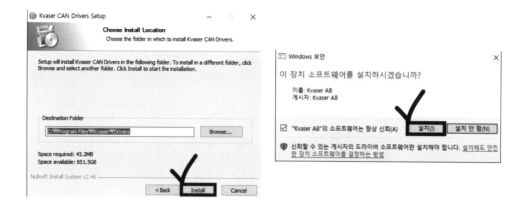

그림 2-78. Kvaser Drivers for Windows(or Linux, etc) 설치 과정 (4)

그림 2-79. Kvaser Drivers for Windows(or Linux, etc) 설치 과정 (5)

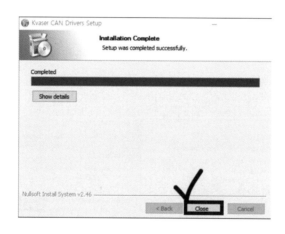

그림 2-80. Kvaser Drivers for Windows(or Linux, etc) 설치 과정 (6)

두 번째, CAN 메시지 송/수신을 위한 소프트웨어인 "Kvaser CanKing Setup"을 다운한다. 설치 파일을 실행한 다음, 하위 그림들을 참고하여 기본 옵션 그대로 설치를 진행하면 된다.

그림 2-81. Kvaser CanKing Setup 설치 과정 (1)

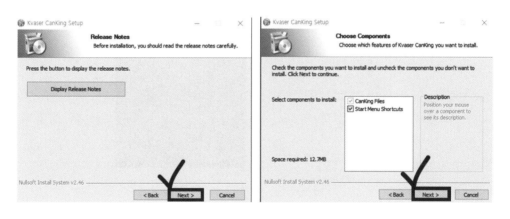

그림 2-82.	그림 2-83.
Kvaser CanKing Setup 설치 과정 (2)	Kvaser CanKing Setup 설치 과정 (3)

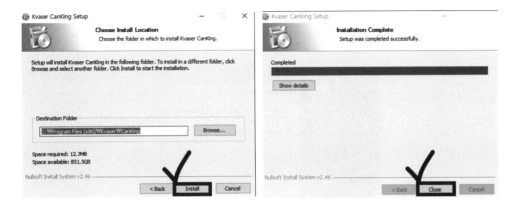

그림 2-84.
Kvaser CanKing Setup 설치 과정 (4)

그림 2-85.
Kvaser CanKing Setup 설치 과정 (5)

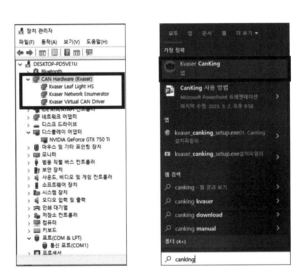

그림 2-86. Kvaser CanKing 설치 확인

두 설치 과정을 제대로 마쳤는지 확인하기 위해 그림 2-86과 같이 장치

관리자와 작업 표시줄의 검색 창에서 확인할 수 있다.

2.4.3. Tera Term

1) 프로그램 소개

Tera Term은 대표적인 단말 에뮬레이터로, 자유롭게 통신 인터페이스를 설정할 수 있는 소프트웨어이다. 모든 시리얼 통신 과정에서 데이터를 확인하기 위해 Tera Term을 이용할 것이다.

2) 프로그램 설치

그림 2-87과 같이, "https://osdn.net/projects/ttssh2/releases/"에서 Tera Term 설치 파일을 다운하면 된다. 실습에서는 Tera Term 4.106 버전을 사용할 것이다.

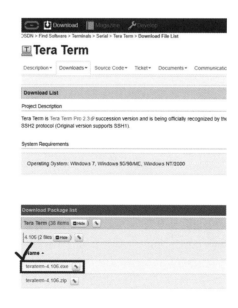

그림 2-87. Tera Term 설치 파일 다운로드 방법

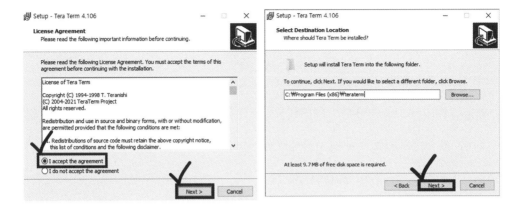

그림 2-88. Tera Term 설치 과정 (1)   그림 2-89. Tera Term 설치 과정 (2)

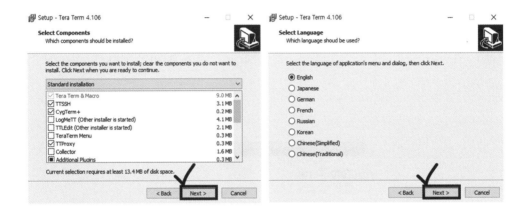

그림 2-90. Tera Term 설치 과정 (3)   그림 2-91. Tera Term 설치 과정 (4)

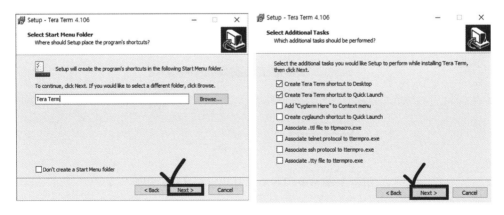

그림 2-92. Tera Term 설치 과정 (5)   그림 2-93. Tera Term 설치 과정 (6)

설치 파일을 실행한 다음, 그림 2-88부터 2-95까지를 참고하여 기본 옵션 그대로 설치를 진행하면 된다.

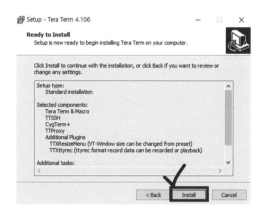

그림 2-94. Tera Term 설치 과정 (7)

설치가 완료되었다면, 작업 표시줄의 검색 창에 "Tera Term"을 검색하면 된다. 그림 2-95와 같이 표시될 경우, 정상적으로 설치된 것이다.

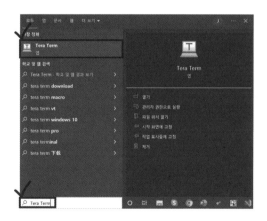

그림 2-95. Tera Term 설치 확인

2.4.4. WireShark

1) 프로그램 소개

WireShark는 Ethernet 프레임을 육안으로 확인하고, 분석할 수 있는 소프트웨어이다. Ethernet 통신을 사용하는 모든 실습에서 실습 보드와 컴퓨터를 Ethernet 케이블로 연결하고, WireShark를 통해 Ethernet 프레임을 실시간으로 확인할 것이다. 본 단원에서는 WireShark 설치 과정만 설명하고, 부가적인 설정 방법은 해당 실습에서 다시 다룰 것이다.

2) 프로그램 설치

WireShark 설치 파일은 "https://www.wireshark.org/"에서 다운할 수 있다.

그림 2-96. WireShark 홈페이지 화면

그림 2-97. WireShark 다운로드 사이트 화면

① 위에서 소개한 홈페이지에 접속하면, 그림 2−96과 같은 화면이 표시된다.
 좌측의 "Download" 버튼을 누르면 된다.

② 그림 2−97과 같은 페이지로 넘어가서, 설치 파일을 다운하면 된다. 이 책에
 서는 Windows 환경에 맞춰 실습을 진행하며, 다른 환경(Ubuntu, macOS 등)
 을 사용하는 독자들은 그에 맞춰 알맞은 프로그램을 설치하면 된다.

그림 2-98. WireShark 설치 파일 확인

 그림 2−98과 같은 WireShark 설치 파일을 실행하면, 그림 2−99와 같은
창이 표시된다. 하위 그림들을 참고하여 설치를 진행하면 된다.

그림 2-99. WireShark 설치 과정 (1)

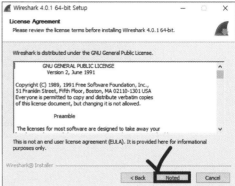

그림 2-100. WireShark 설치 과정 (2)

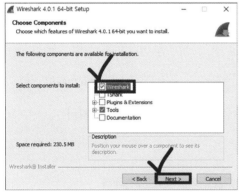

그림 2-101. WireShark 설치 과정 (3)

그림 2-102. WireShark 설치 과정 (4)

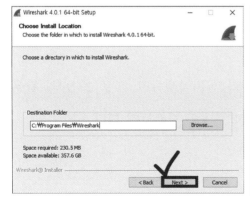

그림 2-103. WireShark 설치 과정 (5)

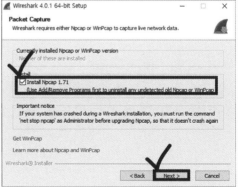

그림 2-104. WireShark 설치 과정 (6)

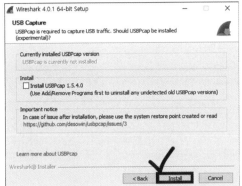

그림 2-105. WireShark 설치 과정 (7)

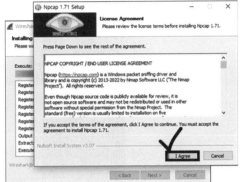

그림 2-106. WireShark 설치 과정 (8)

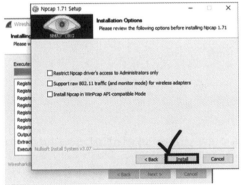

그림 2-107. WireShark 설치 과정 (9)

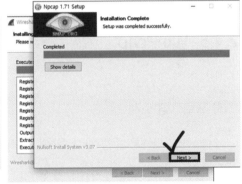

그림 2-108. WireShark 설치 과정 (10)

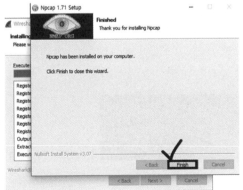

그림 2-109. WireShark 설치 과정 (11)

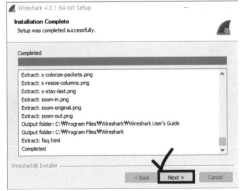

그림 2-110. WireShark 설치 과정 (12)

그림 2-111. WireShark 설치 과정 (13)

2.4.5. WinPcap

1) 프로그램 소개

실습용 GUI를 실행하기 위해 부가적으로 설치할 파일이 있다. 해당 파일이 컴퓨터에 설치되어 있지 않을 경우, GUI를 실행할 때 오류가 발생한다.

2) 프로그램 설치

GitHub에서 제공하는 "WinPcap_4_1_3.exe" 파일을 다운하고, 실행하면 된다.

그림 2-112. WinPcap 설치 파일 확인

하위 그림들을 참고하여 설치를 진행하길 바란다.

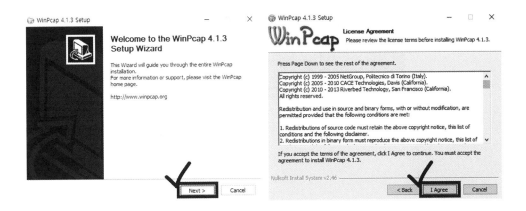

그림 2-113. WinPcap_4_1_3 설치 과정 (1) 그림 2-114. WinPcap_4_1_3 설치 과정 (2)

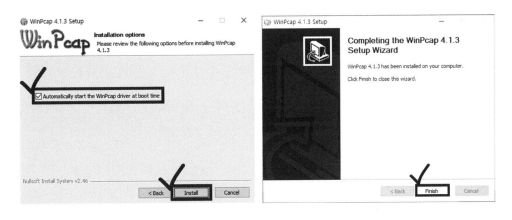

그림 2-115. WinPcap_4_1_3 설치 과정 (3) 그림 2-116. WinPcap_4_1_3 설치 과정 (4)

혹시 해당 프로그램을 설치하더라도 GUI를 실행할 때 문제가 발생한다면, 별도로 제공하는 "wpcap.dll"을 그림 2-117과 같은 경로에 삽입하길 바란다.

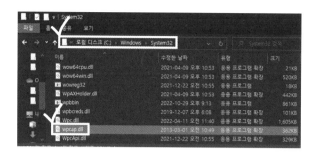

그림 2-117. wpcap.dll 파일 삽입 방법

2.4.6. dll File

1) 프로그램 소개

MFC 기반 실습용 GUI를 실행하기 위해 부가적으로 설치할 파일이 있다. 해당 파일이 컴퓨터에 설치되어 있지 않을 경우, GUI를 실행할 때 오류가 발생한다.

2) 프로그램 설치

GitHub에서 제공하는 "dll File.zip" 파일을 다운하고, 하위 그림을 참고하길 바란다.

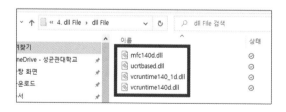

그림 2-118. "dll File" 폴더 구성

그림 2-118과 같은 4개 파일을 확인한다.

그림 2-119. 시스템 폴더 경로

앞서 확인하였던 파일 4개를 그림 2-119와 같은 경로에 삽입하길 바란다.

2.4.7. GoldWave

1) 프로그램 소개

GoldWave는 다양한 음성 편집 기능을 제공하는 소프트웨어이다. 본 실습에서는 해당 소프트웨어가 제공하는 다양한 기능 중에서, 복잡한 디지털 음성 파일(mp3 등)로부터 원형의 음성 정보를 추출하는 기능만을 사용한다. 이후 진행될 DAC 실습에서 해당 소프트웨어를 시용한다.

2) 프로그램 설치

GitHub에서 제공하는 "InstallGoldWave678" 파일을 다운하고, 하위 그림을 참고하길 바란다.

그림 2-120. GoldWave 설치 파일 확인

설치 파일을 실행한 다음, 하위 그림들을 참고하여 기본 옵션 그대로 설치를 진행하면 된다.

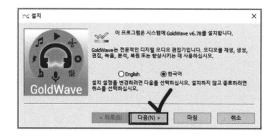

그림 2-121. GoldWave 프로그램 설치 과정 (1)

그림 2-122. GoldWave 프로그램 설치 과정 (2)

2.4.8. HxD Hex Editor

1) 프로그램 소개

HxD Hex Editor는 Binary 형태로 존재하는 음성 파일을 C 코드에서 사용할 수 있는 형태로 변환하는 소프트웨어이다. 이후 진행될 DAC 실습에서 해당 소프트웨어를 사용한다.

2) 프로그램 설치

GitHub에서 제공하는 "HxDSetup" 파일을 다운하고, 하위 그림을 참고하길 바란다.

그림 2-123. HxD 설치 파일 확인

설치 파일을 실행한 다음, 하위 그림들을 참고하여 기본 옵션 그대로 설치를 진행하면 된다.

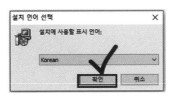

그림 2-124. HxD 프로그램 설치 과정 (1)

그림 2-125. HxD 프로그램 설치 과정 (2)

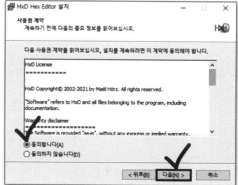

그림 2-126. HxD 프로그램 설치 과정 (3)

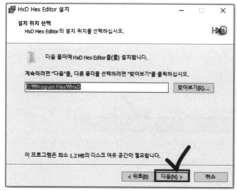

그림 2-127. HxD 프로그램 설치 과정 (4)

그림 2-128. HxD 프로그램 설치 과정 (5)

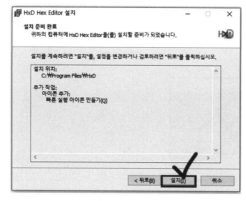

그림 2-129. HxD 프로그램 설치 과정 (6)

그림 2-130. HxD 프로그램 설치 과정 (7)

이제 개발환경 및 관련 프로그램 설치를 마쳤다. 이어지는 실습을 진행하기 위해서 반드시 위 프로그램들을 하나도 빠짐없이 설치 완료해야 한다. 설치가 완료된 프로그램은 각각의 사용법이 다르므로 주의하여 읽고, 이를 활용하여 이후의 실습들을 성공적으로 진행하길 바란다. 이상으로 개발환경 설정을 마치도록 하겠다.

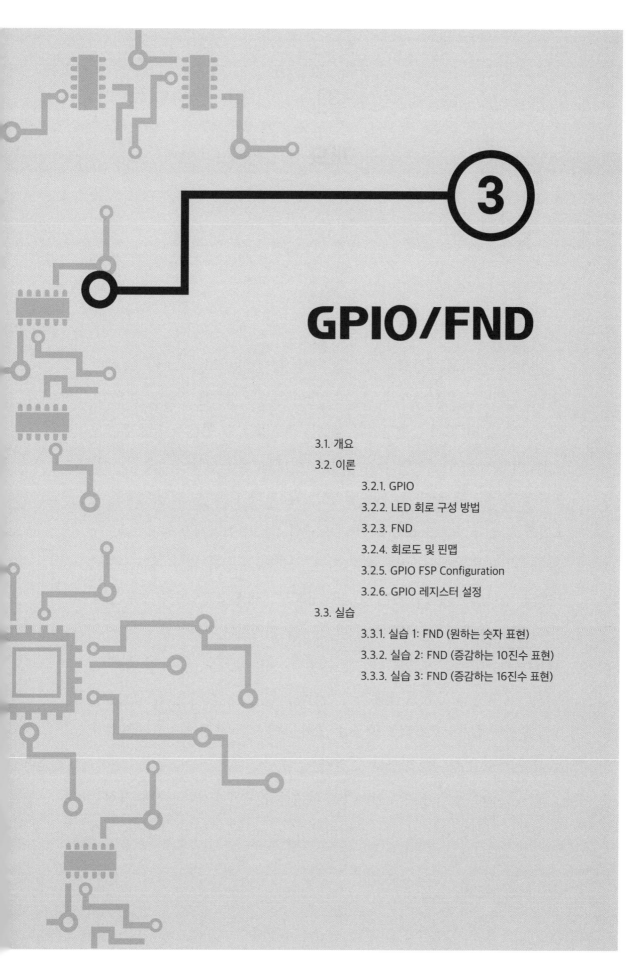

GPIO/FND

3.1. 개요
3.2. 이론

      3.2.1. GPIO

      3.2.2. LED 회로 구성 방법

      3.2.3. FND

      3.2.4. 회로도 및 핀맵

      3.2.5. GPIO FSP Configuration

      3.2.6. GPIO 레지스터 설정

3.3. 실습

      3.3.1. 실습 1: FND (원하는 숫자 표현)

      3.3.2. 실습 2: FND (증감하는 10진수 표현)

      3.3.3. 실습 3: FND (증감하는 16진수 표현)

3.1

개요

임베디드 시스템의 전체 동작을 살펴보도록 하겠다. MCU는 외부로부터 정보를 입력받고 특정 프로세스를 처리하여 원하는 정보를 출력할 수 있다. 이 과정에서, MCU가 주변장치와 정보를 주고받을 수 있는 유일한 수단은 핀(Pin)이다. 핀은 기계어의 최소 단위인 1비트(bit)를 표현할 수 있는 하드웨어적 통로이다. 즉, MCU는 핀을 통해 논리값 '0'과 '1'을 전기적인 신호로 주고받을 수 있다. 포트(Port)는 여러 핀을 단위로 묶은 집합체를 의미한다.

임베디드 시스템에서 일부 핀은 전원, 클럭 공급 등을 위한 필수 용도로 사용되고, 나머지 대다수 핀은 입/출력 용도로 사용된다. 입/출력 핀은 범용 입/출력(GPIO)과 특수 목적 입/출력 기능을 지원한다. 모든 입/출력 핀은 GPIO로써 외부와 정보를 주고받을 수 있다. 이와 별개로, 일부 입/출력 핀은 사전에 할당된 특수 목적에 따라 아날로그 신호, 펄스 파형 등 주변장치 동작에 관여하는 신호를 주고받을 수 있다. 사용자는 특정 레지스터를 통해 두 가지 기능 중 하나를 할당할 수 있다.

"7-segment"는 획 형태의 LED를 여러 개 조합하여 숫자나 문자를 표현할 수 있도록 설계된 출력 장치이다. 이러한 "7-segment"를 여러 개 합쳐, 복잡한 숫자 혹은 문자를 표현할 수 있도록 설계한 것이 FND이다. FND를 제어하기 위해서는 많은 수의 GPIO를 활용해야 한다.

본 실습에서는 입/출력 핀을 GPIO로 활용하여 LED를 제어할 것이다. 이를 통해 기본적인 GPIO 제어 방법을 숙지할 수 있다. 더 나아가, 여러 개의 입/출력 핀을 활용하여 좀 더 복잡한 수준의 FND를 제어할 것이다.

MCU와 주변장치 간 원활한 소통을 위해, 반드시 입/출력 핀을 사용해야만 한다. 해당 실습 내용을 완벽히 숙지하지 못한다면, 추후 진행하는 실습에서도 문제가 생길 수 있다. 따라서 관련 내용을 확실하게 이해하고 넘어가길 권장한다.

3.2

이론

3.2.1. GPIO

실습 보드 내 MCU는 총 176개의 핀을 지원한다. 이 중 43개의 핀은 필수 I/O 용도(전원, 클럭 등)로 사용되고, 나머지 133개의 핀은 GPIO 또는 특수 목적 입/출력 기능을 지원한다. 실습 보드 내에서 이미 MCU와 주변장치를 물리적으로 연결하기 위한 하드웨어가 구성되어 있고, 사용자는 이를 참고하여 소프트웨어를 설계하면 된다. 실습 보드에서 논리 값 '0'과 '1'은 GPIO를 통해 전기적인 신호 0V와 3.3V로 표현될 수 있다. 이제 어떠한 원리로 입/출력을 표현할지 살펴보도록 하겠다.

1) 입력 방법 : 풀업 및 풀다운

MCU 핀에서 입력 회로를 구성할 때, 보통 풀업 혹은 풀다운 방법을 사용한다. 이에 대한 상세한 묘사는 그림 3-1과 같다.

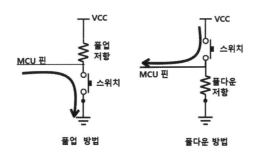

그림 3-1. 풀업 및 풀다운 방법

풀업(Pull-up)은 VCC 방향으로 높은 저항을 연결하여 플로팅 상태에서의 전압을 끌어올리는 방법이다. 플로팅(Floating) 상태는 회로가 연결되지 않은 상황에서, 논리값이 '0'도 아니고 '1'도 아닌 상태를 의미한다. 풀업 방법을 사용한 경우, 스위치를 누르면 GND로 전류가 빠져나가면서 해당 핀의 전압은 0V에 가까워진다. 따라서 MCU는 논리값 '0'이 입력된 것으로 간주한다. 스위치를 누르지 않으면, GND와 연결되지 않아 MCU 방향으로 전류가 흐른다. 따라서 해당 핀의 전압은 VCC에 가까워지고, MCU는 논리값 '1'이 입력된 것으로 간주한다.

풀다운(Pull-down)은 GND 방향으로 높은 지항을 연결하여 플로팅 상태에서의 전압을 끌어내리는 방법이다. 풀다운 방법을 사용한 경우, 스위치를 누르면 MCU 방향으로 전류가 흐른다. 따라서 해당 핀의 전압은 VCC에 가까워지고, MCU는 논리값 '1'이 입력된 것으로 간주한다. 스위치를 누르지 않으면 해당 핀의 전압은 0V에 가까워지고, MCU는 논리값 '0'이 입력된 것으로 간주한다.

플로팅 상태는 MCU 동작에 치명적인 영향을 끼칠 수 있다. 이를 방지하고자, 스위치 사용 시 풀업/풀다운 회로를 필수로 구성한다. 풀업/풀다운 방법을 통해 해당 핀은 항상 확실한 논리값을 유지할 수 있다. 풀업 방법이 잡음이나 충격에 강하기 때문에, 보통 풀다운 방법보다 풀업 방법을 더 선호하는 편이다.

2) 출력 방법 : 푸시풀 및 오픈드레인

MCU 핀에서 출력 회로를 구성할 때, 보통 푸시풀(Push-pull) 혹은 오픈드레인(Open-drain) 방법을 사용한다. 이에 대한 상세한 묘사는 그림 3−2와 같다. 두 방법의 차이점은 출력 표현 방법이다. 푸시풀 방법은 MCU 내부 전원을 이용하여 출력을 표현한다. 반면에 오픈드레인 방법은 MCU 외부 전원을 이용하여 출력을 표현한다. 보통 주변장치가 MCU의 공급 전압(실습 보드의 경우, 3.3V)보다 높은 출력 전압이 필요할 때 오픈드레인 방법을 사용하고, 나머지 경우 푸시풀 방법을 사용한다.

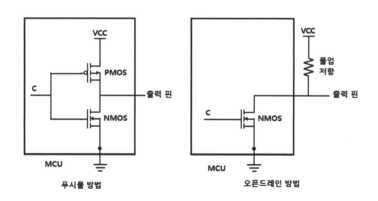

그림 3-2. 푸시풀 및 오픈드레인 방법

푸시풀 방법은 CMOS 회로를 통해 내부 전원으로 출력을 표현할 수 있다. NMOS와 PMOS는 각각 스위치처럼 동작하며, 전류의 흐름은 "Drain-Source"의 방향으로 흐른다. 제어 신호(c)의 논리값이 '1'인 경우, NMOS는 "ON" 상태가, PMOS는 "OFF" 상태가 된다. 따라서 PMOS의 "Drain-Source" 간 연결이 끊기고, NMOS의 "Drain-Source"는 연결된다. 이로 인해 출력 전압은 0V가 된다. 반면에 제어 신호(c)의 논리값이 '0'인 경우, NMOS는 "OFF" 상태가, PMOS는 "ON" 상태가 된다. 따라서 PMOS의 "Drain-Source"는 연결되고, NMOS의 "Drain-Source" 간 연결은 끊긴다. 이로 인해 회로상의 전류는 핀으로 빠져나가며, 출력 전압은 VCC에 가까워진다. 이때 NMOS는 MCU 외부로 전류를 밀어내고(Push), PMOS는 MCU 내부 GND로 전류를 끌어당기기(Pull) 때문에, 해당 방법을 푸시풀이라고 정의한다.

오픈드레인 방법은 NMOS 회로를 통해 외부 전원으로 출력을 표현할 수 있다. 제어 신호(c)의 논리값이 '1'인 경우, NMOS는 "ON" 상태가 된다. 이로 인해 전류는 GND로 빠져나가며, 출력 전압은 0V가 된다. 반면에 제어 신호(c)의 논리값이 '0'인 경우, NMOS는 "OFF" 상태가 된다. 따라서 해당 핀은 외부 전원으로부터 전류를 공급받고, 출력 전압은 VCC에 가까워진다. 실습 보드 내 MCU는 3.3V의 공급 전압을 사용하므로, 5V 출력을 구현하려면 반드시 오픈드레인 방법을 사용해야만 한다.

3.2.2. LED 회로 구성 방법

해당 파트에서는 LED 회로를 구성하는 방법에 대해 살펴볼 것이다. LED와 같은 다이오드(Diode)를 연결하는 방법은 공통 애노드(Common Anode)와 공통 캐소드(Common Cathode)로 구분된다. 이후 설명할 FND 역시 LED의 집합체이므로 이 방법들로 회로를 구성할 수 있다.

1) 공통 애노드

그림 3-3처럼, 다이오드의 양(+)극을 공통으로 연결하는 방법을 공통 애노드라고 정의한다.

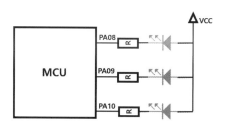

그림 3-3. 공통 애노드

다이오드는 순방향으로 전류가 흘러야만 정상적으로 동작할 수 있으므로 공통부분에는 VCC를 연결한다. 따라서 해당 회로에서 전위차에 따라 전류가 흐를 수 있도록, MCU의 출력 전압을 0V로 설정하면 LED는 점등된다.

2) 공통 캐소드

그림 3-4처럼, 다이오드의 음(-)극을 공통으로 연결하는 방법을 공통 캐소드라고 정의한다.

다이오드는 순방향으로 전류가 흘러야만 정상적으로 동작할 수 있으므로 공통부분에는 GND를 연결한다. 따라서 해당 회로에서 전위차에 따라 전류가 흐를 수 있도록, MCU의 출력 전압을 3.3V로 설정하면 LED는 점등된다.

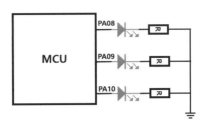

그림 3-4. 공통 캐소드

3.2.3. FND

FND는 여러 개의 "7–Segment"로 구성되며, 한 개의 "7–Segment"는 여러 개의 LED로 구성된다. 그림 3–5와 같이, 본 실습에서 사용하는 FND는 4개의 "7–Segment"로 구성된다. 후술할 내용에서 "7–Segment"는 편의상 세그먼트로 지칭하겠다.

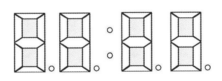

그림 3-5. 실습 보드 내 FND 형태

1) 세그먼트 제어

실습 보드에서 FND는 공통 애노드 방식으로 연결되어있다. 먼저 단일 세그먼트를 제어하는 방법에 대해 살펴보도록 하겠다.

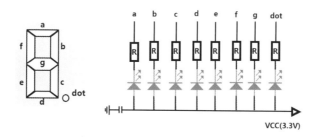

그림 3-6. 단일 세그먼트의 회로 구성

그림 3-6처럼, 단일 세그먼트는 8개의 LED로 구성되며, 각 LED를 점등하려면 해당 핀에 논리값 '0'을 출력해야 한다. 예를 들어, '2'라는 숫자를 표현하고자 할 때, 세그먼트 핀 "a", "b", "g", "e", "d"에 연결되는 MCU 핀에 논리값 '0'을 출력하면 된다.

2) FND 제어

실습 보드에서 사용하는 FND는 여러 개의 세그먼트로 구성된다고 설명했었다. 여러 개의 세그먼트가 동시에 숫자 혹은 문자를 출력하려면, 각 세그먼트에 연결되는 제어 핀을 활성화해야 한다.

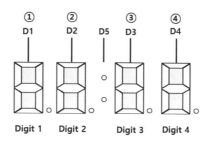

그림 3-7. FND 특징 (Digit)

그림 3-7처럼, 세그먼트 제어 핀("D1"~"D4")에 연결된 세그먼트 중에서, 오직 활성화된 세그먼트만 특정 숫자 혹은 문자를 출력할 수 있다. 각각의 제어 핀에 연결된 세그먼트를 "Digit"라고 정의하겠다. "Digit 1"과 "Digit 3"에 숫자 혹은 문자를 출력하고 싶다면, 제어 핀 "D1"과 "D3"에 연결된 MCU 핀에 논리값 '1'을 출력하면 된다.

이때, 각 세그먼트 별 LED 제어를 위한 GPIO 핀들은 모든 세그먼트가 공유하기 때문에, 활성화된 세그먼트가 여러 개일 경우, 무조건 동일한 숫자 혹은 문자를 출력할 수밖에 없다. 따라서 서로 다른 숫자 혹은 문자를 여러 세그먼트에 출력하려면, 착시 현상을 이용할 수밖에 없다. 세그먼트 간 LED GPIO 핀을 공유하기 때문에, 세그먼트 제어 핀("D1"~"D4")을 매우 빠른 속도로 스위칭하며 출력 문자를 계속 변경하면 된다. 이 경우, 마치 서로 다른 숫자 혹은 문자가 동시에 출력되는 것처럼 보일 수 있다.

3.2.4. 회로도 및 핀맵

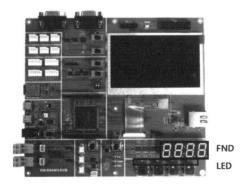

그림 3-8. 실습 보드 (LED 및 FND 위치)

이제 실습 보드에서 어떤 방식으로 LED 및 FND 회로를 구성하였는지 확인할 것이다. 앞서 설명했듯이, LED 및 FND 회로는 MCU의 GPIO 핀과 연결되어있다. 따라서 아래 그림(회로도)을 통해 LED 및 FND의 핀을 확인하고 이를 참고하여 응용 프로그램을 설계할 수 있다. LED 및 FND 실습 결과는 그림 3-8과 같이 우측 하단에서 시각적으로 확인할 수 있다.

1) LED 핀맵 및 회로도

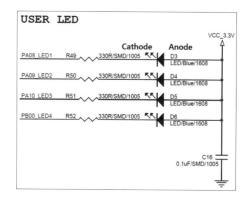

그림 3-9. LED 핀맵 및 회로도

실습 보드에 총 4개의 LED가 구성되어 있다. 앞으로 특정 LED를 언급할 때, 그림 3-8에서 보이는 실습 보드를 기준으로 왼쪽 LED부터 "LED 1", "LED 2", "LED 3", "LED 4"로 지칭하겠다. 그림 3-9와 같이 LED 회로는 공통 애노드로 구성된 것을 확인할 수 있다. LED에 대한 핀 번호를 정리하면 표 3-1과 같다.

표 3-1. LED 관련 MCU 핀맵

파트명	포트번호	MCU 핀 번호
LED 1	PA08	107
LED 2	PA09	108
LED 3	PA10	109
LED 4	PB00	16

2) FND 회로도 및 핀맵

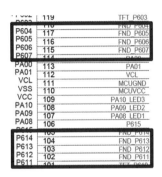

세그먼트 LED 핀	세그먼트 제어 핀

그림 3-10. FND 핀맵

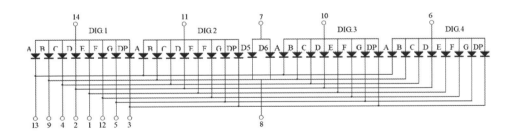

그림 3-11. FND 회로도

단일 세그먼트는 총 8개의 LED로 이루어져 있다. 그림 3-11과 같이 LED
는 MCU와 공통 애노드로 연결되어있으며, 세그먼트 제어 핀("D1"~

"D4")의 출력은 공통 애노드의 입력 전압으로 사용된다.

세그먼트 제어 핀("D1"~"D4")에 대한 핀 번호를 정리하면 표 3-2와 같다. 원하는 세그먼트에 숫자를 출력하려면 해당 세그먼트 제어 핀을 활성화해야 한다. 예를 들어, "Digit 1"을 활성화하려면 "D1"에 논리값 '1'을 출력하면 된다.

세그먼트 LED 핀("a"~"dot")에 대한 핀 번호를 정리하면 표 3-2와 같다. 세그먼트 LED 핀은 공통 애노드로 연결되므로 논리값 '0'을 출력하면 LED 는 점등된다.

표 3-2. FND 관련 MCU 핀맵

파트명	포트번호	MCU 핀 번호
D1	P305	81
D2	P306	80
D3	P307	79
D4	P308	78
D5	P309	77
a	P604	118
b	P605	117
c	P606	116
d	P607	115
e	P611	102
f	P612	103
g	P613	104
dot	P614	105

3.2.5. GPIO FSP Configuration

1) LED

해당 파트에서는 E2 Studio 개발환경에서의 LED 및 FND 제어를 위한

FSP Configuration 설정 방법에 대해 살펴볼 것이다. 프로젝트 생성은 이전 실습들과 동일하게 진행하면 된다.

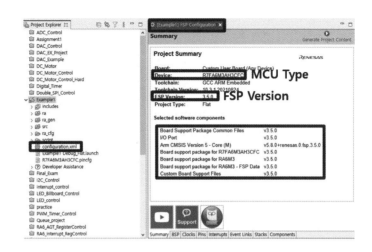

그림 3-12. LED 실습 FSP 버전 확인

FSP Configuration 메뉴 창을 열면 그림 3-12와 같은 화면을 확인할 수 있다. 반드시 MCU 종류와 버전이 그림 3-12와 동일한 것인지 확인 후, 다음 과정으로 넘어가야 한다.

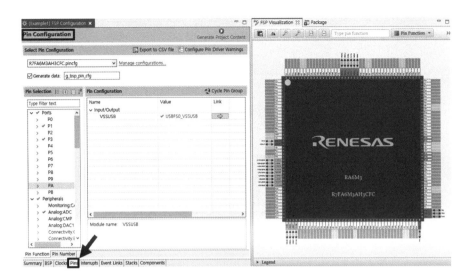

그림 3-13. LED 실습 FSP Configuration 설정 순서 (1)

그림 3-13과 같이 FSP Configuration의 하단 메뉴에서 "Pins" 버튼을 클릭한다.

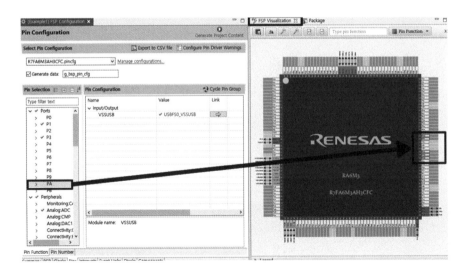

그림 3-14. LED 실습 FSP Configuration 순서 (2)

"PA(Port A)"를 클릭할 경우, 그림 3-14와 같이 우측의 "FSP Visuali zation"에서 해당 포트가 표시된다.

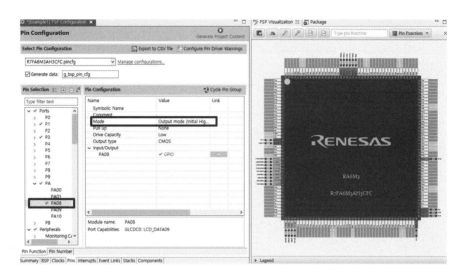

그림 3-15. LED 실습 FSP Configuration 순서 (3)

"PA"에 대한 세부 항목에서 그림 3-15와 같이 "PA08"을 클릭 후, "Output mode(Initial High)"로 설정한다. 이처럼 설정하는 이유는 그림 3-3과 같이 공통 애노드로 핀이 연결되어있기 때문이다. 그림 3-16과 같이 LED가 연결된 나머지 핀("PA09", "PA10", "PB00")에 대해서도 동일하게 설정한다.

모든 설정을 완료했다면, 그림 3-17과 같이 "Generate Project Content"를 눌러 프로그램에 반영한다.

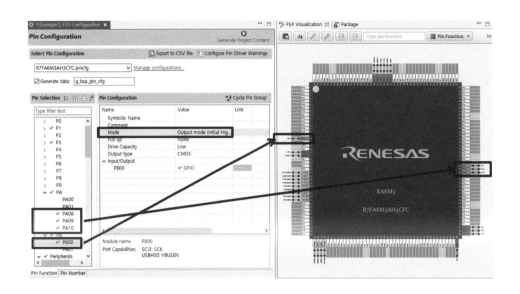

그림 3-16. LED 실습 FSP Configuration 순서 (4)

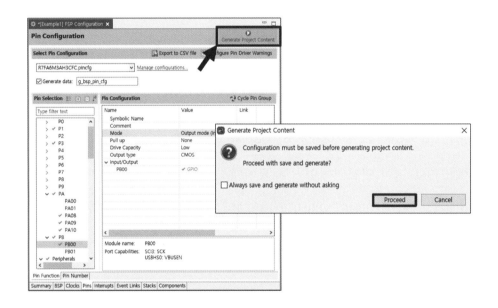

그림 3-17. LED 실습 FSP Configuration 순서 (5)

위 그림 3-17까지 완료하였다면 LED 제어 실습을 진행할 수 있다.

1-1) 핀 입/출력 원리 적용

앞서 언급한 핀 입/출력 원리를 FSP Configuration으로 설정하는 방법을 알아보겠다.

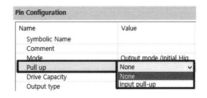

그림 3-18. GPIO 핀 입력 방법

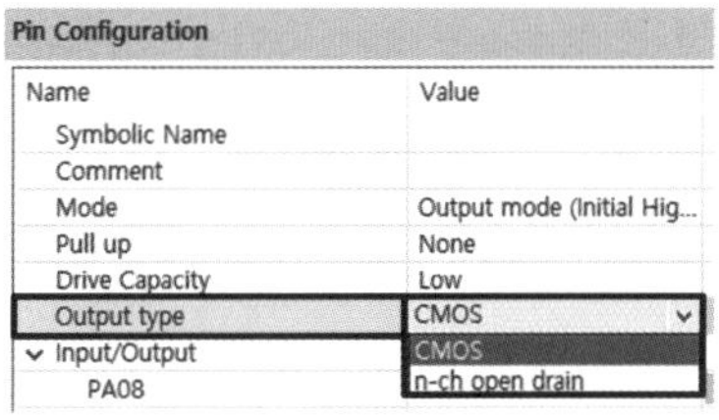

그림 3-19. GPIO 핀 출력 방법

그림 3-18에서 "Pull up"은 MCU에 내장된 풀업 회로의 사용 여부를 결정하는 용도이다. 그림 3-19와 같이 "Output type"은 푸시풀("CMOS"와 동일) 혹은 오픈 드레인 방법을 결정하는 용도이다.

2) FND

"P305"~"P308"은 세그먼트 제어 핀("D1"~"D4")으로 사용되기 때문에 초깃값을 "Output mode (initial Low)"로 설정한다. 마찬가지로, "P604"~"P607" 및 "P611"~"P614"는 단일 세그먼트의 LED를 제어하는 핀이므로 초깃값을

"Output mode (initial High)"로 설정한다. GPIO 핀 설정을 참고하여 그림 3-20, 그림 3-21과 같이 설정하면 된다.

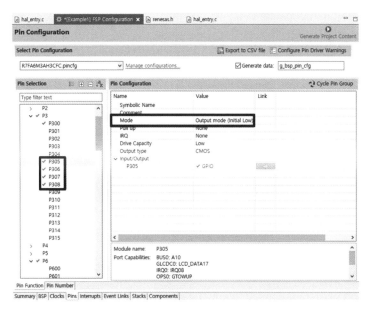

그림 3-20. FND 실습 FSP Configuration (1)

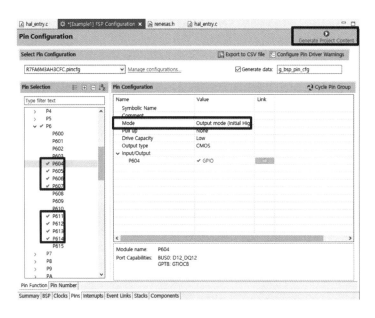

그림 3-21. FND 실습 FSP Configuration (2)

3.2.6. GPIO 레지스터 설정

해당 파트에서는 GPIO 핀 관련 레지스터에 대해 살펴볼 것이다. 레지스터를 직접 사용하는 경우, FSP Configuration이나 HAL 함수 없이 LED 및 FND를 제어할 수 있다.

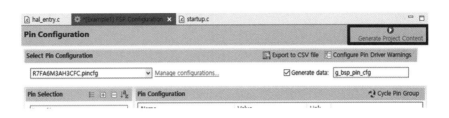

그림 3-22. FSP Configuration 전부 해제 후, 설정

앞선 실습에서 설정하였던 FSP Configuration을 전부 해제한 후, 그림 3-22처럼 "Generate Project Content"를 누른다.

1) "Port Control Register 1" (PCNTR1)

그림 3-23과 같이, PCNTR1 레지스터는 핀의 입/출력 방향과 현재 출력 상대를 결정하는 용도이다.

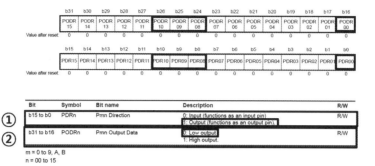

그림 3-23. GPIO 레지스터 (PCNTR1)

① "PDR" 필드는 핀의 입/출력 방향을 결정하는 용도이다. n은 핀 번호를 의
미한다. n번 핀의 해당 필드를 '1'로 설정하면 그 핀은 출력 용도로 사용할
수 있다. 반대의 경우, 그 핀은 입력 용도로 사용할 수 있다.

② "PODR" 필드는 출력 핀의 현재 출력상태를 결정하는 용도이다. n은 핀 번
호를 의미한다. n번 핀의 해당 필드를 '0'으로 설정하면 그 핀의 출력 전압은
0V이다.

예시로, "PA08"을 "Low" 상태의 출력 핀으로 설정해보겠다. 이를 위해
"PA08"의 "PDR8" 필드, "PODR8" 필드를 '1'로 설정하면 된다.

2) "Port Control Register 2" (PCNTR2)

그림 3-24와 같이, PCNTR2 레지스터는 포트 및 입력 이벤트 데이터의
상태를 확인하는 용도이다.

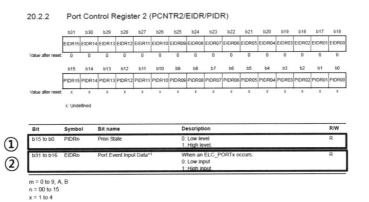

그림 3-24. GPIO 레지스터 (PCNTR2)

① "PIDR" 필드는 핀의 입/출력상태를 확인하는 용도이다. n은 핀 번호를 의
미한다.

② "EIDR" 필드는 입력 이벤트 데이터의 상태를 확인하는 용도이다. n은 핀
번호를 의미한다.

PCNTR2 레지스터는 필드 값을 읽는 용도로만 사용된다. 즉, 해당 레지
스터를 읽기로만 사용할 수 있으며 그림 3-24를 살펴보면 우측 하단에 "R"
을 확인할 수 있다.

3.3

실습

3.3.1. 실습 1: FND (원하는 숫자 표현)

1) 환경 설정

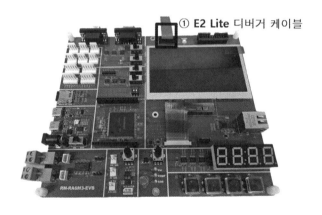

① E2 Lite 디버거 케이블

그림 3-25. 실습 보드 하드웨어 연결 방법

그림 3-25는 우리가 사용하는 실습 보드에서 ① E2 Lite 디버거 케이블을 연결하는 방법이다. 앞으로 진행하는 모든 GPIO 실습에서 그림 3-25와 같이 연결하여 실습 보드를 사용할 것이다. 따라서 추가 연결이 필요한 경우를 제외하고, 실습마다 기본적인 하드웨어 연결 방법을 별도로 설명하지는 않을

것이다.

2) 실습 방법

실습 보드 내 FND에 원하는 숫자를 표시하는 실습을 진행한다. 프로그램 설명을 진행할 때, 숫자는 임의로 '1234'로 표현하겠다. 본격적으로 GPIO 실습을 위해, E2 Studio에서 설계된 GPIO 예제 프로그램을 준비해야 한다. 이는 GitHub에서 제공하는 "RA6M3_Ex3_GPIO_FND.zip" 파일을 다운로드하면 된다.

3) 함수 기반 제어

먼저 "3.2.5. GPIO FSP Configuration 설정"과 같이 동일하게 FND의 핀을 설정한다. 프로그램 구성을 살펴보도록 하겠다. 프로그램 내 코드 구성은 그림 3-26~3-28을 참고하길 바란다.

그림 3-26. 실습 1 - 함수 기반 풀이 (1)

① 그림 3-26을 살펴보았을 때, 해당 코드는 세그먼트 제어 핀("D1"~"D4")에 해당하는 실습 보드 핀을 열거형으로 정리한 것이다. 해당 핀들은 Renesas BSP 라이브러리에서 제공된다.

② 해당 코드는 그림 3-6의 세그먼트 LED 핀("a"~"g", "dot")에 해당하는 실습 보드 핀을 열거형으로 정리한 것이다. 마찬가지로, 해당 핀들은 Renesas BSP 라이브러리에서 제공된다.

③ 해당 코드는 FND로 표현하고 싶은 숫자를 순서("Digit 1"~"Digit 4")대로 대입한 배열이다. 이 배열의 크기는 '4'이며 숫자는 정수로 표현한다.

④ 해당 코드는 그림 3-29를 통해 설명할 것이다.

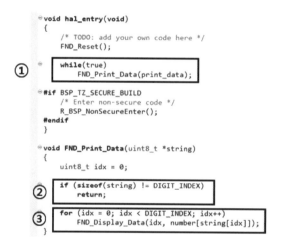

그림 3-27. 실습 1 - 함수 기반 풀이 (2)

① 그림 3-27을 살펴보았을 때, 해당 코드는 "3.2.3. FND"에서 언급한 원리를 이용하기 위해 While문에 "FND_Print_Data( )" 함수를 작성한 것이다. "FND_Print_Data( )" 함수는 시각적으로 4개의 세그먼트가 동시에 숫자나

문자로 보일 수 있도록 표현하는 함수이다.

② 해당 코드는 매개변수로 받은 "string" 배열의 크기가 '4'와 같지 않다면 이 함수를 종료시키기 위한 용도이다.

③ 해당 코드는 "FND_Display_Data( )" 함수를 이용하여 단일 세그먼트를 표현하기 위한 용도이다. "string" 배열은 "print_data" 배열로부터 값을 받는다. "FND_Display_Data( )" 함수는 단일 세그먼트를 제어하는 함수이고 For문을 통해 총 4번 표현한다. 이를 통해 시각적으로 4개의 숫자가 동시에 보일 수 있도록 FND를 활용할 수 있다.

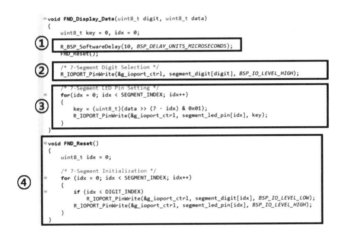

그림 3-28. 실습 1 - 함수 기반 풀이 (3)

① 그림 3-28을 살펴보았을 때, 해당 코드는 Renesas BSP 라이브러리에서 제공하는 지연 함수로, 원하는 지연 시간을 조절할 수 있는 용도이다.

② 해당 코드는 HAL 함수인 "R_IOPORT_PinWrite( )"를 통해 핀 단위로 세그먼트 제어 핀("D1"~"D4")을 제어하는 용도이다.

③ 해당 코드는 "R_IOPORT_PinWrite( )" 함수와 for문을 통해 순서대로 세 그먼트에 존재하는 LED 핀 8개 출력을 제어하는 용도이다. 매개변수 "data"는 "number" 배열로부터 값을 받는다. "number" 배열은 1바이트로 구성되고 8개의 비트는 그림 3-29와 같이 구성된다. 이는 세그먼트 LED 핀 ("a"~"dot")의 출력상태를 동시에 표현하기 위한 용도이다.

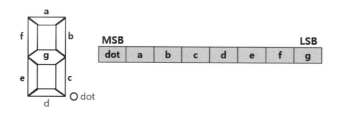

그림 3-29. 실습 1 - 함수 기반 풀이, 세그먼트 LED 핀 제어 비트

특정 핀에 논리값 '0'을 출력하고 싶다면 해당 비트에 '0'을 작성하면 된다. 예를 들어, 세그먼트로 숫자 '0'을 표현하기 위해서는 '0x81'로 설정하면 된다. "data" 배열과 for문을 이용하여 단일 세그먼트 LED 핀의 출력상태를 결정하고 세그먼트는 숫자를 표현할 수 있다. 그림 3-26의 "number" 배열에는 이미 '0'부터 '9'를 출력하기 위한 매개변수 값이 포함되어 있다.

④ 해당 코드는 FND를 초기화시키는 용도이다.

3) 레지스터 기반 제어

먼저 "3.2.5. GPIO FSP Configuration"에서 진행한 설정을 모두 해제한다. 레지스터 기반 프로그램 구성을 살펴보도록 하겠다. 프로그램 내 코드 구성은 그림 3-30~3-32를 참고하길 바란다.

```
#include "hal_data.h"

FSP_CPP_HEADER
void R_BSP_WarmStart(bsp_warm_start_event_t event);
void R_FND_Reset();
void R_FND_Print_Data(uint8_t *string);
void R_FND_Display_Data(uint8_t digit, uint8_t data);
FSP_CPP_FOOTER

#define SEGMENT_INDEX          8
#define DIGIT_INDEX            4

#define PODR_INDEX_HIGH        7
#define PODR_INDEX_LOW         4
#define PODR_DIGIT_MASK        0x01E0
#define PODR_HIGH_MASK         0x7800
#define PODR_LOW_MASK          0x00F0
#define PODR_PIN_MASK          PODR_HIGH_MASK | PODR_LOW_MASK

uint8_t number[10] = {0xC0, 0xF9, 0xA4, 0xB0, 0x99, 0x92, 0x82, 0xD8, 0x80, 0x90};

uint8_t print_data[4] = {1, 2, 3, 4};
```

그림 3-30. 실습 1 - 레지스터 기반 풀이 (1)

① 그림 3-30에서, 해당 상수는 PCNTR1 레지스터("PODR" 필드)를 조작하기 위한 비트 마스크(Bit Mask) 용도이다. 이를 통해 세그먼트 제어 핀과 LED 핀을 제어하거나 초기화한다.

② 해당 코드는 그림 3-33을 통해 설명할 것이다.

```
void hal_entry(void)
{

    /* TODO: add your own code here */

    /* 7-Segment LED Pin Output Setting */
    R_PORT3->PCNTR1_b.PDR |= (uint32_t)0x01E0;
    R_PORT6->PCNTR1_b.PDR |= (uint32_t)0x78F0;

    R_FND_Reset();

    while(true)
        R_FND_Print_Data(print_data);

#if BSP_TZ_SECURE_BUILD
}

void R_FND_Reset()
{
    /* 7-Segment LED Pin State Initialization */
    R_PORT3->PCNTR1_b.PODR &= ~PODR_DIGIT_MASK & 0xFFFF;
    R_PORT6->PCNTR1_b.PODR |= PODR_PIN_MASK;
}
```

그림 3-31. 실습 1 - 레지스터 기반 풀이 (2)

① 그림 3-31을 살펴보았을 때, 해당 코드는 세그먼트 제어 핀 및 LED 핀의 입/출력 방향을 설정하기 위한 용도이다. PCNTR1 레지스터의 "PDR" 필드를 통해 핀의 방향을 결정한다. 세그먼트 제어 핀 및 LED 핀을 출력 핀으로 설정하기 위해서 이에 해당하는 "PDR" 필드를 '1'로 설정한다.

② 해당 코드는 "3.2.3. FND"에서 언급한 착시 현상 원리를 위한 용도이다. While문에 지연 함수 없이 "R_FND_Print_Data( )" 함수를 작성하였다.

```
void R_FND_Print_Data(uint8_t *string)
{
    uint8_t idx = 0;

    if (sizeof(string) != DIGIT_INDEX)
        return;

    for (idx = 0; idx < DIGIT_INDEX; idx++)
        R_FND_Display_Data(idx, number[string[idx]]);
}

void R_FND_Display_Data(uint8_t digit, uint8_t data)
{
①  uint16_t high_nibble = (uint16_t)((data << PODR_INDEX_HIGH) & PODR_HIGH_MASK);
    uint16_t low_nibble = (uint16_t)((data << PODR_INDEX_LOW) & PODR_LOW_MASK);

    R_BSP_SoftwareDelay(10, BSP_DELAY_UNITS_MICROSECONDS);
    R_FND_Reset();

②  /* 7-Segment Digit Selection */
    R_PORT3->PCNTR1_b.PODR = (uint16_t)((0x0010 << (1 + digit)) & PODR_DIGIT_MASK);

③  /* 7-Segment LED Pin State Setting */
    R_PORT6->PCNTR1_b.PODR = high_nibble | low_nibble;
}
```

그림 3-32. 실습 1 - 레지스터 기반 풀이 (3)

① 그림 3-32를 살펴보았을 때, 해당 코드는 레지스터로 세그먼트 LED 핀 출력을 제어하는데 필요한 "nibble" 변수를 생성하는 용도이다. 매개변수 "data"는 "number" 배열로부터 값을 받는다. "number" 배열은 1바이트로 구성되고 8개의 비트는 그림 3-33과 같이 구성된다. 이는 세그먼트 LED 핀("a"~"dot")의 출력상태를 동시에 표현하기 위한 용도이다.

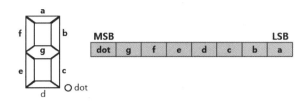

그림 3-33. 실습 1 - 레지스터 기반 풀이, 세그먼트 LED 핀 제어 비트

특정 핀에 논리값 '0'을 출력하고 싶다면 해당 비트를 '0'으로 설정하면 된다. 예를 들어, 세그먼트로 숫자 '0'을 표현하기 위해서는 '0xC0'로 16진수를 구성할 수 있다. 매개변수 "data"를 통해 "a", "b", "c", "d"는 "P604", "P605", "P606", "P607"에 대응되고 "e", "f", "g", "dot"도 "P611", "P612", "P613", "P614"에 대응될 수 있도록 시프트(Shift) 연산자를 사용하여 "high_nibble"과 "low_nibble" 변수를 생성하였다.

② 해당 코드는 세그먼트 제어 핀("D1"~"D4")을 결정하는 용도이다.

③ 해당 코드는 세그먼트 LED 핀을 제어하는 용도이다. 세그먼트 LED 핀에 해당하는 "PODRn" 필드를 "high_nibble"과 "low_nibble" 변수로 설정하여 세그먼트에 숫자를 표시한다.

4) 실습 결과

그림 3-34와 같이 실습 보드 내 FND를 통해 숫자('1234')가 표현된 것을 확인할 수 있다.

그림 3-34. 실습 1 결과

3.3.2. 실습 2: FND (증감하는 10진수 표현)

1) 실습 방법

실습 보드 내 FND에 증감하는 10진수를 표시하고 세그먼트의 숫자가 짝수일 때 동일한 순서의 LED가 점등되는 실습을 진행한다.

1-1) 실습 조건

- 0000 → 1111 → 2222 → ... → 9999까지 순서대로 FND에 표시하고 각 숫자 간의 지연 시간은 100ms로 설정한다.
- 세그먼트로 표시하는 숫자가 짝수일 경우, 해당 세그먼트와 동일한 순서의 LED를 점등한다.
- 코드 내 지연 시간을 생성하려면 "R_BSP_SoftwareDelay( )" 함수를 활용한다.

3.3.3. 실습 3: FND (증감하는 16진수 표현)

1) 실습 방법

실습 보드 내 FND에 증감하는 16진수를 표시하는 실습을 진행한다. 실습 조건은 아래와 같다.

1-1) 실습 조건

- FND에 16진수 0000~FFFF까지 오름차순으로 표시하고 각 숫자 간의 지연 시간은 100ms로 설정한다.
- 세그먼트에 알파벳을 표현하는 방법은 아래 그림 3-35와 같다.
- 코드 내 지연 시간을 생성하려면"R_BSP_SoftwareDelay( )" 함수를 활용한다.

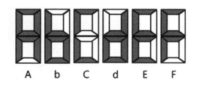

그림 3-35. 실습 3 : 세그먼트를 이용한 알파벳

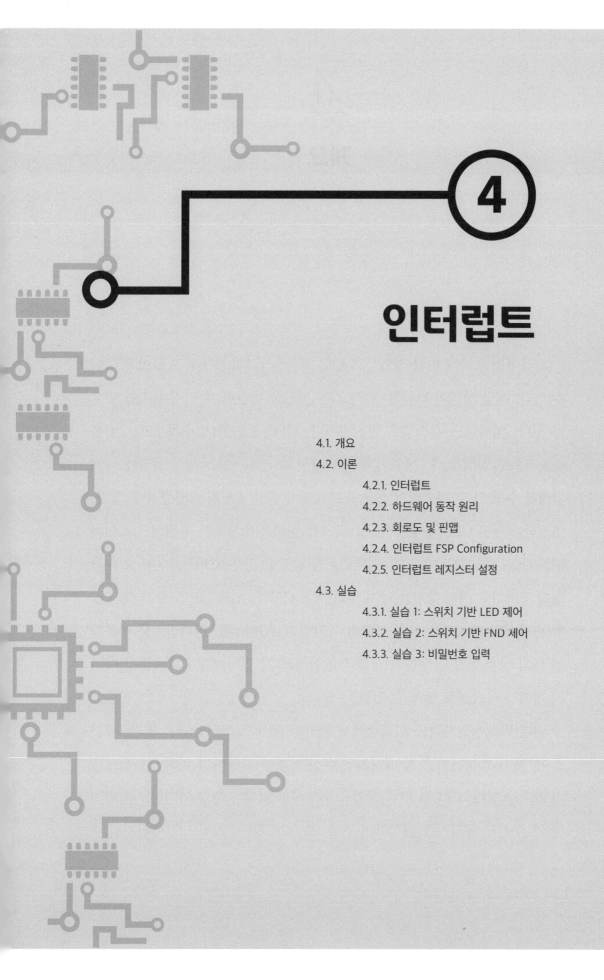

인터럽트

4.1. 개요
4.2. 이론

4.2.1. 인터럽트

4.2.2. 하드웨어 동작 원리

4.2.3. 회로도 및 핀맵

4.2.4. 인터럽트 FSP Configuration

4.2.5. 인터럽트 레지스터 설정

4.3. 실습

4.3.1. 실습 1: 스위치 기반 LED 제어

4.3.2. 실습 2: 스위치 기반 FND 제어

4.3.3. 실습 3: 비밀번호 입력

4.1

개요

순차적인 흐름에 따라 작업을 수행할 때, 예상하지 못했던 상황이 발생할 수 있다. 해당 상황이 긴급할 경우, 기존 작업을 중단한 후 먼저 해결할 필요가 있다. 임베디드 시스템도 마찬가지다. CPU(중앙처리장치)가 프로그램을 순차적으로 실행할 때, 예외 상황이 발생할 수 있다. 이는 특정 동작에 의해 발생할 수도 있고, 하드웨어 혹은 소프트웨어 결함에 의해 발생할 수도 있다. 이러한 상황은 CPU의 정상적인 프로그램 실행을 방해하는 행위이므로 인터럽트(Interrupt)라고 정의된다. 인터럽트가 발생할 경우, CPU는 수행 중인 작업을 중단하고 예외 상황을 먼저 처리한다. CPU는 인터럽트를 통해 예외 상황이 발생한 타이밍을 거의 정확히 파악할 수 있다. 즉, 인터럽트를 사용할 때 예외 상황 발생 유무를 수시로 확인할 필요가 없어, CPU 효율뿐만 아니라 실시간 응답성도 높일 수 있다.

인터럽트는 임베디드 시스템에서 다양한 목적으로 사용되고 있다. 예를 들어, 통신 과정에서 특정 메시지의 수신 여부를 확인하기 위해 인터럽트를 활용할 수 있다. CPU는 다른 작업을 수행하고 있다가 해당 인터럽트를 발견할 때 수신된 메시지를 해석하면 된다. 즉, CPU가 주기적으로 메시지의 수신 여부를 확인할 필요가 없다는 것이다.

각기 다른 상황에서 인터럽트를 자유자재로 활용하기 위해, 인터럽트의 동작 과정을 완벽히 이해할 필요가 있다. 본 실습에서는 인터럽트의 기본 개념 및 동작 원리 등을 살펴보고, 인터럽트 기반 프로그램 효율 개선 방법을 익힐 것이다.

4.2

이론

4.2.1. 인터럽트

임베디드 시스템의 입/출력 처리 방식은 폴링(Polling)과 인터럽트(Interrupt)로 구분된다. 폴링은 주기적으로 입/출력 상태를 확인하다가 요청사항을 처리하는 방식이다. 해당 방식은 수시로 입/출력 상태를 확인할 필요가 있어 매우 비효율적이다. 또한, 입/출력 상태를 확인할 때만 예외 상황을 식별할 수 있어 즉시 처리할 수 없다. 인터럽트는 프로그램 실행 도중 특정 상황이 발생하였을 때, 수행 중인 작업을 중단하고 즉시 요청사항을 처리하는 방식이다.

인터럽트는 목적에 따라 내부 인터럽트와 외부 인터럽트로 구분된다. 내부 인터럽트(Internal Interrupt)는 하드웨어 혹은 소프트웨어 결함에 의해 발생한다. 임베디드 시스템에서의 결함은 하드웨어의 일부분이 망가져 정상적으로 명령어를 수행할 수 없거나, 실행할 수 없는 명령어를 불러온 경우, 접근 권한에 문제가 발생하는 경우 등을 예로 들 수 있다. 외부 인터럽트(External Interrupt)는 CPU 주변장치의 입/출력에 의해 발생한다. 이는 스위치를 눌러 트리거 신호를 발생시키거나, 타이머 모듈을 통해 일정 주기마다 펄스 신호를 발생시키는 경우를 예로 들 수 있다.

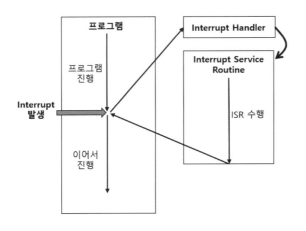

그림 4-1. 인터럽트 처리 과정

인터럽트의 처리 과정은 그림 4-1과 같다. 가장 먼저, CPU가 인터럽트 신호를 확인하면, IH를 통해 어떤 장치가 어떤 목적으로 인터럽트를 요청하였는지 확인한다. 이후, IH는 벡터 테이블을 참고하여 대상과 목적에 맞는 ISR을 호출한다. 이때 ISR은 예외 상황을 처리하기 위한 함수를 포함한다. ISR까지 수행하였다면, 원래 프로그램으로 돌아가 진행 중이었던 작업을 이어서 수행한다.

4.2.2. 하드웨어 동작 원리

실습 보드의 MCU는 ARM Cortex-M4 프로세서를 사용한다. 따라서 ARM 프로세서의 인터럽트 처리 방식에 대한 이해가 필요하다. ARM 프로세서에서는 내부 인터럽트와 외부 인터럽트를 종합하여 "Exception"으로 정의한다. 이때 내부 인터럽트는 시스템 초기화 및 결함과 관련한 인터럽트, 프로세서 내부의 시스템 타이머와 관련한 인터럽트 등을 포함한다.

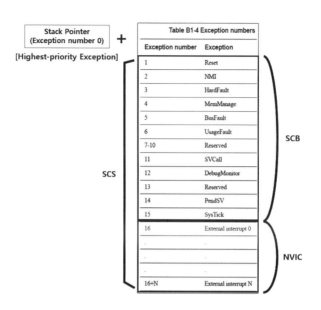

그림 4-2. ARM 프로세서 Exception 목록

그림 4-2를 통해 ARM 프로세서의 "Exception" 목록을 확인할 수 있다. 각각의 "Exception"은 고유한 번호를 갖는다. ARM 프로세서는 최대 512가지의 "Exception"을 지원할 수 있는데, 이중 상위 16가지의 내부 인터럽트는 SCB를 통해, 하위 496가지의 외부 인터럽트는 NVIC를 통해 관리한다. 실습 보드의 MCU가 사용하는 ARM Cortex-M4 프로세서는 최대 240가지의 "Exception"을 지원할 수 있다.

이제 인터럽트 처리를 위한 하드웨어 구성을 살펴보도록 하겠다. 그림 4-3은 실습 보드의 MCU에 대한 일부 구성도이다.

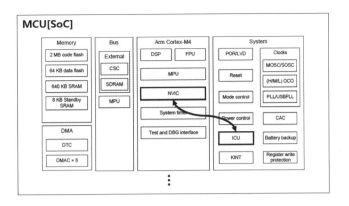

그림 4-3. 실습 보드의 MCU 일부 구성도

해당 MCU에서는 ARM Cortex—M4 프로세서에 내장된 NVIC와 프로세서 외부의 ICU가 물리적으로 연결되어 있다. 하드웨어에서 발생하는 모든 인터럽트는 반드시 ICU와 NVIC를 거쳐 프로세서로 전달된다.

1) NVIC[Nested Vectored Interrupt Controller]

NVIC는 ARM 프로세서에 내장된 모듈로, 다중 인터럽트를 효율적으로 관리하기 위한 수단이다. NVIC는 "중첩된(Nested)" 형태의 다중 인터럽트를 처리할 수 있고, "벡터형(Vectored)" 테이블을 이용하여 신속하게 요청사항을 처리할 수 있다.

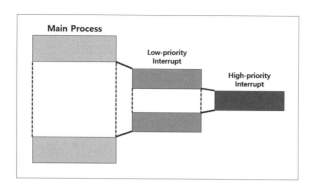

그림 4-4. NVIC의 다중 인터럽트 처리 방식

그림 4-4와 같이, NVIC는 인터럽트를 우선순위에 따라 관리한다. 즉, 높은 우선순위의 인터럽트가 낮은 우선순위의 인터럽트를 선점할 수 있도록 인터럽트 신호 간 처리 순서를 관리한다. 낮은 우선순위의 인터럽트에 대한 요청 사항을 처리하고 있는 도중에 높은 우선순위의 인터럽트가 발생할 경우, 해당 인터럽트의 요청사항을 먼저 처리한 후 이전 요청사항을 이어서 수행한다.

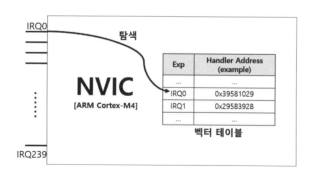

그림 4-5. NVIC의 벡터 테이블 동작 예시

그림 4-5와 같이, NVIC는 벡터 테이블을 이용하여 IH의 주소를 관리함으로써 CPU가 신속하게 IH를 탐색 및 실행할 수 있도록 보조한다.

2) ICU[Interrupt Controller Unit]

ICU는 NVIC의 부하를 절감하기 위한 보조 수단이다. 그림 4-6에서 확인할 수 있듯이, 모든 외부 인터럽트 신호는 ICU를 거쳐서 ARM 프로세서 내부의 NVIC로 전달된다.

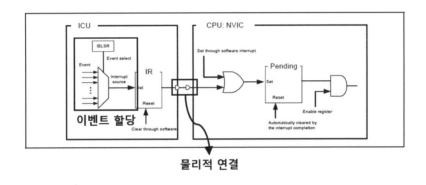

그림 4-6. ICU와 NVIC 간 하드웨어 연결

실습 보드 내 MCU에서 사용된 ICU는 총 96개의 채널을 가지며, 각 채널당 한 가지의 외부 인터럽트를 할당할 수 있다. 그림 4-7은 외부 인터럽트가 발생했을 때의 처리 과정을 나타낸 것이다. "PORT_IRQ11" 인터럽트를 ICU 0번 채널에 할당하면, 해당 인터럽트 신호는 NVIC "IRQ0"으로 전달된다. 이후 CPU는 NVIC 내부의 벡터 테이블에서 "IRQ0"에 해당하는 IH를 탐색하여 실행할 수 있다. NVIC와 ICU는 물리적으로 연결되어 있고, ICU 채널 번호와 NVIC IRQ 번호는 일치한다. 따라서 외부에서 발생한 인터럽트 신호는 ICU와 NVIC를 거쳐 CPU에 전달되고, CPU는 IRQ 번호를 통해 해당 신호를 구별할 수 있다.

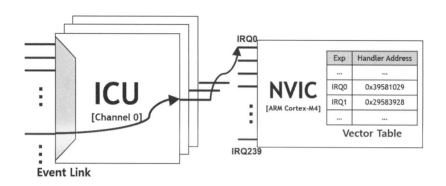

그림 4-7. 외부 인터럽트 신호 전달 과정 예시

4.2.3. 회로도 및 핀맵

그림 4-8. 실습 보드에 장착된 스위치

그림 4-8은 실습 보드에 장착된 스위치이다. 그림 4-9와 표 4-1은 실습 보드에 장착된 스위치의 회로도 및 핀맵이다. 실습 보드에는 4개의 스위치가 있고 각 스위치는 "P006", "P008", "P009", "P010"에 연결되어 있다. 회로도를 살펴보면 실습 보드의 스위치는 풀업 저항 방식으로 연결되어 있다. 즉, 스위치가 눌리지 않았을 때 "High" 상태를 유지하다가 스위치가 눌리면 "Low" 상태가 된다.

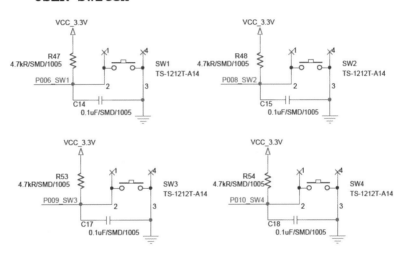

그림 4-9. 스위치의 회로도

표 4-1. 스위치에 대한 MCU 핀맵

파트명	포트번호	MCU 핀 번호
SW1	P006	163
SW2	P008	161
SW3	P009	160
SW4	P010	159

4.2.4. 인터럽트 FSP Configuration

해당 파트에서는 E2 Studio 개발환경에서의 인터럽트를 사용하기 위한 FSP Configuration 설정 방법에 대해 살펴볼 것이다. 프로젝트 생성은 이전 실습들과 동일하게 진행하면 된다.

프로젝트 생성 후 FSP Configuration XML 파일을 열고, 그림 4-10과 같은 순서로 External IRQ HAL 스택을 생성하길 바란다. 스위치마다 각각 IRQ 가 할당되기 때문에, 스위치 4개를 모두 사용하려면 그림 4-11과 같이 HAL 스택을 4개 생성하면 된다.

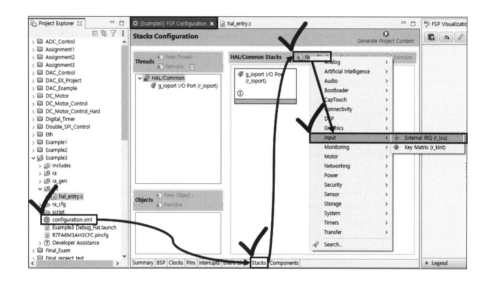

그림 4-10. 인터럽트를 위한 FSP Configuration 설정 (1)

그림 4-11. 인터럽트를 위한 FSP Configuration 설정 (2)

이제 "External IRQ" 스택에 대한 "Properties" 창을 열면 된다.

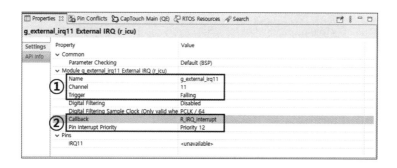

그림 4-12. 인터럽트를 위한 FSP Configuration 설정 (3)

External IRQ HAL 스택에 대한 "Properties"를 확인해보면 그림 4-12와 같다. "SW1" 기준으로 각각의 설정 항목들을 자세히 살펴보도록 하겠다.

① 실습 보드의 "SW1"은 "P006"에 연결되며, 해당하는 인터럽트는 "PORT_IRQ11"이다. 따라서 채널 값을 '11'로 설정한다. 트리거의 경우 "Falling", "Rising", "Both Edges", "Low Level" 중 하나를 설정가능하며, 본 실습에서는 "Falling"으로 설정하고 진행하겠다.

② 해당 항목은 Callback 함수 및 인터럽트의 우선순위를 설정하는 부분이다. Callback 함수는 특정 이벤트에 의해 호출되는 함수로, 인터럽트 발생 시 응용 프로그램에서 해당 함수가 실행된다. "SW1"로 인해 발생하는 인터럽트 처리를 위해 "Callback"을 사용자 지정 함수인 "R_IRQ_Interrupt"로 설정하면 된다. "Pin Interrupt Priority"는 기본값인 '12'로 설정한다.

다음으로 IRQ 핀 설정이 필요하다. MCU 핀 중에서, 특수 목적용 입/출력으로써 인터럽트 신호를 인식할 수 있는 핀이 존재한다. FSP Configuration의 "Pins" 탭에 들어간 다음, 그림 4-13과 같은 순서로 핀 설정을 진행하길 바란다.

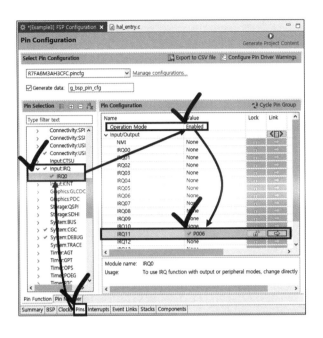

그림 4-13. 인터럽트를 위한 FSP Configuration 설정 (4)

스위치를 추가로 사용하려면 위와 같은 과정을 각 스위치마다 반복해주면
된다. 각 스위치에 대한 Properties 설정과 핀 설정은 표 4-2와 그림 4-14에
서 확인할 수 있다.

표 4-2. 모듈별 Properties 설정

파트명	Name	Channel	Trigger	Callback	Priority	Pin
SW1	g_external_irq11	11	Falling	R_IRQ_Interrupt	12	P006
SW2	g_external_irq12	12	Falling	R_IRQ_Interrupt	12	P008
SW3	g_external_irq13	13	Falling	R_IRQ_Interrupt	12	P009
SW4	g_external_irq14	14	Falling	R_IRQ_Interrupt	12	P010

IRQ11	✔ P006		⇨
IRQ12	✔ P008		⇨
IRQ13	✔ P009		⇨
IRQ14	✔ P010		⇨

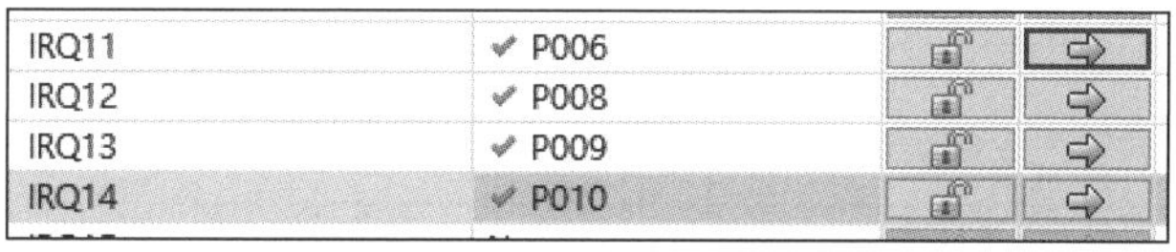

그림 4-14. 인터럽트를 위한 FSP Configuration 설정 (5)

핀 설정을 완료한 후, 그림 4-15와 같이 "Generate Project Content"를 눌러 프로젝트를 생성한다.

그림 4-15. 인터럽트를 위한 FSP Configuration 설정 (6)

4.2.5. 인터럽트 레지스터 설정

해당 파트에서는 레지스터 기반 인터럽트 설정 방법을 설명할 것이다. 이를 위해 NVIC, ICU, 포트 관련 레지스터를 차례로 살펴보겠다.

1) NVIC 관련 레지스터

그림 4-16은 NVIC 관련 레지스터이다. 이중 실습에서 사용되는 레지스터인 ISER, ICTR, IPR에 대해 자세히 살펴보겠다.

		Table 6-1 NVIC registers			
Address	Name	Type	Reset	Description	
0xE000E004	ICTR	RO	-	Interrupt Controller Type Register, ICTR	
0xE000E100 - 0xE000E11C	NVIC_ISER0 - NVIC_ISER7	RW	0x00000000	Interrupt Set-Enable Registers	
0xE000E180 - 0xE000E19C	NVIC_ICER0 - NVIC_ICER7	RW	0x00000000	Interrupt Clear-Enable Registers	
0xE000E200 - 0xE000E21C	NVIC_ISPR0 - NVIC_ISPR7	RW	0x00000000	Interrupt Set-Pending Registers	
0xE000E280- 0xE000E29C	NVIC_ICPR0 - NVIC_ICPR7	RW	0x00000000	Interrupt Clear-Pending Registers	
0xE000E300 - 0xE000E31C	NVIC_IABR0 - NVIC_IABR7	RO	0x00000000	Interrupt Active Bit Register	
0xE000E400- 0xE000E4EC	NVIC_IPR0 - NVIC_IPR59	RW	0x00000000	Interrupt Priority Register	

그림 4-16. NVIC 관련 레지스터 목록

1-1) "Interrupt Set-Enable Registers" (ISER)

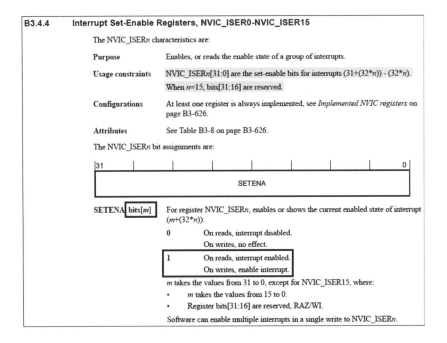

그림 4-17. NVIC 관련 레지스터 - ISER (1)

ISER은 인터럽트 활성화 여부를 설정하는 용도이다. 그림 4-17과 같이 해당 레지스터는 비트 단위로 설정하며, 해당 IRQ에 대한 비트 필드를 '1'로 설정함으로써 인터럽트를 활성화할 수 있다. 인터럽트를 비활성화하기 위해서는 ISER의 해당 비트 필드를 다시 '0'으로 설정하는 것이 아닌, ICER을 설정해야 한다. 해당 내용은 본 실습에서 다루지 않는다.

그림 4-18을 보면 NVIC가 지원할 수 있는 인터럽트의 개수는 240가지이다. 한 레지스터 당 32개의 IRQ를 할당할 수 있기 때문에 총 8개의 ISER이 존재한다. 만약 "IRQ5"를 활성화하려면 "ISER0"에 '0x20'을 OR 연산하면 된다.

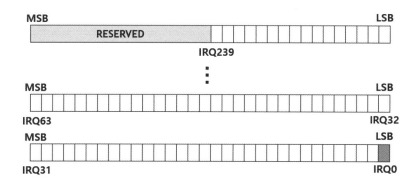

그림 4-18. NVIC 관련 레지스터 - ISER (2)

1-2) "Interrupt Controller Type Register" (ICTR)

ICTR은 MCU가 지원할 수 있는 인터럽트의 수를 결정하는 용도이다. 해당 레지스터의 설정 값은 MCU 제조 과정에서 결정되므로 수정할 수 없다. 실습 보드의 MCU에서 ICTR의 하위 4비트는 '0b0010'으로 설정되어 있다. 그림 4-20을 통해 알 수 있듯이, MCU가 실질적으로 운용할 수 있는 인터럽트의 최대 개수는 96개이다.

Interrupt Controller Type Register, ICTR

Characteristics and bit assignments of the ICTR register.

Purpose
Shows the number of interrupt lines that the NVIC supports.

Usage Constraints
There are no usage constraints.

Configurations
This register is available in all processor configurations.

Attributes
See the register summary information.

The following figure shows the ICTR bit assignments.

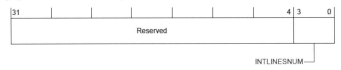

그림 4-19. NVIC 관련 레지스터 - ICTR (1)

Bits	Name	Function	Notes
[31:4]	-	Reserved.	
[3:0]	INTLINESNUM	Total number of interrupt lines in groups of 32: 0b0000 = 0...32 0b0001 = 33...64 0b0010 = 65...96 0b0011 = 97...128 0b0100 = 129...160 0b0101 = 161...192 0b0110 = 193...224 0b0111 = 225...256	The processor supports a maximum of 240 external interrupts.

그림 4-20. NVIC 관련 레지스터 - ICTR (2)

1-3) "Interrupt Priority Registers" (IPR)

IPR은 인터럽트에 우선순위를 부여하는 용도이다. 인터럽트는 중첩되어 발생할 수 있으므로 각 인터럽트마다 우선순위를 부여할 필요가 있다. 해당 레지스터는 각 IRQ당 8비트 단위의 우선순위 비트 필드를 할당한다. 이때 특정 비트 필드에 우선순위 값을 그대로 할당하는 것이 아닌, 임의의 규칙에 따라 지정해야만 한다. 이에 관한 내용은 본 실습에서 설명하지 않는다. ARM 프로세서는 최대 124개까지의 IPR을 지원할 수 있다.

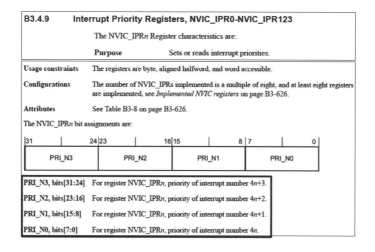

그림 4-21. NVIC 관련 레지스터 - IPR

2) ICU 관련 레지스터

2-1) "IRQ Control Register i" (IRQCRi)

IRQCRi는 입력 핀에 대한 인터럽트를 제어하는 용도이다. 이때 "i"는 포트 이벤트 번호를 의미하며, '0'~'15' 범위의 값을 갖는다. "IRQMD" 필드를 통해 특정 핀에서 어떠한 트리거 신호를 인터럽트로 감지할 것인지 결정할 수 있다. 해당 레지스터는 "PORT_IRQ0"~"PORT_IRQ15"에 해당하는 인터럽트만 트리거를 설정할 수 있으므로, 총 16개가 존재한다.

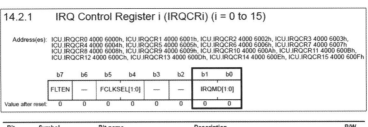

그림 4-22. ICU 관련 레지스터 - IRQCRi

2-2) "ICU Event Link Setting Register n" (IELSRn)

IELSRn은 ICU 채널별 이벤트 할당을 위한 용도이다. 레지스터의 세부 설명은 그림 4-23을 통해 확인할 수 있다.

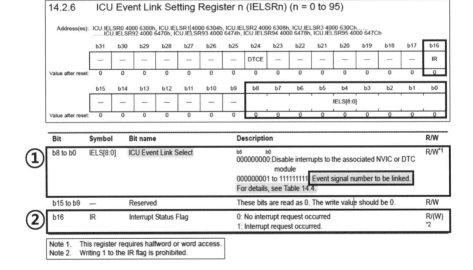

그림 4-23. ICU 관련 레지스터 - IELSRn

① "IELS" 필드에는 그림 4–24를 참고하여 특정 인터럽트 신호에 대한 이벤트 번호를 할당할 수 있다. 만약 ICU 채널 0번에 "PORT_IRQ11"이벤트를 할당하려면, "IELSR0"의 "IELS" 필드를 "PORT_IRQ11"의 이벤트 번호인 '12'로 설정하면 된다.

② "IR" 필드는 인터럽트 처리 과정에서 "Set" 상태로 전환된다. 해당 필드를 직접 '0'으로 설정하면 다음 인터럽트를 처리할 수 있다.

Table 14.4	Event table (1 of 9)		IELSRn		DELSRn	Canceling Snooze mode	Canceling Software Standby mode	Canceling Deep Software Standby mode
Event number	Interrupt request source	Name	Connect to NVIC	Invoke DTC	Invoke DMAC			
001h	Port	PORT_IRQ0	✓	✓	✓	✓	✓	✓
002h		PORT_IRQ1	✓	✓	✓	✓	✓	✓
003h		PORT_IRQ2	✓	✓	✓	✓	✓	✓
004h		PORT_IRQ3	✓	✓	✓	✓	✓	✓
005h		PORT_IRQ4	✓	✓	✓	✓	✓	✓
006h		PORT_IRQ5	✓	✓	✓	✓	✓	✓
007h		PORT_IRQ6	✓	✓	✓	✓	✓	✓
008h		PORT_IRQ7	✓	✓	✓	✓	✓	✓
009h		PORT_IRQ8	✓	✓	✓	✓	✓	✓
00Ah		PORT_IRQ9	✓	✓	✓	✓	✓	✓
00Bh		PORT_IRQ10	✓	✓	✓	✓	✓	✓
00Ch		PORT_IRQ11	✓	✓	✓	✓	✓	✓
00Dh		PORT_IRQ12	✓	✓	✓	✓	✓	✓
00Eh		PORT_IRQ13	✓	✓	✓	✓	✓	✓
00Fh		PORT_IRQ14	✓	✓	✓	✓	✓	✓
010h		PORT_IRQ15	✓	✓	✓	✓	✓	-
020h	DMAC0	DMAC0_INT	✓	✓	-	-	-	-

그림 4-24. 이벤트 항목 일부분

3) 포트 관련 레지스터

3–1) "Port mn Pin Function Select Register" (PmnPFS)

PmnPFS는 핀의 세부 기능을 설정하는 용도이다. 실습 보드에서 스위치는 "P006", "P008", "P009", "P010"에 연결되어 있으므로, 해당 핀들에 대한 특수목적용 입/출력 설정이 필요하다.

① "ISEL" 필드는 해당 핀을 IRQ 입력 전용 핀으로 설정하는 용도이다. 스위치가 연결된 핀에 해당하는 PmnPFS에서 "ISEL" 필드를 '1'로 설정하면, IRQ 입력 전용 핀으로 사용할 수 있다.

② "ASEL" 필드는 해당 핀을 ADC 입/출력 전용 핀으로 설정하는 용도이다. 그림 4-26을 확인해보면 "P000"~"P007"에 해당하는 PmnPFS의 초깃값이 '0x00008000'임을 알 수 있다. 이는 "ASEL" 필드가 '1'로 설정되어 있다는 뜻이다. "P006", "P008", "P009", "P010"을 외부 인터럽트 전용 핀으로 사용해야 하므로, 해당 핀의 "ASEL" 필드를 '0'으로 설정해야 한다.

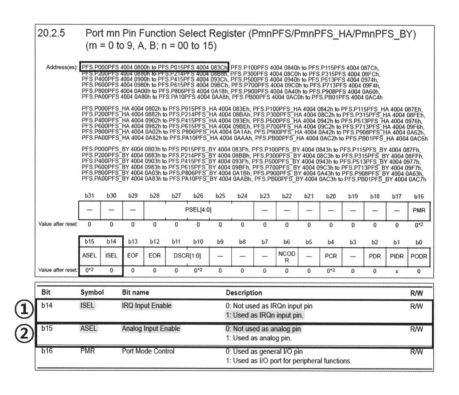

그림 4-25. 포트 관련 레지스터 - PmnPFS (1)

Bit	Symbol	Bit name	Description	R/W
b23 to b17	—	Reserved	These bits are read as 0. The write value should be 0.	R/W
b28 to b24	PSEL[4:0]	Peripheral Select	These bits select the peripheral function. For individual pin functions, see the associated tables in this chapter.	R/W
b31 to b29	—	Reserved	These bits are read as 0. The write value should be 0.	R/W

Note: P011PFS to P013PFS, P509PFS, P510PFS, P902PFS to P904PFS, and PA02PFS to PA07PFS for 32-bit, 16-bit, and 8-bit access are not available.
Note 1. Supported for PORT1 to PORT4.
Note 2. The initial value of P000 to P007, P108, P109, P110, P201 and P300 is not 0000_0000h.
P000 to P007 is 0000_8000h, P108 is 0001_0410h, P109 is 0001_0400h, P110 is 0001_0010h, P201 is 0000_0010h, and P300 is 0001_0010h.

그림 4-26. 포트 관련 레지스터 - PmnPFS (2)

3-2) "Write-Protect Register" (PWPR)

PmnPFS가 함부로 훼손될 경우 시스템에 치명적인 문제가 발생할 수 있다. 이를 방지하고자, 시스템에서는 PWPR을 통해 PmnPFS의 의도치 않은 수정을 금지한다.

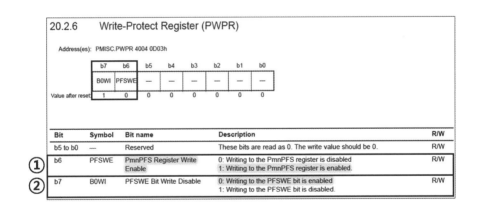

그림 4-27. 포트 관련 레지스터 - PWPR

① "PFSWE" 필드는 PmnPFS의 수정 가능 여부를 결정하는 용도이다. 해당 필드를 '1'로 설정하면 PmnPFS를 수정할 수 있다.

② "B0WI" 필드는 "PFSWE" 필드의 수정 가능 여부를 결정하는 용도이다. 해

당 필드를 '0'으로 설정했을 때에만 "PFSWE" 필드를 수정할 수 있다.

해당 레지스터는 2단계의 보호 기능을 제공한다. 즉 "B0WI" 필드를 먼저 '0'으로 설정한 후 "PFSWE" 필드를 '1'로 설정해야 PmnPFS를 수정할 수 있다.

4.3

실습

4.3.1. 실습 1: 스위치 기반 LED 제어

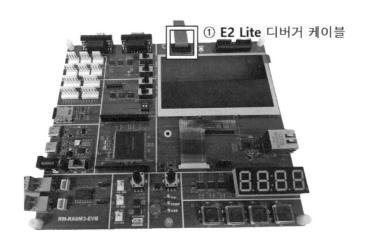

① E2 Lite 디버거 케이블

그림 4-28. 실습 보드 하드웨어 연결 방법

1) 환경 설정

그림 4-28은 우리가 사용하는 실습 보드에서 ① E2 Lite 디버거 케이블을 연결하는 방법이다. 앞으로 진행하는 모든 인터럽트 실습에서 그림 4-28과 같이 연결하여 실습 보드를 사용할 것이다. 따라서 추가 연결이 필요한 경우

를 제외하고, 실습마다 기본적인 하드웨어 연결 방법을 별도로 설명하지는 않을 것이다.

2) 실습 설명

"SW1"을 누를 때마다 "LED1(PA08)"의 상태를 변환한다.

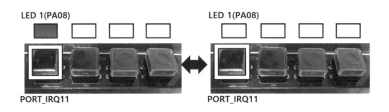

그림 4-29. 실습 1 기능 소개

3) 함수 기반 제어

먼저, "4.2.4. 인터럽트 FSP Configuration"과 동일하게 인터럽트 관련 HAL 스택을 설정해야 한다. 이 실습에서는 "SW1"만 사용하기 때문에 "g_external_irq11"에 대해서만 설정하여도 무관하다. 본 실습에서는 "LED1(PA08)"을 사용하기 때문에 해당 GPIO 핀을 추가로 설정해야 한다. 그림 4-30은 실습 1의 함수 기반 예제 프로그램이다. 해당 프로그램에 대한 설명은 다음과 같다.

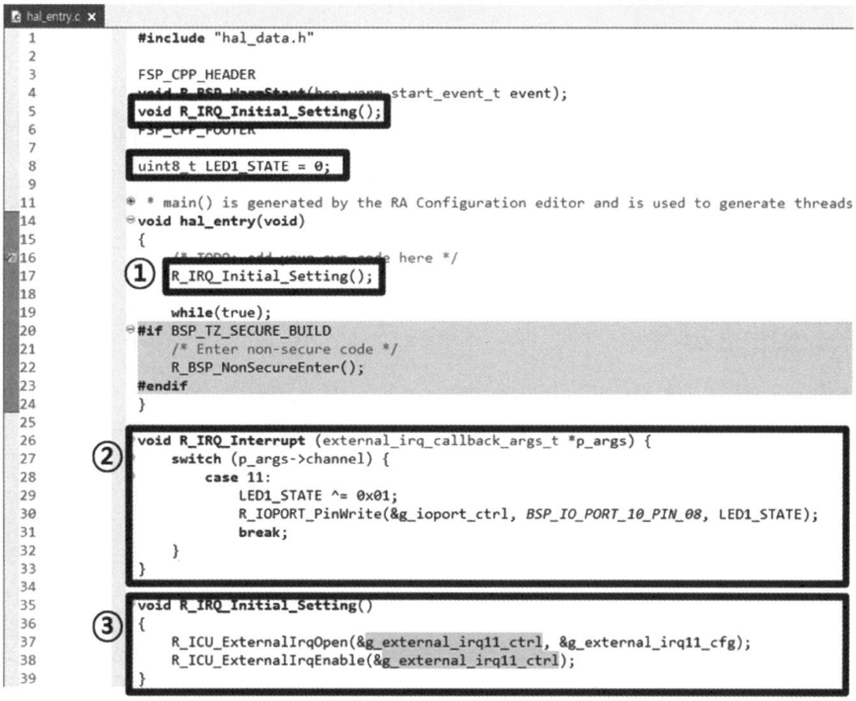

그림 4-30. 실습 1 함수 기반 예제 프로그램의 "hal_entry.c" 일부분

① 해당 코드는 하드웨어 초기 설정을 위한 함수를 실행한다.

② 해당 코드는 "PORT_IRQ11" 인터럽트에 의해 호출되는 Callback 함수이다. "SW1"을 눌렀을 때, Callback 함수 매개변수("p_args")의 채널 값은 '11'로 설정된다. 따라서 Switch문을 통해 "PORT_IRQ11"에 대한 인터럽트가 발생했을 때만 "LED1(PA08)"의 상태가 변하도록 구현하였다.

③ 해당 코드는 IRQ의 초기 설정을 위한 함수이다. "PORT_IRQ11"에 대한 NVIC, ICU, 포트 관련 레지스터들을 자동으로 설정한다.

4) 레지스터 기반 제어

그림 4−31과 그림 4−32는 인터럽트 실습에 대한 레지스터 기반 예제 프로그램이다. 해당 파트에서 FSP Configuration은 설정하지 않고 진행한다.

```c
#include "hal_data.h"

FSP_CPP_HEADER
void R_BSP_WarmStart(bsp_warm_start_event_t event);
void R_IRQ_Setting();
FSP_CPP_FOOTER

⊕ * main() is generated by the RA Configuration editor and is used to generate threads if an RTOS is used.
⊖ void hal_entry(void)
  {
      /* TODO: add your own code here */
①    R_PORT10->PCNTR1 |= (uint32_t)0x01000100; // LED1(PA08) Output Setting
      R_IRQ_Setting();

      while(true);

⊕ #if BSP_TZ_SECURE_BUILD□
  }
⊖ void R_IRQ_Setting()
  {
②    NVIC->ISER[0] = (uint32_t)1U; // NVIC Interrupt Set-Enable Register Setting (Using Exception Number)
      NVIC->IP[0] = (uint8_t)0x0C; // NVIC Interrupt Priority Register Setting (Using Exception Number)

③    R_ICU->IRQCR_b[11].IRQMD = (uint8_t)0x00; // IRQi Detection Sense Select (Default: Falling Edge)
      R_ICU->IELSR_b[0].IELS = (uint32_t)0x0C; // ICU Event Link Select (Refer to the Table 14.4)

④    R_PMISC->PWPR_b.B0WI = (uint8_t)0U; // PFSWE bit Write Protection Disable
      R_PMISC->PWPR_b.PFSWE = (uint8_t)1U; // PmnPFS Register Write Protection Disable
      R_PFS->PORT[0].PIN[6].PmnPFS_HA_b.ASEL = (uint16_t)0U; // Port m/n Pin Function Select: Analog Input
      R_PFS->PORT[0].PIN[6].PmnPFS_HA_b.ISEL = (uint16_t)1U; // Port m/n Pin Function Select: IRQ Input Mode
  }

⊖ void R_IRQ11_ISR(void)            Interrupt Service Routine
  {
⑤    R_ICU->IELSR_b[0].IR = (uint32_t)0U; // ICU Status Flag Clear (You must only write '0'.)

      R_PORT10->PCNTR1 ^= (uint32_t)0x01000000; // LED1(PA08) Toggle
  }
```

그림 4-31. 실습 1 레지스터 기반 예제 프로그램의 "hal_entry.c" 일부분

① 해당 코드에서는 "PA08"을 출력 전용 핀으로 설정하고, IRQ 초기 설정을 위한 함수를 실행한다.

② 해당 코드는 NVIC 관련 레지스터를 설정하는 용도이다. 0번 ISER("N-VIC->ISER[0]")을 '0x00000001'로 설정하여 "IRQ0"에 대한 인터럽트를 활성화한다. 0번 ISER은 "IRQ0"~"IRQ31"을 관리한다.

③ 해당 코드는 ICU 레지스터를 설정하는 용도이다. "PORT_IRQ11"에 해당하는 IRQCR("R_ICU->IRQCR_b[11]")에서 트리거 설정을 위해 "IRQMD" 필드를 '0'으로 설정한다. 이는 "PORT_IRQ11"에 대한 인터럽트 트리거를 하강 엣지로 결정한다. 마찬가지로, ICU 채널에 대한 이벤트 할당을 위해 IELSR("R_ICU->IELSR_b[0]")의 "IELS" 필드를 '0x00C'로 설정한다. 이는 "PORT_IRQ11"의 이벤트 번호인 '12'를 의미한다.

④ 해당 코드는 포트 관련 레지스터를 설정하는 용도이다. PmnPFS 수정을 위해 PWPR("R_PMISC->PWPR_b")을 먼저 설정한다. 해당 레지스터의 "B0WI" 필드를 '0'으로 설정하여, "PFSWE" 필드를 활성화한다. 이후 "PFSWE" 필드를 '1'로 설정함으로써, PmnPFS 수정을 허용한다. 앞서 설명했듯이, PmnPFS는 두 가지 설정이 필요하다. PmnPFS("R_PFS->PORT[0].PIN[6].PmnPFS_HA_b")의 "ASEL" 필드를 '0'으로 설정하여, "P006"을 ADC 전용 입/출력 핀으로 사용하지 않도록 한다. 또한, "ISEL" 필드를 '1'로 설정하여, "P006"을 IRQ 전용 핀으로 설정한다.

⑤ 해당 코드는 "PORT_IRQ11" 인터럽트에 대한 ISR을 의미한다. 해당 ISR에서는 "LED1(PA08)"의 상태를 변환한다. ISR 실행을 마무리할 때, 반드시 IELSR의 "IR" 필드를 '0'으로 설정해야 한다. 그렇지 않을 경우, 다음 인터럽트를 제대로 감지할 수 없다.

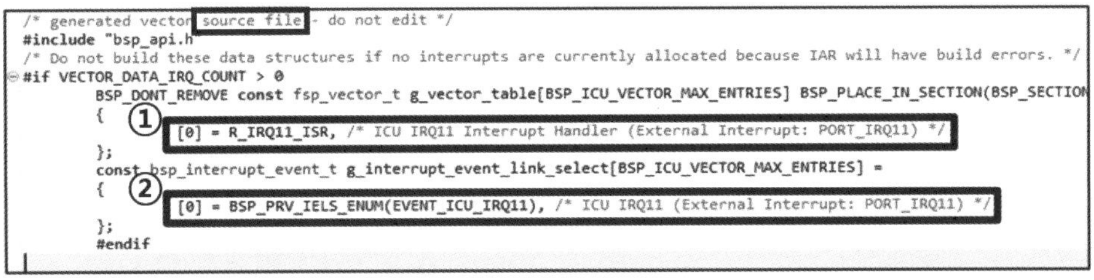

```
/* generated vector source file - do not edit */
#include "bsp_api.h"
/* Do not build these data structures if no interrupts are currently allocated because IAR will have build errors. */
#if VECTOR_DATA_IRQ_COUNT > 0
        BSP_DONT_REMOVE const fsp_vector_t g_vector_table[BSP_ICU_VECTOR_MAX_ENTRIES] BSP_PLACE_IN_SECTION(BSP_SECTION
        {
    ①        [0] = R_IRQ11_ISR, /* ICU IRQ11 Interrupt Handler (External Interrupt: PORT_IRQ11) */
        };
        const bsp_interrupt_event_t g_interrupt_event_link_select[BSP_ICU_VECTOR_MAX_ENTRIES] =
        {
    ②        [0] = BSP_PRV_IELS_ENUM(EVENT_ICU_IRQ11), /* ICU IRQ11 (External Interrupt: PORT_IRQ11) */
        };
        #endif
```

그림 4-32. 실습 1 레지스터 기반 예제 프로그램의 "vector_data.c"

외부로부터 인터럽트가 발생하면, 해당 신호는 ICU를 거쳐 프로세서 내부의 NVIC로 전달된다. 이후 프로세서는 NVIC 벡터 테이블을 통해 IRQ 번호에 알맞은 IH(혹은 ISR) 주소를 탐색한다. 이러한 과정을 수행하기 위해 반드시 NVIC 벡터 테이블을 수동으로 설정해야 한다. 원래 이 과정은 FSP Configuration을 통해 자동으로 이뤄지지만, 레지스터 기반 실습에서는 벡터 테이블을 수동으로 설정해야 한다. 벡터 테이블과 관련된 파일은 "vector_data.c"와 "vector_data.h"이고, "ra_gen" 폴더 내부에 위치해 있다.

① NVIC IRQ 0번에 "R_IRQ11_ISR" 함수를 할당하는 코드이다.

② "PORT_IRQ11"의 이벤트 번호를 ICU 0번 채널에 할당하는 코드이다. ICU 채널의 이벤트 할당은 이미 레지스터를 통해 설정하였기 때문에, 해당 코드는 굳이 설정하지 않아도 된다.

```
/* generated vector header file - do not edit */
#ifndef VECTOR_DATA_H
#define VECTOR_DATA_H
/* Number of interrupts allocated */
#ifndef VECTOR_DATA_IRQ_COUNT
#define VECTOR_DATA_IRQ_COUNT    (1)
#endif
/* ISR prototypes */
void R_IRQ11_ISR(void);

/* Vector table allocations */
#define VECTOR_NUMBER_ICU_IRQ11 ((IRQn_Type) 0) /* ICU IRQ11 (External Interrupt: PORD_IRQ11) */
#define ICU_IRQ11_IRQn          ((IRQn_Type) 0) /* ICU IRQ11 (External Interrupt: PORD_IRQ11) */
#endif /* VECTOR_DATA_H */
```

그림 4-33. 실습 1 레지스터 기반 예제 프로그램의 "vector_data.h"

① 해당 상수는 벡터 테이블에 할당된 인터럽트의 수를 나타낸다. 현재는 1개
  의 인터럽트만을 운용하므로 해당 상수는 '1'로 설정한다.

② 해당 코드는 사용자 정의 ISR의 함수 참조를 의미한다.

4.3.2. 실습 2: 스위치 기반 FND 제어

1) 실습 설명

실습 보드 내 각 스위치를 누를 때마다 해당하는 FND 세그먼트에 표시되
는 숫자를 1씩 증가시키는 실습을 진행한다. 실습 조건은 아래와 같다.

1-1) 실습 조건

• "SW1"를 누르면 FND "Digit 1"에 표시되는 숫자를 1 증가시킨다.

• "SW2"를 누르면 FND "Digit 2"에 표시되는 숫자를 1 증가시킨다.

• "SW3"를 누르면 FND "Digit 3"에 표시되는 숫자를 1 증가시킨다.

- "SW4"를 누르면 FND "Digit 4"에 표시되는 숫자를 1 증가시킨다.
- FND의 초기 상태는 '0000'이며, 각 FND 세그먼트에 출력되는 값은 '9'가 되면 더 이상 증가하지 않는다.

그림 4-34. 실습 2 기능 소개

4.3.3. 실습 3: 비밀번호 입력

1) 실습 설명

스위치 4개를 임의의 순서대로 한 번씩 누르면, 눌린 스위치의 번호 순서대로 구성된 비밀번호를 FND에 출력하는 실습을 진행한다. 실습 조건은 아래와 같다.

1-1) 실습 조건
- FND의 초깃값은 '0000'이다.

- FND는 계속 켜져 있어야 한다.

- 스위치 4개를 한 번씩 누르는 과정을 한 사이클(Cycle)이라고 할 때, 해당 사이클 내에서 마지막 스위치를 누르기 전까지 FND는 이전 사이클의 값을 계속 출력하고 있어야 한다.

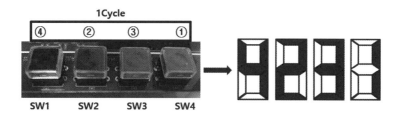

그림 4-35. 실습 3 기능 소개

만약 사용자가 "SW4"→"SW2"→"SW3"→"SW1" 순서대로 눌렀다면, FND에 '4231'을 출력해야 한다.

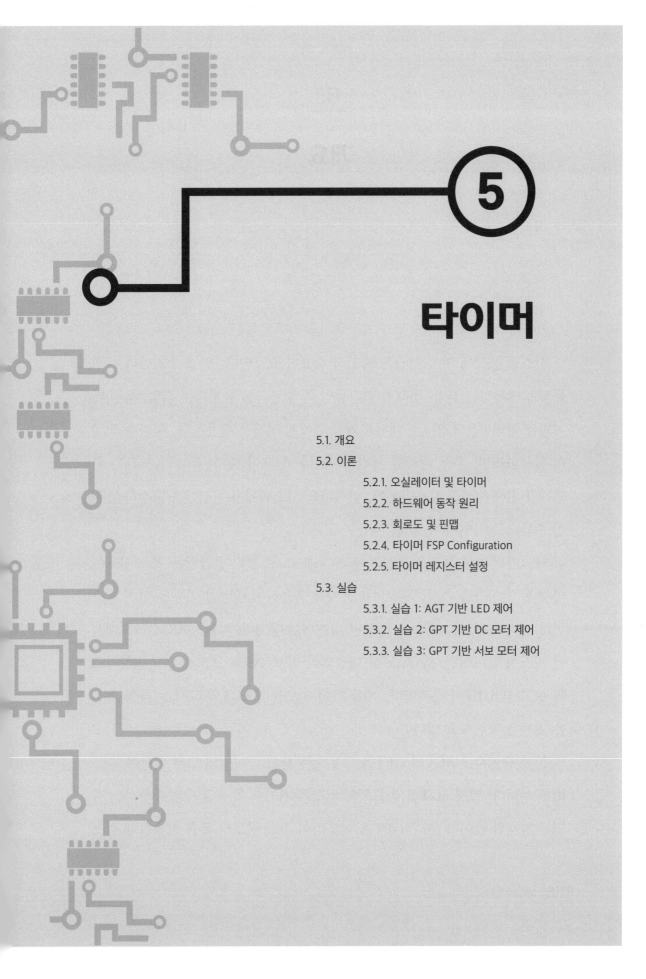

5

타이머

5.1. 개요

5.2. 이론

5.2.1. 오실레이터 및 타이머

5.2.2. 하드웨어 동작 원리

5.2.3. 회로도 및 핀맵

5.2.4. 타이머 FSP Configuration

5.2.5. 타이머 레지스터 설정

5.3. 실습

5.3.1. 실습 1: AGT 기반 LED 제어

5.3.2. 실습 2: GPT 기반 DC 모터 제어

5.3.3. 실습 3: GPT 기반 서보 모터 제어

5.1

개요

시스템 동작에 있어 시간은 굉장히 중요한 요소이다. 일정 주기마다 특정 동작을 반복하는 작업, 정해진 시간동안 특정 동작을 유지하는 작업, 특정 타이밍을 확인하는 작업 등, 대부분의 작업에서 시간을 활용한다. 시간을 적절히 활용하려면, 우선 정확한 시간을 파악할 필요가 있다. 우리가 시간을 확인하기 위해 시계를 사용하듯이, 임베디드 시스템에서는 시간을 측정하기 위한 수단으로 타이머(Timer)를 사용한다.

타이머의 기본 동작은 오실레이터(Oscillator)로 부터 공급받는 펄스 신호에 맞춰 동작 시간을 측정하는 것이다. 이를 응용하여 다양한 기능을 설계할 수 있다. 실습 보드의 MCU에 내장된 타이머는 총 3가지이다. ARM 프로세서에 시스템 타이머인 "SysTick"이 내장되어 있고, ARM 프로세서 주변장치로써 AGT 및 GPT가 존재한다. 복합 타이머 모듈인 AGT와 GPT는 다양한 응용 기능을 포함하고 있다.

본 실습에서는 AGT와 GPT를 모두 활용하여 타이머의 일부 기능을 사용해볼 것이다. 먼저 AGT를 이용하여 일정 주기마다 특정 동작을 수행하는 작업을 설계할 것이다. 이후 GPT를 이용하여 펄스 신호의 폭을 자유롭게 변조하고, 해당 PWM 신호를 통해 DC 모터 및 서보 모터를 제어할 것이다.

5.2

이론

5.2.1. 오실레이터 및 타이머

오실레이터는 특정 주파수의 주기 신호를 생성하는 회로 또는 장치를 의미한다. 대부분의 타이머 모듈은 오실레이터를 통해 주기적인 펄스 신호를 공급받아야만 한다. 해당 신호는 시간 측정의 기준이 된다. 타이머는 기본적으로 오실레이터의 펄스 신호에 동기화하여 시간을 측정하는데, 이때 시간 측정 방법은 업카운팅(Up-counting)과 다운카운팅(Down-counting)으로 구분한다. 업카운팅은 펄스 신호의 특정 순간마다 시간 측정값을 증가시키는 방법이고, 다운카운팅은 펄스 신호의 특정 순간마다 시간 측정값을 감소시키는 방법이다. 해당 값이 기준치에 도달할 경우, 타이머 모듈은 인터럽트를 발생시킨다. 이때 기준치는 하드웨어 성능에 따라 사용자가 자유롭게 설정할 수 있다. 즉, 기준치를 조절함으로써 타이머 인터럽트 발생 주기를 자유롭게 조절할 수 있는 것이다. 이를 통해 다양한 기능을 구현할 수 있다.

타이머가 측정할 수 있는 시간의 범위는 하드웨어 성능에 따라 결정된다. 예를 들어, 20MHz의 크리스탈 오실레이터를 사용할 때, 16비트 타이머는 최대 3.2768ms까지 측정 가능하다. 이는 0.05μs의 시간을 최대 65,536번 셀수 있기 때문이다. 만약 더 긴 시간을 측정하고 싶다면, 오실레이터 펄스 신호의 주파수를 변환하여 사용할 필요가 있다. 이를 위해 보통 주파수 분주기를 함께 사용한다. 분주기는 주파수를 조정하는 장치를 의미한다. 타이머는 분주비가 작을수록 더 정밀한 시간을 표현할 수 있고, 분주비가 클수록 더 긴시간을 측정할 수 있다.

5.2.2. 하드웨어 동작 원리

타이머는 시간 측정의 기준으로 사용할 외부 주기 신호, "Count Source"를 결정해야 한다. 그림 5-1과 같이, 실습 보드의 MCU는 외장 크리스탈 오실레이터인 "MOSC", "SOSC"와 내장형 오실레이터인 "HOCO", "MOCO", "LOCO"를 통해 "Count Source"를 공급받을 수 있다.

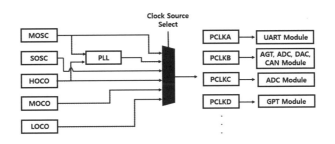

그림 5-1. 실습 보드 MCU의 클럭 공급 방법

이중에서 "MOSC"와 "HOCO"는 "PLL"을 통해 주파수가 증폭된다. 증폭된 신호는 주변장치 동작을 위한 세부 클럭("PCLKA"~"PCLKD")으로 나누어진다. 본 실습에서 사용할 AGT는 "SOSC", "LOCO", "PCLKB" 중에서 "Count Source"를 선택할 수 있고, GPT는 오직 "PCLKD"만을 "Count Source"로 사용할 수 있다.

1) AGT[Asynchronous General-Purposed Timer]

AGT는 16비트 타이머이며 2개의 채널("AGT0", "AGT1")을 가지고 있다. 해당 타이머는 오직 다운카운팅 방식으로만 동작하며, "Count Source"의 상 승 엣지마다 시간 측정값을 1씩 감소시킨다.

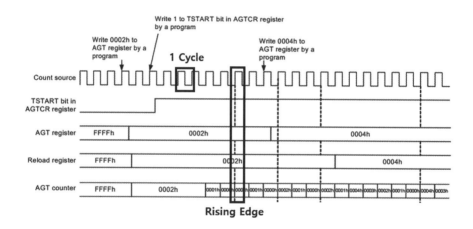

그림 5-2. AGT 동작 원리

시간 측정값이 점점 감소하다가 0을 넘어가면서 "Underflow"를 발생시킬 경우, 타이머 모듈은 인터럽트를 발생시키고 시간 측정값을 초기화한다. 이 때 초기 시간 측정값은 사용자가 직접 설정할 수 있으며, 기본적으로 '0xFFFF' 로 설정되어 있다.

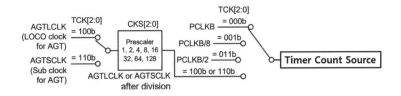

그림 5-3. AGT 모듈 일부분

AGT는 "SOSC", "LOCO", "PCLKB" 중에서 "Count Source"를 선택할 수 있다. 이때 "Count Source"는 분주기를 사용할 수 있는데, 종류에 따라 적용할 수 있는 분주비가 다르다. 그림 5−3과 같이, "Count Source"를 "PCLKB"로 선택한 경우, 사용자는 오직 2분주와 8분주만을 사용할 수 있다. 이와 달리, "SOSC" 혹은 "LOCO"를 선택한 경우, 사용자는 2, 4, 8, 16, 32, 64, 128분주를 사용할 수 있다. 해당 분주비는 FSP Configuration을 통해 수동으로 설정할 수 없고, 사용자가 설정한 타이머 주기에 따라 자동으로 결정된다. 만약 수동으로 분주비를 조절하고 싶다면, 관련 레지스터를 직접 설정해야 한다.

이제 분주비에 따라 "Count Source"의 주기가 어떻게 변화하는지 살펴볼 것이다. "Count Source"로 "LOCO"를 선택했다면, 해당 신호의 주파수는 32.768kHz이다. 따라서 주기 T_1은 다음과 같이 계산된다.

$$T_1 = \frac{1}{32.768[kHz]} = 0.0305[ms]$$

즉, 1분주일 경우 0.0305ms마다 타이머의 시간 측정값이 1씩 감소한다. 만약 분주비가 128분주로 설정되었다면, 주기 T_2는 다음과 같이 계산된다.

$$T_2 = \frac{128}{32.768[kHz]} = 3.90625[ms]$$

즉, 128분주일 경우 3.90625ms마다 타이머의 시간 측정값이 1씩 감소한다. 위 사례를 통해 분주비와 "Count Source"의 주기 간 관계를 확인할 수 있다. 시간과 주파수는 반비례 관계이므로, 분주비를 크게 설정하여 주파수를 낮추면 더 긴 시간을 측정할 수 있는 것이다.

2) GPT[General PWM Timer]

GPT는 32비트 타이머로 AGT보다 좀 더 복잡한 기능들을 포함하고 있다. GPT는 "Count Source"로 오직 "PCLKD"만을 사용할 수 있다. 따라서 "PCLKD"의 상승 엣지마다 시간 측정값을 조절한다. GPT의 시간 측정은 업카운팅과 다운카운팅 방식 모두를 지원한다. 기본 설정은 업카운팅이지만 사용자가 자유롭게 변경할 수 있다. GPT 모듈은 총 14개의 채널로 구성되고, 각 채널마다 지원하는 기능이 약간 다르다. 채널 0~3번은 "GPT32EH", 채널 4~7번은 "GPT32E", 채널 8~13번은 "GPT32"로 정의하며, 채널 번호가 작을수록 더 많은 기능을 지원한다. 모든 채널은 2개의 입/출력 핀("GTIO-CA", "GTIOCB")을 할당받는다. 실습 보드에서는 일부 채널(0, 3, 6번)만 출력 핀 헤더를 제공한다.

CH13	CH12	CH11	CH10	CH9	CH8	CH7	CH6	CH5	CH4	CH3	CH2	CH1	CH0
GPT3213	GPT3212	GPT3211	GPT3210	GPT329	GPT328	GPT32E7	GPT32E6	GPT32E5	GPT32E4	GPT32EH3	GPT32EH2	GPT32EH1	GPT32EH0
GPT32						GPT32E				GPT32EH			

그림 5-4. GPT 채널 구성

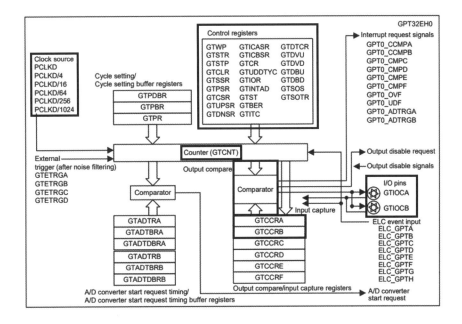

그림 5-5. GPT 모듈 내부 구조

GPT 동작은 크게 3가지("Periodic Counter", "Waveform Output by Compare Match", "Input Capture")로 구분할 수 있다. 이제 각 동작에 대해 자세히 살펴보겠다.

2-1) Periodic Counter

GPT 역시 AGT와 마찬가지로 기본적인 시간 측정이 가능하다. 해당 동작은 "Count Source"의 상승 엣지마다 시간 측정값을 조절하는 용도이다. 업카운팅 방식을 기준으로 GPT의 시간 측정 과정을 설명하겠다. 사용자가 GTPR 레지스터를 통해 기준치를 설정하면, 시간 측정값은 0부터 시작하여 기준치까지 1씩 증가한다. 이후 기준치를 넘기는 순간 "Overflow"가 발생하고, GPT 모듈은 타이머 인터럽트를 발생시킨다.

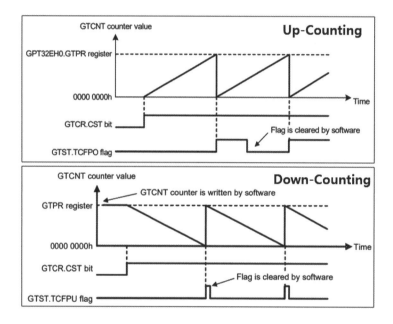

그림 5-6. GPT Periodic Counter 동작

2-2) Waveform Output by Compare Match

해당 동작은 시간 측정값이 사용자가 설정한 "비교값"에 도달하면 출력 파형에 변화를 줌으로써 펄스 신호를 생성하는 용도이다. 즉, 펄스 파형을 변조하여 PWM 신호를 생성할 수 있다.

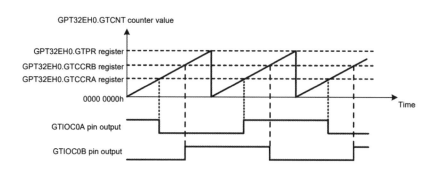

그림 5-7. GPT Waveform Output by Compare Match 동작

그림 5-7과 같이, GTCCR 레지스터에 저장된 "비교값"과 GTCNT 레지스터에 저장된 "시간 측정값"이 동일한 순간, 출력 파형을 변조할 수 있다.

2-3) Input Capture

해당 동작은 외부에서 입력된 펄스 신호의 특정 엣지 타이밍을 포착하는 용도이다.

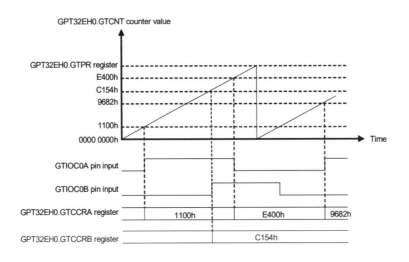

그림 5-8. GPT Input Capture 동작

그림 5-8과 같이, GPT 입/출력 핀("GTIOC0")을 통해 입력된 펄스 신호의 상승 엣지 및 하강 엣지 타이밍을 포착하여 GTCCR 레지스터에 저장할 수 있다.

3) PWM 기반 모터 제어

앞서 살펴본 GPT 동작 중, "Compare Match"를 통해 사용자는 원하는 출력 펄스 신호를 생성할 수 있다. 이제 이를 활용하여 DC 모터 및 서보 모터를 제어하는 방법에 대해 살펴보겠다.

3-1) PWM

PWM은 펄스 폭 변조를 의미하며, 듀티 비(Duty Ratio)를 조절하여 원하는 형태의 펄스 신호를 생성하는 방법이다. 듀티 비는 펄스 신호의 한 주기에서 신호의 논리값 '1'인 상태가 차지하는 비율을 의미한다. 예를 들어, 1ms 주기의 펄스 신호에서 듀티 비가 40%라면, 논리값 '1'인 상태는 400μs이다. 모터 내부의 코일(인덕터)은 교류를 차단하고 직류를 통과시키는 성질을 갖고 있다. 따라서 PWM 신호의 주기를 짧게 설정할 경우, 마치 평균치의 일정한 직류 전압이 인가되는 것처럼 보일 수 있다. 이를 통해 모터의 속도를 제어할 수 있다. 그림 5-9와 같이, 공급 전압이 5V이고 듀티 비가 50%라면, 평균치의 직류 전압인 2.5V가 인가되는 것처럼 보일 수 있다.

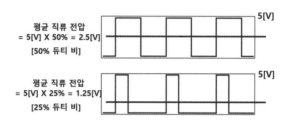

그림 5-9. PWM 듀티 비에 따른 전압

3-2) DC 모터

DC 모터는 고정자로 영구 자석을 사용하고, 회전자로 코일을 사용하여 구성된다. 고정자에서 자계를 형성하고 회전자에서 직류 전원을 통해 전류를 흘려주어 플레밍의 왼손법칙에 따라 회전운동을 하게 된다.

그림 5-10. 실습에서 사용하는 DC 모터

실습 보드에서는 GPT 기반 PWM 신호를 통해 DC 모터의 속도 및 방향을 제어할 수 있다. 이때 PWM 신호 출력은 "GPT32EH3" 채널을 이용한다. 실습 보드에서는 DC 모터 제어를 위한 "L293DD" 모터 드라이버를 별도로 사용한다. 보통 모터는 많은 양의 전류를 사용하기 때문에, MCU만으로 해당 전류를 충족하기 어렵다. 따라서 전력 충당을 위해 모터 드라이버를 함께 사용하는 편이다. 모터 드라이버는 매우 빠른 속도 및 방향 변화에 모터가 망가지지 않도록 보호하는 역할이기도 하다.

모터 드라이버는 3상 버퍼로 구성되며, MCU는 3상 버퍼 제어를 위한 "Enable" 신호, 회전 방향을 결정하기 위한 "Direction" 신호, 속도 제어를 위한 PWM 신호를 전달해야 한다. 이때 "Enable"과 "Direction" 신호는 GPIO를 통해 표현할 수 있고, PWM 신호는 GPT를 통해 생성할 수 있다. 표 5-1과 그림 5-11은 MCU에서 모터 드라이버로 전달하는 신호의 예시 및 과정을 나타낸 것이다. 이미 구성되어있는 하드웨어 연결에 따라 MCU의 "Direction" 신호는 DC 모터의 양(+)극으로 전달되고, PWM 신호는 DC 모터의 음(-)극으로 전달된다.

표 5-1. MCU에서 전달하는 모터 제어 신호

모터 제어 신호	상태				
Enable	High	High	High	High	Low
Direction	High	High	Low	Low	X
PWM	High	Low	High	Low	X
모터 동작	정지 (토크발생)	시계방향 회전	반시계방향 회전	정지	동작 안함

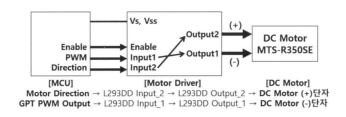

[MCU]   **[Motor Driver]**   **[DC Motor]**
Motor Direction → L293DD Input_2 → L293DD Output_2 → **DC Motor (+)단자**
GPT PWM Output → L293DD Input_1 → L293DD Output_1 → **DC Motor (-)단자**

그림 5-11. MCU의 모터 제어 신호 전달 과정

각 신호에 따른 모터 동작은 다음과 같다. 논리값 '1'인 "Enable" 신호를 모터 드라이버로 전달하면, 드라이버 내부의 3상 버퍼가 활성화된다. 전류는 전위차에 따라 흐르기 때문에, 모터의 양(+)극에 전달되는 "Direction" 신호와 음(-)극에 전달되는 PWM 신호의 논리값이 상반되어야 모터가 동작할 수 있다. 만약 "Direction" 신호가 논리값 '1'인 경우, PWM 신호의 논리값 '0'인 상태가 오래 지속될수록 모터는 시계방향으로 더 빨리 회전할 수 있다. 즉, 듀티 비가 낮을수록 모터 속도가 빨라진다. 반면에, "Direction" 신호가 논리값 '0'인 경우, PWM 신호의 논리값 '1'인 상태가 오래 지속될수록 모터는 반시계 방향으로 더 빨리 회전할 수 있다. 이 경우 듀티 비가 높을수록 모터 속도가 빨라진다.

이제 PWM 신호의 한 주기를 20ms로 설정할 때, GPT의 "기준치"를 어떻게 설정해야 하는지 살펴보겠다. "PCLKD"는 120MHz의 주파수를 가지므로, "Count Source"의 주기는 약 8.333ns이다. 따라서 20ms를 측정하기 위한 기준치는 '0d2400000=0x249F00'이다.

3-3) 서보 모터

서보 모터에서 "서보(Servo)"란 서보 메커니즘의 줄임말로 물체의 위치, 방위, 자세를 제어하고 원하는 목표 값을 계속 추적하는 시스템이다. 즉, 서보 모터란 사용자가 목표한 위치로 정밀 위치 제어가 가능한 모터를 말한다.

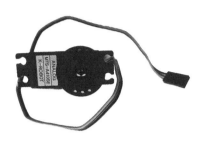

그림 5-12. 실습 보드에서 사용하는 서보 모터

실습 보드에서는 GPT 기반 PWM 신호를 통해 서보 모터의 각도를 제어할 수 있다. 이때 PWM 신호 출력은 "GPT32EH0" 채널을 이용한다. 본 실습에서 사용하는 서보 모터는 다음과 같은 사양을 갖고 있다. 서보 모터의 전체 회전 범위는 $0°{\sim}180°$이며, $60°$ 회전을 위해 0.6ms 동안 논리값 '1'을 유지하는 PWM 신호를 인가해야 한다. 또한, 1.5ms 동안 논리값 '1'을 유지하는 PWM 신호를 인가하면, 서보 모터는 $90°$로 위치한다.

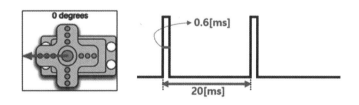

그림 5-13. 서보 모터가 $0°$에 위치하기 위한 PWM 신호

이를 통해 $1°$ 회전에 필요한 PWM 신호와 $0°$에 위치하기 위한 PWM 신호를 계산할 수 있다. PWM 신호의 한 주기를 20ms로 설정할 때, $1°$ 회전을 위

한 듀티 비 d_{rot}는 다음과 같다.

$$d_{rot} = \frac{0.6[ms]}{60°} \times \frac{100[\%]}{20[ms]} = 0.05[\%]$$

이를 이용하여 0°에 위치하기 위한 PWM 신호의 듀티 비 $d_{0°}$를 계산하면 다음과 같다.

$$d_{0°} = (1.5[ms] - 90 \times 0.01[ms]) \times \frac{100[\%]}{20[ms]} = 3[\%]$$

마찬가지로, 180°에 위치하기 위한 PWM 신호의 듀티 비 $d_{180°}$를 계산하면 다음과 같다.

$$d_{180°} = (1.5[ms] + 90 \times 0.01[ms]) \times \frac{100[\%]}{20[ms]} = 12[\%]$$

5.2.3. 회로도 및 핀맵

이제 실습 보드에서 어떤 방식으로 AGT, GPT, DC 모터, 서보 모터 주변 회로를 구성하였는지 확인할 것이다.

1) AGT

그림 5-14에서는 AGT 모듈과 관련한 입/출력 핀과 용도를 확인할 수 있다. 본 실습에서는 해당 핀들을 사용하지 않는다.

Table 25.2   AGT I/O pins

Pin name	I/O	Function
AGTEEn	Input	External event input for AGT
AGTIOn[*1]	Input[*1]/output	External event input and pulse output for AGT
AGTOn	Output	Pulse output for AGT
AGTOAn	Output	Output compare match A output for AGT
AGTOBn	Output	Output compare match B output for AGT

Note: Channel number (n = 0, 1).
Note 1.   AGTIO can also be used in Deep Software Standby mode.

그림 5-14. AGT 모듈 관련 출력 핀

2) GPT

그림 5-15~5-16은 "GPT32EH0", "GPT32EH3", "GPT32E6" 채널의 출력 핀이 실습 보드 내 "J25" 핀 헤더와 연결된 회로를 나타낸다. 이에 대한 핀 번호를 정리하면 표 5-2와 같다.

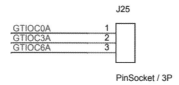

```
                                      J25
GTIOC0A ──────────────── 1 ┌───┐
GTIOC3A ──────────────── 2 │   │
GTIOC6A ──────────────── 3 └───┘

                              PinSocket / 3P
```

그림 5-15. GPT 모듈 관련 출력 핀 (1)

```
TS12              35   VCC
GTIOC0A_TS11      36   P708
TS10              37   P415
GTIOC6A            1   
ET0_MDC            2   P400
ET0_MDIO           3   P401
GTIOC3A            4   P402
ET0_RESET#         5   P403
```

그림 5-16. GPT 모듈 관련 출력 핀 (2)

표 5-2. GPT에 대한 MCU 핀맵

파트명	포트번호	MCU 핀 번호
GPT0	P415	36
GPT3	P403	1
GPT6	P400	4

3) PWM 기반 모터 제어

3-1) DC 모터

그림 5-17과 그림 5-18은 DC 모터 드라이버의 회로도이다. 그림 5-17을 통해 DC 모터 드라이버의 내부 구조를 확인할 수 있고, 그림 5-18을 통해 실습 보드 내 MCU와의 핀 연결을 확인할 수 있다.

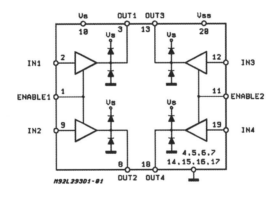

그림 5-17. DC 모터 드라이버 회로도 (1)

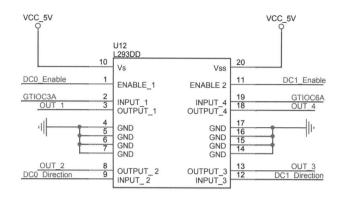

그림 5-18. DC 모터 드라이버 회로도 (2)

그림 5-19는 DC 모터 드라이버 이후의 출력과 실습 보드 내 핀 헤더 사이의 회로도이다.

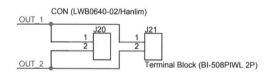

그림 5-19. DC 모터 핀 헤더 회로도

그림 5-20과 표 5-3은 DC 모터 드라이버를 통해 DC 모터에 전달할 "Enable" 신호와 "Direction" 신호를 출력하기 위해 MCU 단에서 설정한 GPIO 핀이다.

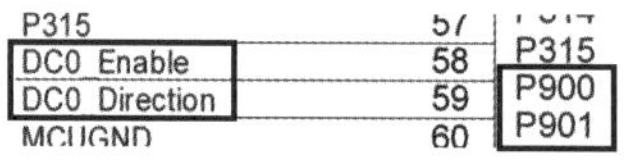

P315	57	P314
DC0_Enable	58	P315
DC0_Direction	59	P900
MCUGND	60	P901

그림 5-20. MCU의 DC 모터 관련 GPIO 출력 핀

표 5-3. DC 모터 관련 신호에 대한 MCU 핀맵

파트명	포트번호	MCU 핀 번호
DC0_Enable	P900	58
DC0_Direction	P901	59

3-2) 서보 모터

그림 5-21은 서보 모터의 실습 보드 내 핀 헤더 회로도의 모습이다. "GTIOC0A"는 MCU로부터 받는 PWM 신호이다. "J24" 핀 헤더의 2, 3번 핀에는 각각 VCC와 GND를 연결한다.

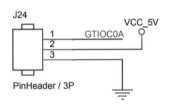

그림 5-21. 서보 모터 핀 헤더 회로도

5.2.4. 타이머 FSP Configuration

1) AGT

해당 파트에서는 E2 Studio 개발환경의 AGT 모듈에 대한 FSP Configuration 설정 방법을 살펴볼 것이다. 프로젝트 생성은 이전 실습들과 동일하게 진행하면 된다. 프로젝트 생성 후 FSP Configuration XML 파일을 열고, 그림 5-22와 같은 순서로 AGT HAL 스택을 생성하길 바란다. 이제 AGT HAL

스택을 클릭하여 해당 스택에 대한 "Properties" 창을 열면 된다. AGT HAL 스택은 그림 5-23과 같다.

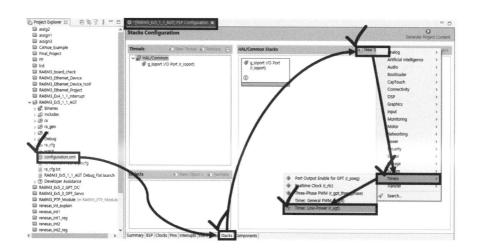

그림 5-22. AGT의 FSP Configuration 설정 (1)

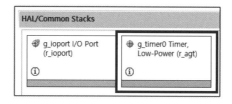

그림 5-23. AGT의 FSP Configuration 설정 (2)

AGT HAL 스택에 대한 "Properties"를 확인해보면 그림 5-24와 같다. 각각의 설정 항목들을 자세히 살펴보도록 하겠다.

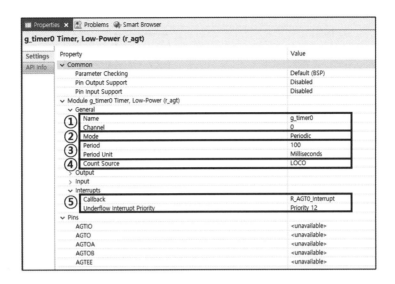

그림 5-24. AGT의 FSP Configuration 설정 (3)

① 실습에서 AGT 0번 채널을 사용할 것이기 때문에 "Channel"은 '0' 값을 그
대로 사용한다.

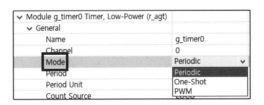

그림 5-25. AGT의 FSP Configuration 설정 (4)

② 해당 영역에서는 타이머의 동작 방식("Mode")을 설정한다. 그림 5-25와 같
이 3가지 방식 중 하나를 선택할 수 있다. 실습에서는 주기적으로 인터럽트
를 발생시키는 "Periodic Mode"로 설정한다.

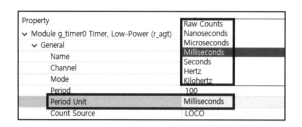

그림 5-26. AGT의 FSP Configuration 설정 (5)

③ 해당 영역에서는 "Timer Period"와 "Period Unit"을 설정한다. 그림 5–26
처럼 동작 주기와 단위를 설정하면 자동으로 "Count Value"를 계산한다.
"Periodic Unit" 중 "Raw Counts"를 선택하면, AGT 레지스터의 "Count
Value"를 직접 설정할 수 있다.

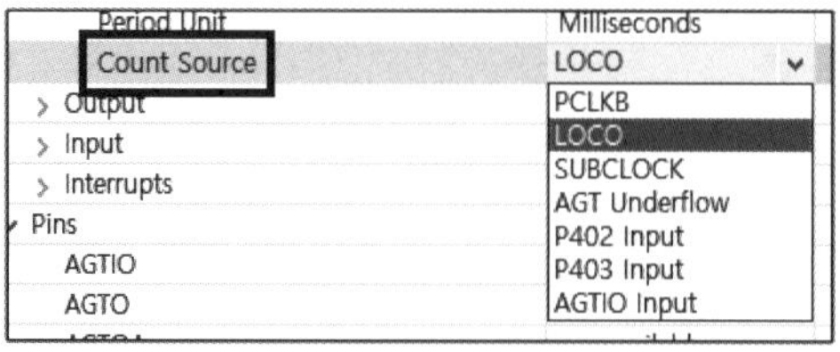

그림 5-27. AGT의 FSP Configuration 설정 (6)

④ 해당 영역은 AGT의 "Count Source"를 설정하는 용도이다. 그림 5–27은
사용자가 설정할 수 있는 "Count Source" 종류를 나타낸다. 본 실습에서는
"LOCO"로 설정한다.

⑤ 해당 영역은 AGT에 대한 인터럽트 우선순위 및 Callback 함수를 지정하는
용도이다. 앞서 진행한 실습들과 마찬가지로, AGT에 대한 특정 이벤트가
발생했을 때, 이를 처리하기 위한 Callback 함수를 할당하면 된다.

모든 과정을 완료했다면, "Generate Project Content"를 클릭하여 FSP 설정 내용을 프로젝트에 반영하면 된다. 이후, HAL 함수를 호출하면, FSP 설정에 따라 자동으로 AGT 관련 레지스터를 설정할 수 있다.

2) GPT

해당 파트에서는 E2 Studio 개발환경의 GPT 모듈에 대한 FSP Configuration 설정 방법을 살펴볼 것이다. 프로젝트 생성은 이전 실습들과 동일하게 진행하면 된다. 프로젝트 생성 후 FSP Configuration XML 파일을 열고, 그림 5-28과 같은 순서로 GPT HAL 스택을 생성하길 바란다. 이제 GPT HAL 스택을 클릭하여 해당 스택에 대한 "Properties" 창을 열면 된다. GPT HAL 스택은 그림 5-29와 같다.

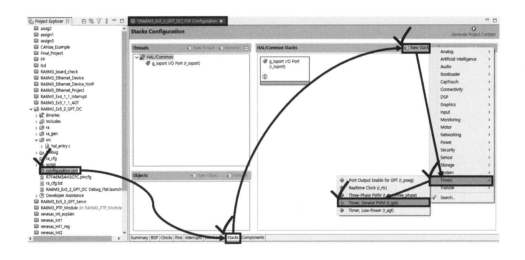

그림 5-28. GPT의 FSP Configuration 설정 (1)

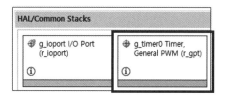

그림 5-29. GPT의 FSP Configuration 설정 (2)

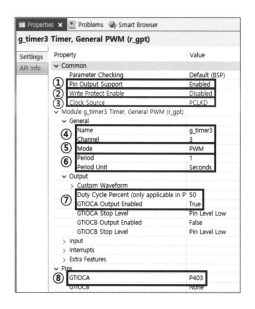

그림 5-30. GPT의 FSP Configuration 설정 (3)

GPT HAL 스택에 대한 "Properties"를 확인해보면 그림 5-30과 같다. 각
각의 설정 항목들을 자세히 살펴보도록 하겠다.

① 해당 영역은 GPT 모듈의 출력 핀을 설정하는 용도이다. GPT에서 PWM
    신호를 생성하여 모터로 전달하기 위해, 반드시 특수 목적 입/출력 핀 설정
    이 필요하다.

② 해당 영역은 레지스터 수정 가능 여부를 결정하는 용도이다.

③ 해당 영역은 "Count Source"를 설정하는 용도이다. GPT 모듈은 "Count
    Source"로 오직 "PCLKD"만을 사용할 수 있다.

④ 해당 영역은 GPT 모듈의 채널을 설정하는 용도이다. DC 모터를 사용하는 경우 "Channel"을 '3'으로, 서보 모터를 사용하는 경우 '0'으로 설정하면 된다.

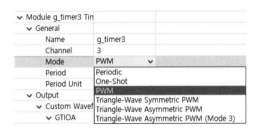

그림 5-31. GPT의 FSP Configuration 설정 (4)

⑤ 해당 영역은 GPT 모듈 동작 방식을 설정하는 용도이다. 설정 가능한 항목은 그림 5-31에서 확인할 수 있다. 모터 제어에 필요한 PWM 신호 생성을 위해, "Mode"를 "PWM"으로 설정하면 된다.

⑥ 해당 영역은 "Period"와 "Period Unit"을 설정하는 용도이다. 원하는 동작 주기와 단위를 설정해주면 자동으로 "Count Value"를 계산한다. "Periodic Unit" 중 "Raw Counts"를 선택하면, GTCNT의 "Count Value"를 직접 설정할 수 있다.

⑦ 해당 영역은 PWM 출력 신호의 듀티 비를 설정하고 "GTIOCA" 핀의 출력을 활성화하는 용도이다.

⑧ 해당 영역은 GPT 모듈의 특수 목적 입/출력을 설정하는 용도이다. DC 모터를 사용하는 경우 "GTIOCA"를 "P403"으로, 서보 모터를 사용하는 경우 "P415"로 설정하면 된다.

3) PWM 기반 모터 제어

3-1) DC 모터

앞서 설명했듯이, DC 모터를 사용하려면 특정 핀을 GPT 모듈의 특수 목적 입/출력 용도로 설정해야 한다. 그림 5-32를 참고하여 GPT 모듈의 출력 핀 설정이 제대로 되어 있는지 확인하길 바란다.

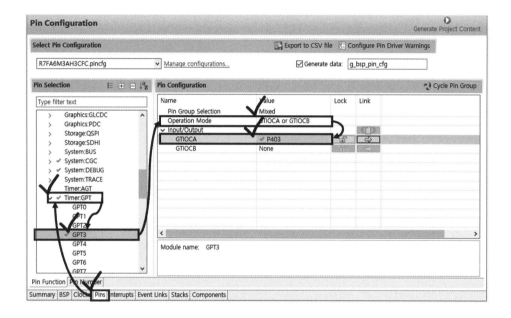

그림 5-32. GPT 모듈 출력 핀 설정 확인 (1)

추가로, DC 모터의 "Enable" 및 "Direction" 신호를 생성하기 위해 별도의 GPIO 핀 설정이 필요하다. 그림 5-33, 5-34와 같은 순서로 "Enable" 신호 출력을 위한 "P900"과 "Direction" 신호 출력을 위한 "P901"을 GPIO 출력 핀으로 설정하길 바란다. 모든 과정을 완료했다면, "Generate Project Content"를 클릭하여 FSP 설정 내용을 프로젝트에 반영하면 된다.

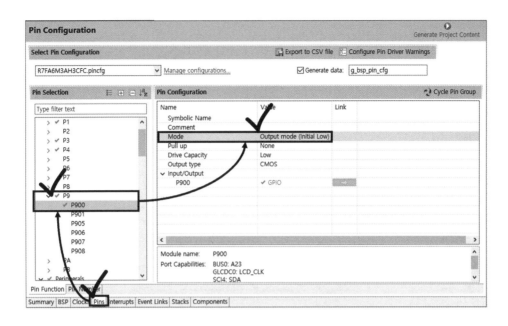

그림 5-33. DC 모터 Enable 핀 설정

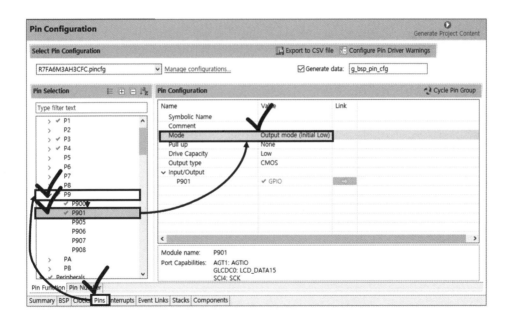

그림 5-34. DC 모터 Direction 핀 설정

3-2) 서보 모터

앞서 설명했듯이, 서보 모터를 사용하려면 특정 핀을 GPT 모듈의 특수 목적 입/출력 용도로 설정해야 한다. 그림 5-35를 참고하여 GPT 모듈의 출력 핀 설정이 제대로 되어 있는지 확인하길 바란다.

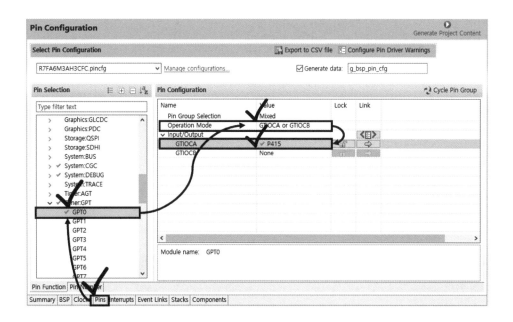

그림 5-35. GPT 모듈 출력 핀 설정 확인 (2)

핀 설정을 확인하였다면, "Generate Project Content"를 클릭하여 FSP 설정 내용을 프로젝트에 반영하면 된다.

5.2.5. 타이머 레지스터 설정

해당 파트에서는 AGT 및 GPT와 관련된 레지스터들을 살펴볼 것이다. 후술할 실습에서 GPT는 FSP Configuration 및 HAL 함수를 사용하지 않고, 직접 레지스터만을 이용하여 제어할 것이다.

1) AGT

1−1) "AGT Mode Register 1" (AGTMR1)

AGTMR1은 AGT의 동작 방식과 "Count Source"를 설정하는 용도이다. 레지스터의 세부 설명은 그림 5−36을 통해 확인할 수 있다.

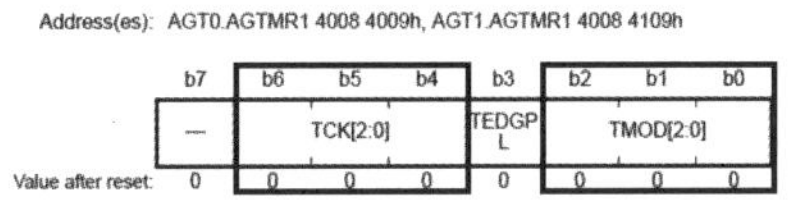

	Bit	Symbol	Bit name	Description	R/W
①	b2 to b0	TMOD[2:0]	Operating Mode*3	b2 b0 0 0 0: Timer mode 0 0 1: Pulse output mode 0 1 0: Event counter mode 0 1 1: Pulse width measurement mode 1 0 0: Pulse period measurement mode. Other settings are prohibited.	R/W
	b3	TEDGPL	Edge Polarity*4	0: Single-edge 1: Both-edge.	R/W
②	b6 to b4	TCK[2:0]	Count Source*1, *2, *5	b6 b4 0 0 0: PCLKB 0 0 1: PCLKB/8 0 1 1: PCLKB/2 1 0 0: Divided clock AGTLCLK specified in CKS[2:0] bits in AGTMR2 register 1 0 1: Underflow event signal from AGT0*6 1 1 0: Divided clock AGTSCLK specified in CKS[2:0] bits in AGTMR2 register. Other settings are prohibited.	R/W
	b7	—	Reserved	The read value is 0. The write value should be 0.	R/W

그림 5-36. AGT 관련 레지스터 - AGTMR1

① "TMOD" 필드는 AGT 동작 방식을 설정하는 용도이다. FSP Configuration을 사용하는 경우, 해당 필드는 자동으로 "Pulse Output Mode"로 설정

된다.

② "TCK" 필드는 "Count Source"를 설정하는 용도이다. 실습에서는 "AGTLCLK(LOCO)"를 사용한다.

1-2) "AGT Mode Register 2" (AGTMR2)

AGTMR2는 AGT의 저전력 동작 유무와 분주비를 결정하는 용도이다. 레지스터의 세부 설명은 그림 5-37을 통해 확인할 수 있다. 이 중 "CKS" 필드는 AGT 모듈의 "Count Source"로 사용되는 "AGTSCLK(SOSC)"와 "AGTL-CLK(LOCO)"의 분주비를 결정할 수 있다.

Address(es): AGT0.AGTMR2 4008 400Ah, AGT1.AGTMR2 4008 410Ah

	b7	b6	b5	b4	b3	b2	b1	b0
	LPM	—	—	—	—		CKS[2:0]	
Value after reset:	0	0	0	0	0	0	0	0

Bit	Symbol	Bit name	Description	R/W
b2 to b0	CKS[2:0]	AGTSCLK/AGTLCLK Count Source Clock Frequency Division Ratio *1, *2, *3	b2 b0 0 0 0: 1/1 0 0 1: 1/2 0 1 0: 1/4 0 1 1: 1/8 1 0 0: 1/16 1 0 1: 1/32 1 1 0: 1/64 1 1 1: 1/128.	R/W
b6 to b3	—	Reserved	These bits are read as 0. The write value should be 0.	R/W
b7	LPM	Low Power Mode	0: Normal mode 1: Low-power mode.	R/W

그림 5-37. AGT 관련 레지스터 - AGTMR2

1-3) "AGT Control Register" (AGTCR)

AGTCR은 AGT 모듈 동작을 제어 및 관찰하는 용도이다. "TSTART" 필드를 '1'로 설정하면 시간 측정을 시작할 수 있다. 반대로, 해당 필드를 '0'으로 설정하면 시간 측정을 중단한다. "TUNDF" 필드는 AGT 모듈의 시간 측정 도중 "Underflow"가 발생할 때 '1'로 설정된다. 즉, 해당 필드는 "Under-flow" 발생 유무를 확인하기 위한 용도이다.

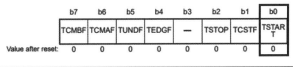

	b7	b6	b5	b4	b3	b2	b1	b0
	TCMBF	TCMAF	TUNDF	TEDGF	—	TSTOP	TCSTF	TSTART
Value after reset:	0	0	0	0	0	0	0	0

Bit	Symbol	Bit name	Description	R/W
b0	TSTART	AGT Count Start*2	0: Count stops 1: Count starts.	R/W
b1	TCSTF	AGT Count Status Flag*2	0: Count stopped 1: Count in progress.	R
b2	TSTOP	AGT Count Forced Stop*1	0: Writing is invalid 1: The count is forcibly stopped.	W
b3	—	Reserved	The read value is 0. The write value should be 0.	R/W
b5	TUNDF	Underflow Flag	0: No underflow 1: Underflow.	R/(W)*3

그림 5-38. AGT 관련 레지스터 - AGTCR

1-4) "AGT Counter Register" (AGT)

AGT 레지스터는 AGT 모듈의 시간 측정값을 저장하는 용도이다. 해당 레지스터는 AGTCR의 "TSTART" 필드의 상태에 따라 설정 방식이 다르다. "TSTART" 필드가 '0'일 경우, 사용자는 해당 레지스터에 "Reload Value"를 할당할 수 있다. "Reload Value"는 시간 측정의 시작 값을 의미한다. "TSTART" 필드가 '1'로 설정되는 순간, 해당 레지스터에 저장되어 있던 "Reload Value" 는 "Reload" 전용 레지스터에 복사된다. 그리고 해당 레지스터의 값은 "Count Source"의 특정 엣지마다 1씩 감소한다. 이후 AGT 레지스터가 '0' 이하로 감소하여 "Underflow"가 발생한다면, "Reload" 전용 레지스터에 복사한 "Reload Value"를 불러와 다시 처음부터 시간 측정을 진행한다. 레지스터의 세부 설명은 그림 5-39를 통해 확인할 수 있다.

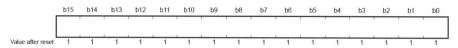

Address(es): AGT0.AGT 4008 4000h, AGT1.AGT 4008 4100h

b15	b14	b13	b12	b11	b10	b9	b8	b7	b6	b5	b4	b3	b2	b1	b0

Value after reset:
| 1 | 1 | 1 | 1 | 1 | 1 | 1 | 1 | 1 | 1 | 1 | 1 | 1 | 1 | 1 | 1 |

Bit	Description	Setting range	R/W
b15 to b0	16-bit counter and reload register *1, *2	0000h to FFFFh	R/W

Note 1. When 1 is written to the TSTOP bit in the AGTCR register, the 16-bit counter is forcibly stopped and set to FFFFh.

Note 2. When the TCK[2:0] bit setting in the AGTMR1 register is other than 001b (PCLKB/8) or 011b (PCLKB/2), if the AGT register is set to 0000h, a request signal to the ICU, the DTC, and the ELC is generated once immediately after the count starts. The AGTOn and AGTIOn outputs are toggled.
When the AGT register is set to 0000h in event counter mode, regardless of the value of bits TCK[2:0], a request signal to the ICU, the DTC, and the ELC is generated once immediately after the count starts.
In addition, the AGTOn output toggles even during a period other than the specified count period. When the AGT register is set to 0001h or more, a request signal is generated each time AGT underflows.

그림 5-39. AGT 관련 레지스터 - AGT

1-5) "Module Stop Control Register D" (MSTPCRD)

MSTPCRD는 모듈 동작 중단 유무를 설정하는 용도이다. MCU는 전력 소모를 줄이기 위해, 일부 모듈에 한해 동작 중단 기능을 제공한다. 해당 레지스터의 "MSTPD3" 필드를 '0'으로 설정하면 AGT 모듈의 동작 중단 기능을 해제할 수 있다.

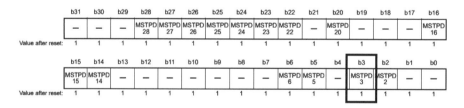

b31	b30	b29	b28	b27	b26	b25	b24	b23	b22	b21	b20	b19	b18	b17	b16
—	—	—	MSTPD 28	MSTPD 27	MSTPD 26	MSTPD 25	MSTPD 24	MSTPD 23	MSTPD 22	—	MSTPD 20	—	—	—	MSTPD 16

Value after reset:
| 1 | 1 | 1 | 1 | 1 | 1 | 1 | 1 | 1 | 1 | 1 | 1 | 1 | 1 | 1 | 1 |

b15	b14	b13	b12	b11	b10	b9	b8	b7	b6	b5	b4	b3	b2	b1	b0
MSTPD 15	MSTPD 14	—	—	—	—	—	—	—	MSTPD 6	MSTPD 5	—	MSTPD 3	MSTPD 2	—	—

Value after reset:
| 1 | 1 | 1 | 1 | 1 | 1 | 1 | 1 | 1 | 1 | 1 | 1 | 1 | 1 | 1 | 1 |

Bit	Symbol	Bit name	Description	R/W
b1, b0	—	Reserved	These bits are read as 1. The write value should be 1.	R/W
b2	MSTPD2	Asynchronous General Purpose Timer 1 Module Stop*1	Target module: AGT1 0: Cancel the module-stop state 1: Enter the module-stop state.	R/W
b3	MSTPD3	Asynchronous General Purpose Timer 0 Module Stop*2	Target module: AGT0 0: Cancel the module-stop state 1: Enter the module-stop state.	R/W

그림 5-40. AGT 관련 레지스터 - MSTPCRD

2) GPT

Address(es): GPT32EHm.GTCR 4007 802Ch + 0100h × m (m = 0 to 3)
GPT32Em.GTCR 4007 802Ch + 0100h × m (m = 4 to 7)
GPT32m.GTCR 4007 802Ch + 0100h × m (m = 8 to 13)

	b31	b30	b29	b28	b27	b26	b25	b24	b23	b22	b21	b20	b19	b18	b17	b16
	—	—	—	—	—	TPCS[2:0]			—	—	—	—	—	MD[2:0]		
Value after reset:	0	0	0	0	0	0	0	0	0	0	0	0	0	0	0	0

	b15	b14	b13	b12	b11	b10	b9	b8	b7	b6	b5	b4	b3	b2	b1	b0
	—	—	—	—	—	—	—	—	—	—	—	—	—	—	—	CST
Value after reset:	0	0	0	0	0	0	0	0	0	0	0	0	0	0	0	0

	Bit	Symbol	Bit name	Description	R/W
①	b0	CST	Count Start	0: Stop count operation 1: Perform count operation.	R/W
	b15 to b1	—	Reserved	These bits are read as 0. The write value should be 0.	R/W
②	b18 to b16	MD[2:0]	Mode Select	b18 b16 0 0 0: Saw-wave PWM mode (single buffer or double buffer possible) 0 0 1: Saw-wave one-shot pulse mode (fixed buffer operation) 0 1 0: Setting prohibited 0 1 1: Setting prohibited 1 0 0: Triangle-wave PWM mode 1 (32-bit transfer at trough) (single buffer or double buffer possible) 1 0 1: Triangle-wave PWM mode 2 (32-bit transfer at crest and trough) (single buffer or double buffer possible) 1 1 0: Triangle-wave PWM mode 3 (64-bit transfer at trough) (fixed buffer operation) 1 1 1: Setting prohibited.	R/W
	b23 to b19	—	Reserved	These bits are read as 0. The write value should be 0.	R/W

	Bit	Symbol	Bit name	Description	R/W
③	b26 to b24	TPCS[2:0]	Timer Prescaler Select	b26 b24 0 0 0: PCLKD/1 0 0 1: PCLKD/4 0 1 0: PCLKD/16 0 1 1: PCLKD/64 1 0 0: PCLKD/256 1 0 1: PCLKD/1024.	R/W
	b31 to b27	—	Reserved	These bits are read as 0. The write value should be 0.	R/W

The GTCR register controls GTCNT.

그림 5-41. GPT 관련 레지스터 - GTCR

2-1) "General PWM Timer Control Register" (GTCR)

GTCR은 GPT 모듈의 전반적인 동작을 제어하는 용도이다. 레지스터의 세부 설명은 그림 5-41을 통해 확인할 수 있다.

① "CST" 필드는 시간 측정 시작 유무를 결정하는 용도이다. "CST" 필드를 '1'로 설정할 경우, GPT 모듈은 시간 측정을 시작한다.

② "MD" 필드는 GPT 모듈의 동작 방식을 설정하는 용도이다. 실습에서는

"Saw-wave PWM mode"를 사용하므로 해당 필드를 '0b000'으로 설정한다.

③ "TPCS" 필드는 "Count Source"의 분주비를 설정하는 용도이다. 실습에서
는 1분주로 설정하여 진행한다.

2-2) "General PWM Timer Counter" (GTCNT)

GTCNT는 GPT 모듈의 시간 측정값을 저장하는 용도이다. 해당 레지스
터는 AGT 레지스터와 거의 유사하다. 레지스터의 세부 설명은 그림 5-42를
통해 확인할 수 있다.

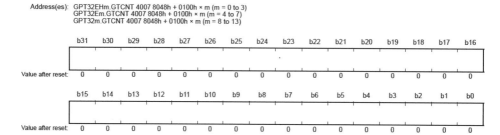

그림 5-42. GPT 관련 레지스터 - GTCNT

2-3) "General PWM Timer Cycle Setting Register" (GTPR)

GTPR은 GPT 시간 측정의 상한선("기준치")을 결정하는 용도이다. 레지
스터의 세부 설명은 그림 5-43을 통해 확인할 수 있다.

Address(es): GPT32EHm.GTPR 4007 8064h + 0100h × m (m = 0 to 3)
GPT32Em.GTPR 4007 8064h + 0100h × m (m = 4 to 7)
GPT32m.GTPR 4007 8064h + 0100h × m (m = 8 to 13)

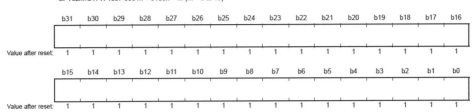

GTPR is a read/write register that sets the maximum count value of GTCNT. For saw waves, the value of (GTPR + 1) is the cycle. For triangle waves, the value of (GTPR value × 2) is the cycle.

그림 5-43. GPT 관련 레지스터 - GTPR

Address(es): GPT32EHm.GTCCRA 4007 804Ch + 0100h × m (m = 0 to 3)
GPT32Em.GTCCRA 4007 804Ch + 0100h × m (m = 4 to 7)
GPT32m.GTCCRA 4007 804Ch + 0100h × m (m = 8 to 13)
GPT32EHm.GTCCRB 4007 8050h + 0100h × m (m = 0 to 3)
GPT32Em.GTCCRB 4007 8050h + 0100h × m (m = 4 to 7)
GPT32m.GTCCRB 4007 8050h + 0100h × m (m = 8 to 13)
GPT32EHm.GTCCRC 4007 8054h + 0100h × m (m = 0 to 3)
GPT32Em.GTCCRC 4007 8054h + 0100h × m (m = 4 to 7)
GPT32m.GTCCRC 4007 8054h + 0100h × m (m = 8 to 13)
GPT32EHm.GTCCRE 4007 8058h + 0100h × m (m = 0 to 3)
GPT32Em.GTCCRE 4007 8058h + 0100h × m (m = 4 to 7)
GPT32m.GTCCRE 4007 8058h + 0100h × m (m = 8 to 13)
GPT32EHm.GTCCRD 4007 805Ch + 0100h × m (m = 0 to 3)
GPT32Em.GTCCRD 4007 805Ch + 0100h × m (m = 4 to 7)
GPT32m.GTCCRD 4007 805Ch + 0100h × m (m = 8 to 13)
GPT32EHm.GTCCRF 4007 8060h + 0100h × m (m = 0 to 3)
GPT32Em.GTCCRF 4007 8060h + 0100h × m (m = 4 to 7)
GPT32m.GTCCRF 4007 8060h + 0100h × m (m = 8 to 13)

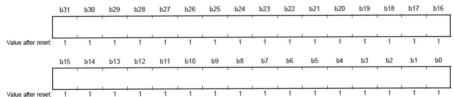

GTCCRn registers are read/write registers.

GTCCRA and GTCCRB are registers used for both output compare and input capture.

GTCCRC and GTCCRE are compare match registers that can also function as buffer registers for GTCCRA and GTCCRB.

GTCCRD and GTCCRF are compare match registers that can also function as buffer registers for GTCCRC and GTCCRE (double-buffer registers for GTCCRA and GTCCRB).

그림 5-44. GPT 관련 레지스터 - GTCCRn

2-3) "General PWM Timer Compare Capture Register n" (GTCCRn)

GTCCRn은 GPT 모듈의 "Compare Match" 동작에서 사용된다. 해당 레지스터를 통해 "비교값"을 설정함으로써 PWM 신호의 듀티 비를 자유롭게 조정할 수 있다. 레지스터의 세부 설명은 그림 5-44를 통해 확인할 수 있다.

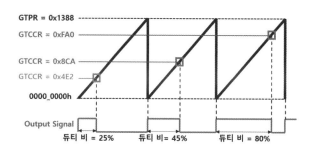

그림 5-45. GPT Compare Match 동작 예시

b31	b30	b29	b28	b27	b26	b25	b24	b23	b22	b21	b20	b19	b18	b17	b16
NFCSB[1:0]		NFBEN	—	—	OBDF[1:0]		OBE	OBHLD	OBDFLT	—	GTIOB[4:0]				
Value after reset: 0	0	0	0	0	0	0	0	0	0	0	0	0	0	0	0

b15	b14	b13	b12	b11	b10	b9	b8	b7	b6	b5	b4	b3	b2	b1	b0
NFCSA[1:0]		NFAEN	—	—	OADF[1:0]		OAE	OAHLD	OADFLT	—	GTIOA[4:0]				
Value after reset: 0	0	0	0	0	0	0	0	0	0	0	0	0	0	0	0

	Bit	Symbol	Bit name	Description	R/W
①	b4 to b0	GTIOA[4:0]	GTIOCA Pin Function Select	See Table 23.5.	R/W
	b5	—	Reserved	This bit is read as 0. The write value should be 0.	R/W
	b6	OADFLT	GTIOCA Pin Output Value Setting at the Count Stop	0: Output low on GTIOCA pin when counting is stopped. 1: Output high on GTIOCA pin when counting is stopped.	R/W
	b7	OAHLD	GTIOCA Pin Output Setting at the Start/Stop Count	0: Set GTIOCA pin output level on counting start and stop based on the register setting. 1: Retain GTIOCA pin output level on counting start and stop.	R/W
②	b8	OAE	GTIOCA Pin Output Enable	0: Disable output 1: Enable output.	R/W
	b10, b9	OADF[1:0]	GTIOCA Pin Disable Value Setting	b10 b9 0 0: Prohibit output disable 0 1: Set GTIOCA pin to Hi-Z on output disable 1 0: Set GTIOCA pin to 0 on output disable 1 1: Set GTIOCA pin to 1 on output disable.	R/W

그림 5-46. GPT 관련 레지스터 - GTIOR

2-3) "General PWM Timer I/O Control Register" (GTIOR)

GTIOR은 GPT 모듈의 입/출력을 제어하는 용도이다. 레지스터의 세부 설명은 그림 5-46을 통해 확인할 수 있다.

① "GTIOA" 필드는 PWM 신호의 변조 방식을 결정한다. 실습에서는 '0b01001'로 설정하는데, 이는 PWM 신호의 초기 상태를 "Low"로, "Compare Match" 순간의 상태를 "Low"로, GPT 모듈의 한 주기가 끝났을 때의 상태를 "High"로 변조하는 것을 의미한다. "GTIOA" 필드의 세부 설명은 그림 5-47에서 확인할 수 있다.

Table 23.5				Settings of GTIOA[4:0] and GTIOB[4:0] bits			
GTIOA/GTIOB[4:0] bits					Function		
b4	b3	b2	b1	b0	b4	b3, b2	b1, b0
0	0	0	0	0	Set initial output low	Retain output at cycle end	Retain output at GTCCRA/GTCCRB compare match
0	0	0	0	1			Output low at GTCCRA/GTCCRB compare match
0	0	0	1	0			Output high at GTCCRA/GTCCRB compare match
0	0	0	1	1			Toggle output at GTCCRA/GTCCRB compare match
0	0	1	0	0		Output low at cycle end	Retain output at GTCCRA/GTCCRB compare match
0	0	1	0	1			Output low at GTCCRA/GTCCRB compare match
0	0	1	1	0			Output high at GTCCRA/GTCCRB compare match
0	0	1	1	1			Toggle output at GTCCRA/GTCCRB compare match
0	1	0	0	0		Output high at cycle end	Retain output at GTCCRA/GTCCRB compare match
0	1	0	0	1			Output low at GTCCRA/GTCCRB compare match
0	1	0	1	0			Output high at GTCCRA/GTCCRB compare match
0	1	0	1	1			Toggle output at GTCCRA/GTCCRB compare match
0	1	1	0	0		Toggle output at	Retain output at GTCCRA/GTCCRB compare match

그림 5-47. GTIOR의 "GTIOA" 필드 설정 방법 일부분

② "OAE" 필드는 "GTIOCA" 핀의 출력 여부를 결정하는 용도이다. 실습에서는 해당 필드를 '1'로 설정하여 출력 기능을 활성화해야 한다.

2-4) "Module Stop Control Register D" (MSTPCRD)

앞서 AGT에서 설명했듯이, MCU는 전력 소모를 줄이기 위해 일부 모듈에 한해 동작 중단 기능을 제공한다. 해당 레지스터의 "MSTPD5" 필드를 '0'

으로 설정하면 GPT 모듈의 동작 중단 기능을 해제할 수 있다.

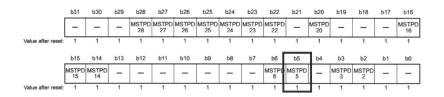

Bit	Symbol	Bit name	Description	R/W
b5	MSTPD5	General PWM Timer 32EH0 to 32EH3 and 32E4 to 32E7 and PWM Delay Generation Circuit Module Stop	Target modules: GPT32EHx (x = 0 to 3), GPT32Ey (y = 4 to 7), and PWM Delay Generation Circuit 0: Cancel the module-stop state. 1: Enter the module-stop state.	R/W

그림 5-48. GPT 관련 레지스터 - MSTPCRD

3) PWM 기반 모터 제어

DC 모터 및 서보 모터는 GPIO 출력과 PWM 신호만을 이용하여 제어하므로, GPT 모듈에 대한 레지스터를 참고하면 된다.

5.3

실습

5.3.1. 실습 1: AGT 기반 LED 제어

1) 이론 및 환경 설정

1-1) 하드웨어 연결

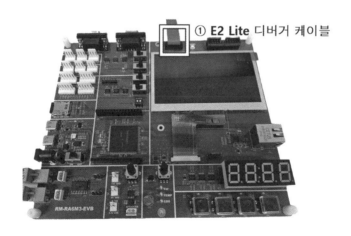

그림 5-49. 실습 1 하드웨어 연결 방법

그림 5-49는 우리가 사용하는 실습 보드에서 ① E2 Lite 디버거 케이블을 연결하는 방법이다.

2) 실습 방법

AGT를 이용하여 1초마다 "LED1(PA08)"의 점등 상태를 변환하고, 2초마다 "LED2(PA09)"의 점등 상태를 변환한다.

3) 함수 기반 제어

함수 기반 제어를 위해 먼저 FSP Configuration을 설정한다. 스택 생성 방법은 "5.2.4. 타이머 FSP Configuration"의 AGT 관련 내용을 참고하면 된다. AGT HAL 스택의 "Properties"는 그림 5-50처럼 설정하면 된다. 본 실습에서 필요한 타이머의 최소 주기가 1초이므로, "Period"를 '1'로 설정하였다. AGT 설정과 별개로, "LED1(PA08)", "LED2(PA09)"에 대한 GPIO 핀 설정이 필요하다.

Property	Value
∨ Common	
Parameter Checking	Default (BSP)
Pin Output Support	Disabled
Pin Input Support	Disabled
∨ Module g_timer0 Timer, Low-Power (r_agt)	
∨ General	
Name	g_timer0
Channel	0
Mode	Periodic
Period	1
Period Unit	Seconds
Count Source	LOCO
> Output	
> Input	
> Interrupts	
Callback	R_AGT0_Interrupt
Underflow Interrupt Priority	Priority 12

그림 5-50. 실습 1의 AGT Properties 설정

그림 5-51은 실습 1에 대한 함수 기반 예제 프로그램이다. 예제 프로그램에 대한 설명은 다음과 같다.

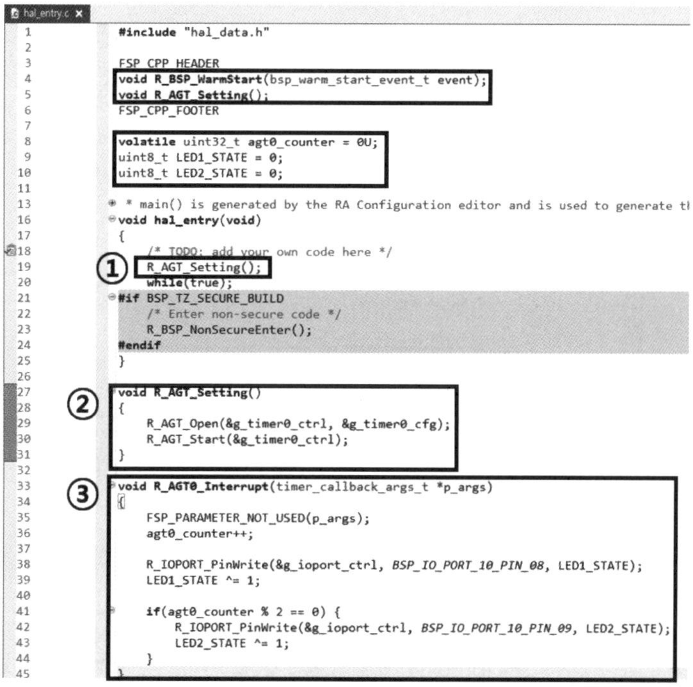

그림 5-51. 실습 1 함수 기반 예제 프로그램의 "hal_entry.c"

① 해당 코드에서는 하드웨어 초기 설정을 위한 함수를 실행한다.

② 해당 코드는 AGT의 초기 설정 함수이다. "R_AGT_Open( )"을 실행하면 AGT 모듈과 관련한 레지스터를 FSP Configuration에 따라 자동으로 설정한다. "R_AGT_Start( )"를 실행하면 AGT 모듈의 시간 측정을 시작한다.

③ 해당 코드는 AGT 모듈의 시간 측정 도중 "Underflow"가 발생했을 때 호출하는 Callback 함수이다. "agt0_counter" 변수를 이용하여 해당 함수에 접근하는 횟수를 측정하고, 이를 통해 2가지 LED의 점등 상태를 변환한다.

4) 레지스터 기반 제어

그림 5–52~5–54는 실습 1에 대한 레지스터 기반 예제 프로그램이다. 해당 파트에서 FSP Configuration은 설정하지 않고 진행한다.

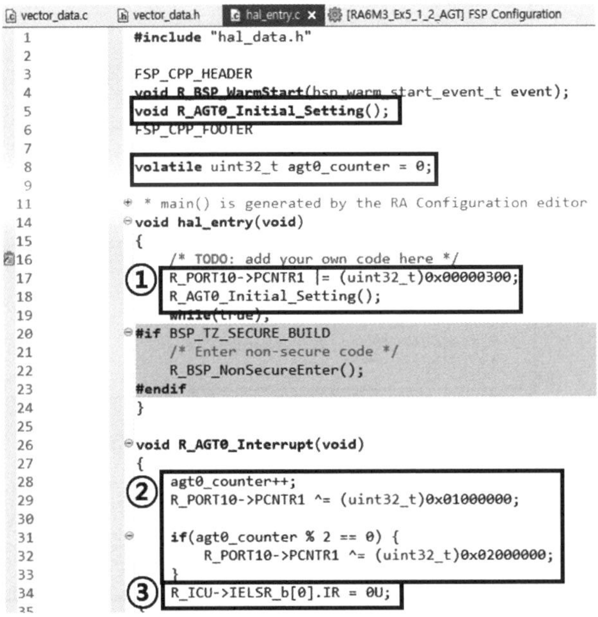

그림 5-52. 실습 1 레지스터 기반 예제 프로그램의 "hal_entry.c" (1)

① 해당 코드에서는 AGT 및 GPIO 관련 초기 설정 함수를 실행한다.

② 해당 코드는 AGT 모듈의 시간 측정 도중 "Underflow"가 발생했을 때 호출하는 Callback 함수이다. 1초마다 "LED1(PA08)"의 점등 상태를 변환하는 코드를 작성하였다. "LED2(PA09)"의 점등 상태는 2초마다 변환해야 한다. 이를 위해 "agt0_counter" 변수 값을 1초마다 증가시키는 코드를 작성하고, 해당 변수의 나머지 연산 값이 '0'일 때마다 "LED2"의 점등 상태를 변환하도록 설계하였다.

③ 해당 코드에서는 ICU 0번 채널에 인터럽트 신호가 들어올 때마다 "IR" 필드를 '0'으로 설정하여 다음 인터럽트를 감지할 수 있도록 설계하였다.

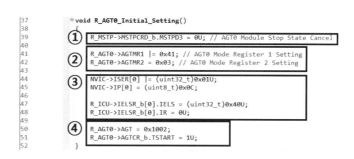

```
37      ⊖void R_AGT0_Initial_Setting()
38
39  ①   R_MSTP->MSTPCRD_b.MSTPD3 = 0U; // AGT0 Module Stop State Cancel
40
41  ②   R_AGT0->AGTMR1 |= 0x41; // AGT0 Mode Register 1 Setting
42      R_AGT0->AGTMR2 = 0x03; // AGT0 Mode Register 2 Setting
43
44  ③   NVIC->ISER[0] |= (uint32_t)0x01U;
45      NVIC->IP[0] = (uint8_t)0x0C;
46
47      R_ICU->IELSR_b[0].IELS = (uint32_t)0x40U;
48      R_ICU->IELSR_b[0].IR = 0U;
49
50  ④   R_AGT0->AGT = 0x1002;
51      R_AGT0->AGTCR_b.TSTART = 1U;
52  }
```

그림 5-53. 실습 1 레지스터 기반 예제 프로그램의 "hal_entry.c" (2)

① 해당 코드는 AGT 모듈의 동작 중단 기능을 해제하는 용도이다.

② 해당 코드는 AGT의 동작 방식을 결정하는 용도이다. AGTMR1을 '0x41'로 설정하여 "Count Source"를 "AGTLCLK(LOCO)"로 설정하였다. 또한, AGTMR2를 '0x03'으로 설정하여 분주비를 '8'로 설정하였다. "LOCO"의 주파수는 32.768kHz이고 8분주로 설정하였으므로, 최종 "Count Source"의 주기 T는 다음과 같다.

$$T = \frac{1}{32.768[kHz]/\ 8} \cong 0.244[ms]$$

③ 해당 코드에서는 AGT 모듈에 대한 인터럽트를 설정한다. AGT 모듈 0번 채널에 대한 이벤트 번호는 '0x40'이다.

④ 실습에서 필요한 타이머 주기는 1초이다. 분주기를 거친 "Count Source"의 주기는 0.244ms이므로, AGT 레지스터의 "Count Value"는 다음과 같이

계산된다.

$$Count\ Value = \frac{1[s]}{0.244[ms]} \cong 4.098$$

마지막으로, AGTCR의 "TSTART" 필드를 '1'로 설정하면 AGT 모듈의 시간 측정이 시작된다.

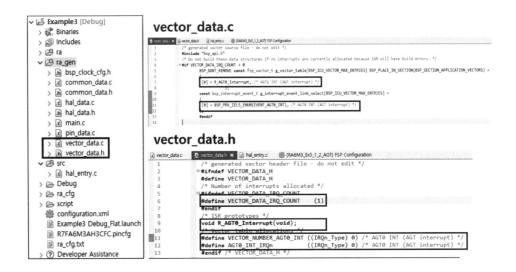

그림 5-54. 실습 1 레지스터 기반 예제 프로그램의 "vector_data.c" 및 "vector_data.h"

그림 5-54와 같이, AGT0 모듈의 인터럽트에 대한 벡터 테이블을 구성해야 한다. 해당 내용은 "4. 인터럽트"에서 이미 설명한 바 있다.

5.3.2. 실습 2: GPT 기반 DC 모터 제어

1) 이론 및 환경 설정

1-1) 하드웨어 연결

그림 5-55는 우리가 사용하는 실습 보드에서 ① E2 Lite 디버거 케이블, ② 전원 케이블, ③ DC 모터를 연결하는 방법이다. DC 모터를 연결할 때 그림 5-56을 참고하길 바란다.

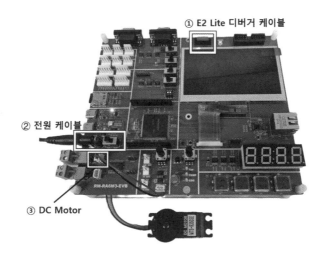

그림 5-55. 실습 2 하드웨어 연결 방법 (1)

OUT_1 : 모터 (-) 검은 선
OUT_2 : 모터 (+) 빨간 선

그림 5-56. 실습 2 하드웨어 연결 방법 (2)

1-2) 프로그램 설정

전원 케이블을 사용하는 모든 실습에서는 추가 설정이 필요하다. 그림 5-57을 참고하여 설정하길 바란다.

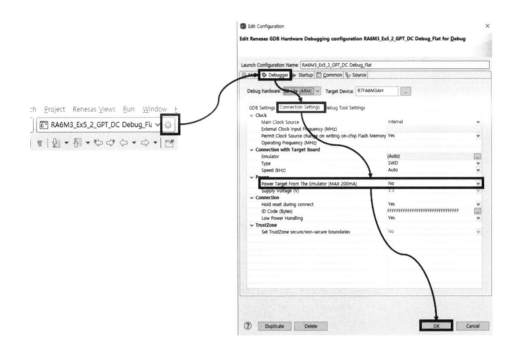

그림 5-57. 프로그램 전원 설정 방법 (DC 모터)

2) 실습 방법

스위치 4개를 사용하여 DC 모터를 제어한다.

a) "SW1": 모터 동작 상태 전환 (활성화 / 비활성화)

b) "SW2": 모터 방향 전환 (시계방향 / 반시계방향)

c) "SW3": PWM 듀티 비 증가

d) "SW4": PWM 듀티 비 감소

3) 실습 코드

그림 5-58~5-60은 DC 모터 실습에 대한 예제 프로그램이다. 스위치 4 개에 대한 설정은 "4.2.4. 인터럽트 FSP Configuration 설정"을 참고하길 바란다.

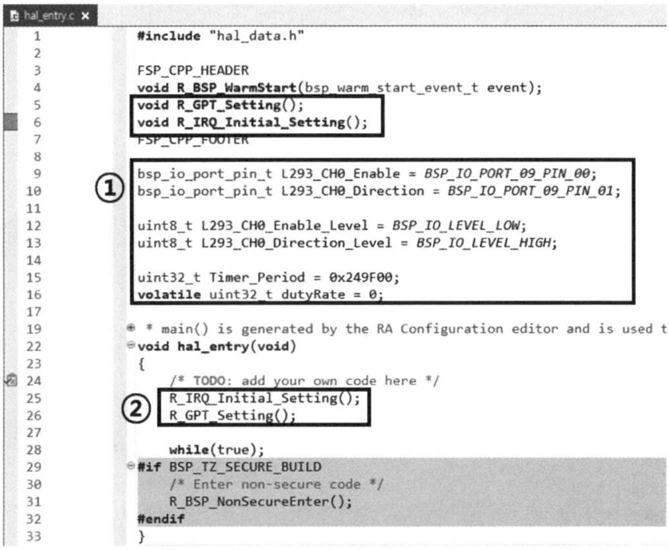

```c
#include "hal_data.h"

FSP_CPP_HEADER
void R_BSP_WarmStart(bsp_warm_start_event_t event);
void R_GPT_Setting();
void R_IRQ_Initial_Setting();
FSP_CPP_FOOTER

bsp_io_port_pin_t L293_CH0_Enable = BSP_IO_PORT_09_PIN_00;
bsp_io_port_pin_t L293_CH0_Direction = BSP_IO_PORT_09_PIN_01;

uint8_t L293_CH0_Enable_Level = BSP_IO_LEVEL_LOW;
uint8_t L293_CH0_Direction_Level = BSP_IO_LEVEL_HIGH;

uint32_t Timer_Period = 0x249F00;
volatile uint32_t dutyRate = 0;

/* main() is generated by the RA Configuration editor and is used t
void hal_entry(void)
{
    /* TODO: add your own code here */
    R_IRQ_Initial_Setting();
    R_GPT_Setting();

    while(true);
#if BSP_TZ_SECURE_BUILD
    /* Enter non-secure code */
    R_BSP_NonSecureEnter();
#endif
}
```

그림 5-58. 실습 2 예제 프로그램의 "hal_entry.c" (1)

① 해당 코드에서는 프로그램 실행에 필요한 변수들을 선언한다. "Enable" 및 "Direction" 신호 출력을 위한 GPIO 핀 설정 값, PWM 신호주기에 대한 "Count Value(Timer_Period 변수)" 등을 확인할 수 있다.

② 해당 코드에서는 하드웨어 초기 설정을 위한 함수를 실행한다.

```
35   void R_IRQ_Interrupt (external_irq_callback_args_t *p_args) {
36       switch(p_args->channel)
37       {
38       case 11:
39           L293_CH0_Enable_Level ^= 0x01;
40           R_IOPORT_PinWrite(&g_ioport_ctrl, L293_CH0_Enable, L293_CH0_Enable_Level);
41           break;
42       case 12:
43           L293_CH0_Direction_Level ^= 0x01;
44           R_IOPORT_PinWrite(&g_ioport_ctrl, L293_CH0_Direction, L293_CH0_Direction_Level);
45           break;
46       case 13:
47           if (dutyRate == 100) {
48               dutyRate = 100;
49           }
50           else {
51               dutyRate += 10;
52           }
53           R_GPT3->GTCCR[0] = Timer_Period * dutyRate / 100;
54           break;
55       case 14:
56           if (dutyRate == 0) {
57               dutyRate = 0;
58           }
59           else {
60               dutyRate -= 10;
61           }
62           R_GPT3->GTCCR[0] = Timer_Period * dutyRate / 100;
63           break;
64       }
65   }
```

그림 5-59. 실습 2 예제 프로그램의 "hal_entry.c" (2)

해당 코드는 외부 인터럽트 발생 시 호출되는 Callback 함수이다.

① 해당 Case문을 통해 "SW1"을 누를 때마다 DC 모터의 동작 상태를 변환한다.

② 해당 Case문을 통해 "SW2"를 누를 때마다 DC 모터의 방향을 전환한다.

③ 해당 Case문을 통해 "SW3"을 누를 때마다 PWM 듀티 비를 10씩 증가시킨다. 이를 통해 모터의 속도를 제어할 수 있다.

④ 해당 Case문을 통해 "SW4"를 누를 때마다 PWM 듀티 비를 10씩 감소시킨다. 이를 통해 모터의 속도를 제어할 수 있다.

```
67  ①  ⊖void R_IRQ_Initial_Setting()
68     {
69         R_ICU_ExternalIrqOpen(&g_external_irq11_ctrl, &g_external_irq11_cfg);
70         R_ICU_ExternalIrqEnable(&g_external_irq11_ctrl);
71         R_ICU_ExternalIrqOpen(&g_external_irq12_ctrl, &g_external_irq12_cfg);
72         R_ICU_ExternalIrqEnable(&g_external_irq12_ctrl);
73         R_ICU_ExternalIrqOpen(&g_external_irq13_ctrl, &g_external_irq13_cfg);
74         R_ICU_ExternalIrqEnable(&g_external_irq13_ctrl);
75         R_ICU_ExternalIrqOpen(&g_external_irq14_ctrl, &g_external_irq14_cfg);
76         R_ICU_ExternalIrqEnable(&g_external_irq14_ctrl);
77     }
78
79  ⊖void R_GPT_Setting()
80     {
81  ②      R_MSTP->MSTPCRD_b.MSTPD5 = 0U; // GPT32EHx (x=0 to 3) Module Stop State Cancel
82
83  ③      R_GPT3->GTCR_b.MD = 0U; // GPT32EH3 Count Mode Setting (Saw-wave PWM Mode)
84         R_GPT3->GTCR_b.TPCS = 0U; // GPT32EH3 Clock Source Prescale Setting (PCLKD/1)
85
86  ④      R_GPT3->GTPR = Timer_Period - 1; // GPT32EH3 Counting Maximum Cycle Setting
87         R_GPT3->GTCNT = 0; // GPT32EH3 Counter Initial Value Setting
88
89  ⑤      R_GPT3->GTIOR_b.GTIOA = 9U;
90         R_GPT3->GTIOR_b.OAE = 1U;
91  ⑥      R_GPT3->GTCCR[0] = 0;
92         R_GPT3->GTCR_b.CST = 1U;
93     }
```

그림 5-60. 실습 2 예제 프로그램의 "hal_entry.c" (3)

① 해당 코드는 인터럽트의 초기 설정을 위한 함수이다. 스위치 4개에 대한 "PORT_IRQ11"~"PORT_IRQ14" 인터럽트를 활성화한다.

② 해당 코드는 GPT 모듈의 동작 중단 기능을 해제하는 용도이다.

③ 해당 코드를 통해 GPT 모듈의 동작 방식을 "Saw-wave PWM Mode"로, 분주비를 '1'로 설정하였다.

④ 해당 코드를 통해 GPT 모듈의 "기준치"와 "초깃값"을 설정하였다.

⑤ 해당 코드를 통해 "Compare Match" 동작의 PWM 신호 제어 방식을 결정하고, "GTIOCA" 핀의 출력을 활성화한다.

⑥ 해당 코드를 통해 "GTCCR"의 "초깃값"을 결정하고, GPT 모듈의 시간 측정을 시작한다.

5.3.3. 실습 3: GPT 기반 서보 모터 제어

1) 이론 및 환경 설정

1-1) 하드웨어 연결

그림 5-61은 우리가 사용하는 실습 보드에서 ① E2 Lite 디버거 케이블,
② 전원 케이블, ③ 서보 모터를 연결하는 방법이다. 서보 모터를 연결할 때
그림 5-62를 참고하길 바란다.

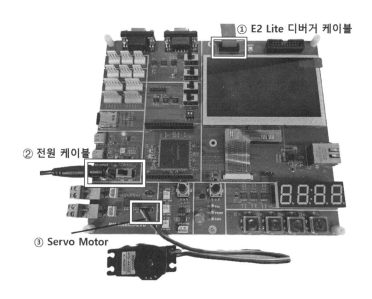

그림 5-61. 실습 3 하드웨어 연결 방법 (1)

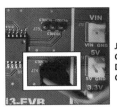

J24
GTIOC0A : 노란 선
DC 5V : 빨간 선
GND : 검은 선

그림 5-62. 실습 3 하드웨어 연결 방법 (2)

1-2) 프로그램 설정

전원 케이블을 사용하는 모든 실습에서는 추가 설정이 필요하다. 그림 5-63을 참고하여 설정하길 바란다.

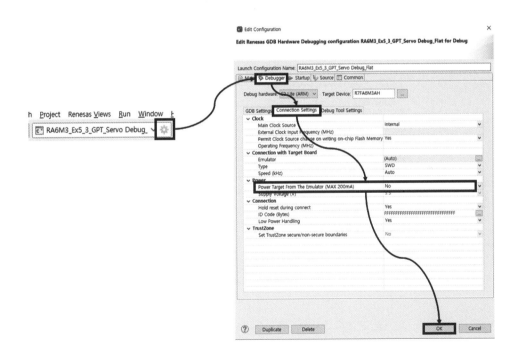

그림 5-63. 프로그램 전원 설정 방법 (서보 모터)

2) 실습 방법

스위치 2개를 사용하여 서보 모터를 제어한다.

- “SW1”: 서보 모터 각도 증가
- “SW2”: 서보 모터 각도 감소

3) 실습 코드

그림 5-64~5-66은 서보 모터 실습에 대한 예제 프로그램이다. 스위치 2개에 대한 설정은 “4.2.4. 인터럽트 FSP Configuration 설정”을 참고하길 바란다.

```c
#include "hal_data.h"

FSP_CPP_HEADER
void R_BSP_WarmStart(bsp_warm_start_event_t event);
void R_IRQ_Initial_Setting();
void R_GPT_Setting();
void Rotate_Servo();
FSP_CPP_FOOTER

uint32_t Timer_Period = 0x249F00;
volatile uint8_t degree = 0;

const double SERVO_MINIMUM_DUTY = 0.03;
const double SERVO_MAXIMUM_DUTY = 0.12;
const double SERVO_EACH_DEGREE = (SERVO_MAXIMUM_DUTY - SERVO_MINIMUM_DUTY) / 180;

 * main() is generated by the RA Configuration editor and is used to generate thre
void hal_entry(void)
{
    /* TODO: add your own code here */
    R_GPT_Setting();
    R_IRQ_Initial_Setting();

    while(true);
#if BSP_TZ_SECURE_BUILD
    /* Enter non-secure code */
    R_BSP_NonSecureEnter();
#endif
}
```

그림 5-64. 실습 3 예제 프로그램의 “hal_entry.c” (1)

① 해당 코드는 프로그램 실행에 필요한 변수들을 선언한다. 실습에서 PWM 신호의 주기를 20ms로 설정하기 때문에, 타이머 “Count Value”인 “Timer_Period" 변수를 '0x249F00'으로 설정하였다.

② 해당 코드에서는 서보 모터의 최소 듀티 비와 최대 듀티 비, 1°당 듀티 비를 선언한다. PWM 신호의 주기가 20ms이고, 서보 모터를 0°에 위치시킬 때 0.6ms만큼의 "High" 신호가 필요하며, 180°에 위치시킬 때 2.4ms만큼의 "High" 신호가 필요하다. 이를 통해 서보 모터의 최소 듀티 비 $D_{\min}$과 최대 듀티 비 $D_{\max}$는 다음과 같이 계산된다.

$$D_{\min} = \frac{0.6[ms]}{20[ms]} = 0.03$$

$$D_{\max} = \frac{2.4[ms]}{20[ms]} = 0.12$$

③ 해당 코드에서는 하드웨어 초기 설정을 위한 함수를 실행한다.

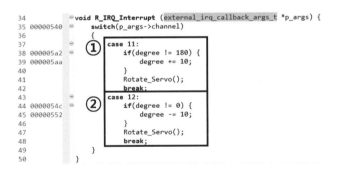

그림 5-65. 실습 3 예제 프로그램의 "hal_entry.c" (2)

해당 코드는 외부 인터럽트 발생 시 호출되는 Callback 함수이다.

① "SW1"을 누를 때마다 서보 모터의 각도가 10°씩 증가한다.

② "SW2"를 누를 때마다 서보 모터의 각도가 10°씩 감소한다.

```
52  ①  void R_IRQ_Initial_Setting()
53      {
54          R_ICU_ExternalIrqOpen(&g_external_irq11_ctrl, &g_external_irq11_cfg);
55          R_ICU_ExternalIrqEnable(&g_external_irq11_ctrl);
56          R_ICU_ExternalIrqOpen(&g_external_irq12_ctrl, &g_external_irq12_cfg);
57          R_ICU_ExternalIrqEnable(&g_external_irq12_ctrl);
58      }
59
60  ②  void R_GPT_Setting() // Servo Motor PWM Generator
61      {
62          R_MSTP->MSTPCRD_b.MSTPD5 = 0U; // GPT32EHx (x=0 to 3) Module Stop State Cancel
63
64          R_GPT0->GTCR_b.MD = 0U; // GPT32EH0 Count Mode Setting (Saw-wave PWM Mode)
65          R_GPT0->GTCR_b.TPCS = 0U; // GPT32EH0 Clock Source Prescale Setting (PCLKD/1)
66
67          R_GPT0->GTPR = Timer_Period - 1; // GPT32EH0 Counting Maximum Cycle Setting
68          R_GPT0->GTCNT = 0; // GPT32EH0 Counter Initial Value Setting
69
70          R_GPT0->GTIOR_b.GTIOA = 9U;
71          R_GPT0->GTIOR_b.OAE = 1U;
72          R_GPT0->GTCCR[0] = (uint32_t)(Timer_Period * SERVO_MINIMUM_DUTY);
73          R_GPT0->GTCR_b.CST = 1U;
74
75      }
76
77  ③  void Rotate_Servo()
78      {
79          double temp_calc = (SERVO_MINIMUM_DUTY + SERVO_EACH_DEGREE * (float)degree);
80
81          R_GPT0->GTCCR[0] = (uint32_t)(Timer_Period * temp_calc);
82      }
```

그림 5-66. 실습 3 예제 프로그램의 "hal_entry.c" (3)

① 해당 코드는 인터럽트의 초기 설정을 위한 함수이다. 스위치 2개에 대한 "PORT_IRQ11", "PORT_IRQ12" 인터럽트를 활성화한다.

② 해당 코드는 GPT 모듈 초기 설정을 위한 용도로, 실습 2와 거의 유사하다. GTCCR을 타이머 주기와 최소 듀티 비를 곱한 값으로 설정하여 서보 모터를 0°로 위치시킨다.

③ 해당 코드를 통해 서보 모터를 회전시킨다. "temp_calc" 변수는 현재 설정하려는 각도의 듀티 비를 계산한다. 이후 GTCCR을 타이머 주기와 설정하려는 각도의 듀티 비를 곱한 값으로 설정하여 서보 모터의 각도를 제어한다.

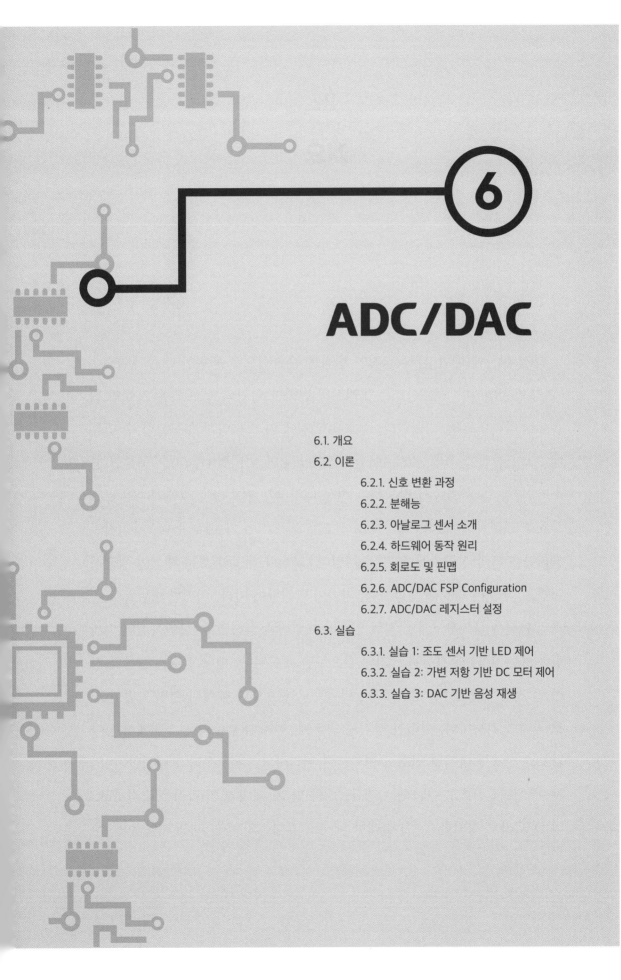

6

ADC/DAC

6.1. 개요

6.2. 이론

　　6.2.1. 신호 변환 과정

　　6.2.2. 분해능

　　6.2.3. 아날로그 센서 소개

　　6.2.4. 하드웨어 동작 원리

　　6.2.5. 회로도 및 핀맵

　　6.2.6. ADC/DAC FSP Configuration

　　6.2.7. ADC/DAC 레지스터 설정

6.3. 실습

　　6.3.1. 실습 1: 조도 센서 기반 LED 제어

　　6.3.2. 실습 2: 가변 저항 기반 DC 모터 제어

　　6.3.3. 실습 3: DAC 기반 음성 재생

6.1

개요

특정 현상에 대한 시/공간적인 변화를 수학적으로 표현한 것을 신호(Signal)라고 정의한다. 즉, 신호는 물리량의 변화를 일련의 정보 혹은 자료의 집합으로 나타낸 것을 의미한다. 신호는 관점에 따라 다양하게 구분할 수 있는데, 크기 관점에서의 신호는 아날로그(Analog)와 디지털(Digital)로 구분한다. 소리, 파동 등 자연에서 발생하는 현상 대부분은 연속적인 형태의 아날로그 신호로 표현될 수 있다. 아날로그 신호는 정보 밀도가 매우 높아, 자연적인 물리량을 거의 정확하게 표현할 수 있다. 그러나 해당 신호는 해석이 굉장히 어렵고, 후처리 과정도 복잡하다. 기술이 발전함에 따라, 이러한 아날로그 신호의 단점을 극복하고자 디지털 신호의 개념이 등장하였다. 불연속적인 디지털 신호는 몇 가지 지정된 크기의 값으로만 표현된다. 해당 신호는 잡음에 강하고, 저장 및 가공이 쉽다. 또한, 아날로그 신호보다 해석이 쉬워 복잡한 신호 처리가 가능하다. 이러한 장점들 덕분에, 현재 대부분의 시스템에서는 아날로그 신호를 디지털 신호로 변환하여 처리하고, 다시 우리가 인식할 수 있는 아날로그 신호로 변환하는 과정을 거친다. 이때의 변환 과정을 각각 ADC와 DAC라고 정의한다. 이에 대한 예시로 휴대폰의 음성 재생 기능을 들 수 있다. 사전에 녹음된 음성 파일은 아날로그 신호를 디지털 신호로 변환한 것이며, 휴대폰의 스피커를 통해 음성 파일을 재생하는 행위는 디지털 신호를 다시 아날로그 신호로 변환하는 것이다.

본 실습에서는 아날로그 신호를 디지털 신호로 변환하는 과정인 ADC와 디지털 신호를 아날로그 신호로 변환하는 과정인 DAC에 대해 살펴볼 것이다. 임베디드 시스템에서 ADC를 통해 센서 데이터를 해석하고, DAC를 통해 음성 파일을 재생함으로써, 두 가지 신호 간 변환 과정 등을 익힐 수 있다.

이론

6.2.1. 신호 변환 과정

아날로그 신호를 디지털 신호로 변환하는 과정을 ADC라고 정의한다. 임베디드 시스템의 ADC는 표본화(Sampling), 양자화(Quantization), 부호화(Encoding)의 3단계로 구성된다. DAC는 ADC와 반대로, 디지털 신호를 변환해 연속적인 아날로그 신호로 복원한다.

1) 표본화(Sampling)

표본화는 연속적인 아날로그 신호에서 일정 시간 간격마다 표본을 추출하는 과정이다. 그림 6-1과 같이, 경량화한 디지털 신호로 표현하기 위해 사용할 표본을 수집해야 한다. 해당 표본은 연속적인 아날로그 신호의 순간적인 전압값을 대표한다. 전 구간에 걸쳐 표본화된 신호를 이산(Discrete) 신호라고 정의한다.

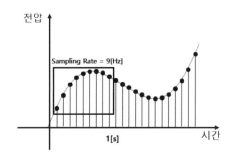

그림 6-1. 아날로그 신호의 표본화

표본화 속도(Sampling Rate)는 표본화 과정에서 1초당 몇 개의 표본을 취득하는가에 대한 지표이다. 표본화 속도의 단위는 "Hz" 또는 "Sample/Second[SPS]"를 사용한다. 그림 6-1에서 1초당 9개의 표본을 취득하였으므로 표본화 속도는 9Hz이다. 일반적으로 오디오 표준 표본화 속도는 44100Hz이다. 즉, 연속적인 음성 신호에서 1초당 44,100개의 표본을 취득한다는 것이다.

2) 양자화(Quantization)

양자화는 연속적인 아날로그 신호에서 추출한 표본을 디지털 양으로 변환하는 과정이다. 이 과정에서는 이산 신호의 최대 진폭(전압)을 양자화 레벨로 나누고, 해당 표본을 가장 근접한 양자화 레벨 값으로 변환한다.

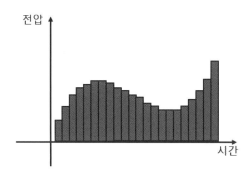

전압

시간

그림 6-2. 이산 신호의 양자화

양자화 과정을 거치면, 연속적인 아날로그 신호가 디지털 시스템 내에서 처리할 수 있는 형태로 변환된다. 분해능(Resolution)은 양자화의 해상도를 의미하며, 이산 신호를 몇 가지 양자화 레벨로 나눌 수 있는지에 대한 지표이다. 분해능은 보통 비트로 표현하며, 해당 값이 클수록 더욱 정밀하게 디지털 신호를 표현할 수 있다. 아날로그 신호의 표본을 근사한 양자화 레벨 값으로 변환하는 과정에서 불가피하게 양자화 잡음(Quantization Noise)이 발생한다. 해당 오차를 줄이기 위해서는 더 높은 분해능의 ADC 모듈을 사용해야만 한다. 그러나 이 경우 가격이 높아지는 단점이 있다.

3) 부호화(Encoding)

부호화는 양자화를 통해 얻은 디지털 신호를 기계가 이해할 수 있는 이진 부호로 변환하는 과정이다. 즉, '0'과 '1'로만 구성된 시리얼(Serial) 데이터로 변환하는 것이다.

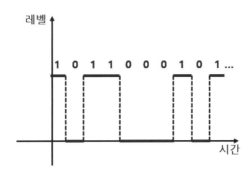

그림 6-3. 양자화를 거친 신호의 부호화

6.2.2. 분해능

앞서 설명한 대로, 분해능은 신호를 얼마나 정밀하게 측정하고 표현할 수 있는지에 대한 지표이다.

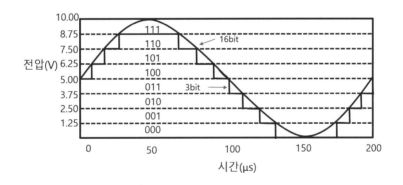

그림 6-4. 분해능에 따른 디지털 신호 분포도

그림 6-4를 통해 분해능의 개념을 더 자세히 살펴보겠다. 해당 그림에서 입력전압의 범위는 0~10V이고, ADC의 분해능은 3비트와 16비트로 구분된다. 3비트로 표현할 수 있는 경우의 수는 총 8가지이다. 즉, 이 경우 모든 표

본은 8가지 디지털 값으로만 표현할 수 있다. 이때 양자화 레벨 단위 M은 다음과 같이 계산된다.

$$M = \frac{10[V]}{2^3} = 1.25[V]$$

만약 아날로그 신호의 표본이 1.0V라면 양자화 레벨 1.25V로 변환되고, 이를 부호화하면 '0b001'로 표현된다. 이때 변환 과정에서 0.25V만큼의 손실이 발생한다.

분해능이 16비트라면 총 65,536가지의 디지털 값을 사용할 수 있다. 그러므로 더욱 정교하게 디지털 신호를 표현할 수 있고, 변환 과정에서의 오차를 줄일 수 있다. 이처럼, 신호 변환 과정에서의 손실을 최소화하려면, 분해능이 높은 ADC 모듈을 사용할 필요가 있다.

분해능의 개념은 DAC에도 동일하게 적용할 수 있다. 분해능이 8비트인 DAC 모듈은 총 256가지의 아날로그 값을 표현할 수 있다. 마찬가지로, 왜곡을 최소화하며 아날로그 신호를 복원하고 싶다면, 더 높은 분해능을 갖는 DAC 모듈을 사용해야 한다.

6.2.3. 아날로그 센서 소개

그림 6-5 및 6-6과 같이, 실습 보드에서는 ADC 및 DAC 관련 실습을 위해 가변 저항(Potentiometer), 조도 센서(Cds Sensor), 스피커와 같은 아날로그 센서를 제공한다. 해당 파트에서는 각 센서의 동작 원리를 설명할 것이다.

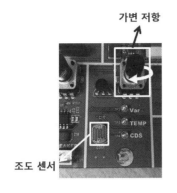

그림 6-5.
ADC 실습용 센서 - 가변 저항, 조도 센서

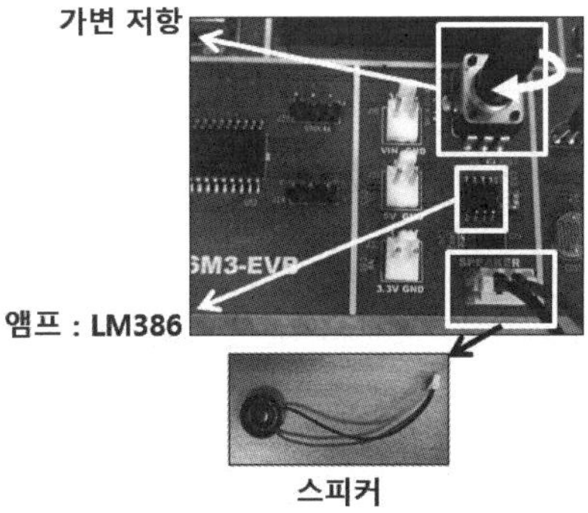

그림 6-6.
DAC 실습용 센서 - 가변 저항, 앰프, 스피커

1) 가변 저항

가변 저항은 중앙의 와이퍼(Wiper)를 돌리면서 저항값을 임의로 바꿀 수 있는 장치이다.

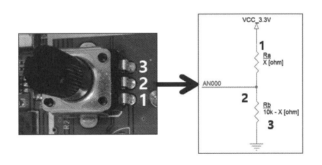

그림 6-7. 가변 저항의 회로 구성

그림 6-7과 같이, 실습 보드의 가변 저항은 3개의 핀을 갖고 있다. 2번 핀은 와이퍼와 연결되어 있고, 1, 3번 핀 사이에는 하나의 긴 저항이 연결되어 있다. 와이퍼는 1, 3번 핀 사이의 저항을 둘로 나눈다. 이때 1번 핀과 와이퍼

간 저항을 "Ra", 3번 핀과 와이퍼 간 저항을 "Rb"라고 정의하겠다. 우리는 2번 핀에 연결된 와이퍼를 돌리면서 "Ra" 및 "Rb" 저항에 대한 도선의 길이를 조절할 수 있다. 도선의 길이와 저항은 비례 관계이므로, 도선의 길이가 길어질수록 해당 저항값도 커진다.

실습 보드에서 사용하는 가변 저항의 전체 저항값은 약 $10k\Omega$이다. 와이퍼에 의해 구분되는 "Ra" 및 "Rb" 저항이 $10k\Omega$에 근사한 값을 나눠 갖는다. 즉, "Ra" 저항값이 $3k\Omega$인 경우, "Rb" 저항값은 $7k\Omega$이다. 이때 전압 분배 법칙을 이용하여 "Rb" 저항의 양단 전압을 계산하면 다음과 같다.

$$V_{Rb} = \frac{7[k\Omega]}{3[k\Omega]+7[k\Omega]} \times 3.3[V] = 2.31[V]$$

해당 가변 저항은 실습 보드 정면을 기준으로, 시계 방향으로 와이퍼를 돌릴수록 "Ra" 저항값이 커지고, 반시계 방향으로 와이퍼를 돌릴수록 "Rb" 저항값이 커진다. 중요한 것은, "Ra"와 "Rb" 저항값의 총합은 항상 약 $10k\Omega$으로 일정하다는 것이다.

2) 조도 센서

조도 센서는 주변 환경의 밝기에 따라 저항값이 변하는 장치이다. 조도 센서는 주변 환경이 어두워질수록 저항값이 증가한다.

OPTO-ELECTRICAL PARAMETERS					T_a = 23°C unless noted otherwise
PARAMETER	TEST CONDITIONS	MIN	TYP	MAX	UNITS
Dark Resistance	After 10 sec. @10 Lux @ 2856°K	0.5	-	-	MΩ
Illuminated Resistance	10 Lux @ 2856°K	4	-	20	KΩ
Sensitivity	$\frac{Log(R100) - Log(R10)\ **}{Log(E100) - Log(E10)\ ***}$	-	0.65	-	Ω/Lux
Spectral Application Range	Flooded	400	-	700	nm
Spectral Application Range	Flooded	-	520	-	nm
Rise Time	10 Lux @ 2856 °K	-	55	-	ms
Fall Time	After 10 Lux @ 2856 °K	-	20	-	ms

**R100, R10: cell resistances at 100 Lux and 10 Lux at 2856 °K respectively .
***E100, E10: luminances at 100 Lux and 10 Lux 2856 °K respectively.

그림 6-8. 조도 센서 및 데이터시트

그림 6-8의 데이터시트를 통해 확인할 수 있듯이, 조도 센서의 저항값은 어두울 때 최대 $500k\Omega$까지 증가하고, 밝을 때 $4\sim20k\Omega$까지 감소한다.

실습 보드에서 조도 센서는 $100k\Omega$ 저항과 직렬로 연결되어 있다. 그러므로 전압 분배 법칙을 이용하여 조도 센서의 양단 전압을 계산할 수 있다. 이에 따라 가장 밝을 경우의 조도 센서 양단 전압 $V_{Cds(B)}$은 다음과 같다.

$$V_{Cds(B)} = \frac{4[k\Omega]}{100[k\Omega]+4[k\Omega]} \times 3.3[V] = 0.126[V]$$

가장 어두울 경우의 조도 센서 양단 전압 $V_{Cds(D)}$은 다음과 같다.

$$V_{Cds(D)} = \frac{500[k\Omega]}{100[k\Omega]+500[k\Omega]} \times 3.3[V] = 2.75[V]$$

3) 스피커 및 앰프

실습 보드에서는 DAC 모듈을 이용하여 음성을 재생할 수 있도록 관련 회로가 구성되어 있다. 그림 6-6과 같이, 사용자는 별도의 스피커를 실습 보드에 연결하여 사용할 수 있다.

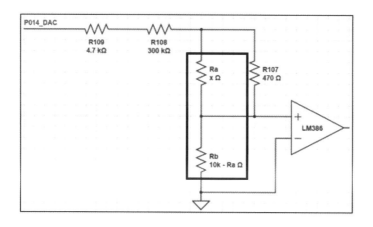

그림 6-9. 음성 재생을 위한 앰프 회로

스피커는 많은 양의 전류를 소모하기 때문에, MCU의 출력만으로는 스피커에서 충분한 크기의 소리를 낼 수 없다. 따라서 앰프를 이용하여 전류를 증폭하는 과정이 필요하다. 실습 보드에서는 저전압 오디오 증폭기인 "LM368"을 통해 전류를 증폭하고, 스피커를 연결하여 소리를 출력할 수 있도록 회로가 구성되어 있다. 그림 6–6과 같이, 실습 보드에서는 음량 조절을 위한 가변 저항을 별도로 제공한다. 앞서 ADC 실습에서 소개한 가변 저항과 동일한 기종으로, 와이퍼를 돌리면서 재생 음량을 조절할 수 있다. 와이퍼를 시계 방향으로 돌릴수록 음량은 커진다.

6.2.4. 하드웨어 동작 원리

해당 파트에서는 실습 보드의 MCU에서 사용하는 ADC 및 DAC 모듈과 동작 과정을 살펴보겠다.

1) ADC 모듈

실습 보드의 MCU는 8, 10, 12비트 분해능을 선택할 수 있는 ADC 모듈을 사용한다.

Parameter	Specifications
Number of units	Two units, 0 and 1
Input channels	• Unit 0: Up to 13 channels • Unit 1: Up to 11 channels

그림 6-10. ADC 모듈 데이터시트

그림 6-10과 같이, ADC 모듈은 2개의 유닛(Unit)으로 구성되고, 각 유닛은 서로 다른 개수의 채널을 제공한다. "ADC0" 유닛은 13개의 입력 채널을, "ADC1" 유닛은 11개의 입력 채널을 제공한다. 각 유닛은 여러 개의 채널을 선택하여 ADC를 수행한다. 이때 해당 채널들은 사용자가 직접 설정할 수 있다.

MCU 공급전압이 3.3V일 때, 12비트 분해능을 사용하는 ADC 모듈을 기준으로 1V에 해당하는 디지털 값 D_1을 계산하면 다음과 같다.

$$D_1 = \frac{4096(12bit)}{3.3[V]} \cong 1241 \ [\text{0x4D9}]$$

이를 통해 입력전압에 대응되는 디지털 값을 쉽게 구할 수 있다. 예를 들어, 아날로그 신호의 순간 입력전압이 1.347V라면, 해당하는 디지털 값 D_2는 다음과 같이 계산될 수 있다.

$$D_2 = 1.347[\text{V}] \times D_1 \cong 1672 \; [0\text{x}688]$$

만약 입력전압이 MCU 공급전압과 동일하다면, 해당하는 디지털 값 D_3는 다음과 같이 계산될 수 있다.

$$D_3 = 3.3[\text{V}] \times D_1 \cong 4095 \; [0\text{xFFF}]$$

즉, 최대 전압이 ADC 모듈에 입력되면, 입력전압은 분해능에 따라 표현할 수 있는 디지털 값의 최대치로 결정된다. 12비트 분해능의 ADC 모듈이 표현할 수 있는 디지털 값의 최대치는 '0xFFF'이다.

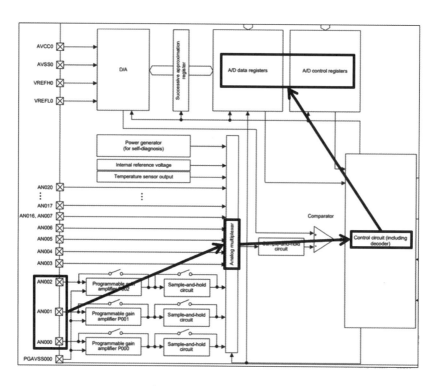

그림 6-11. ADC 모듈 일부 구성도

실습 보드의 MCU에서 사용하는 ADC 모듈은 그림 6-11과 같이 구성되어있다. 그림 6-11은 "ADC0" 유닛에 대한 구성도이며, "ADC1" 유닛 역시 "ADC0" 유닛과 유사하게 구성된다.

"ADC0" 유닛의 일부 채널에 아날로그 신호가 입력되면, 해당 신호는 채널 선택을 위한 멀티플렉서(Multiplexer)를 거친 후, ADC 제어 회로에 전달되어 디지털 신호로 변환된다. 이후 변환 결과는 ADC 데이터 레지스터에 저장된다.

2) DAC 모듈

실습 보드의 MCU는 12비트 분해능의 DAC 모듈을 사용한다. 해당 모듈은 2개의 채널("DAC120", "DAC121")을 제공한다. 실습 보드의 앰프 회로는 "DAC120" 채널에 맞춰 설계되어 있으므로, 소리 재생 실습을 위해서는 반드시 "DAC120" 채널만을 사용해야 한다.

Parameter	Specifications
Resolution	12 bits
Output channels	2 channels

그림 6-12. DAC 모듈 데이터시트

MCU 공급전압이 3.3V일 때, 12비트 분해능을 사용하는 DAC 모듈을 기준으로 '0x001'에 해당하는 아날로그 값 A_1을 계산하면 다음과 같다.

$$A_1 = \frac{3.3[V]}{4096[12bit]} \cong 0.8057[mV]$$

이를 통해 디지털 값에 대응되는 아날로그 값을 쉽게 구할 수 있다. 예를 들어, 부호화된 디지털 신호 값이 '0d127=0x07F'라면, 해당하는 아날로그 값 A_2는 다음과 같이 계산될 수 있다.

$$A_2 = 127 \times A_1 \cong 102.32[mV]$$

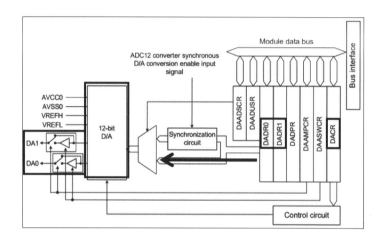

그림 6-13. DAC 모듈 내부 구성도

DAC 모듈 동작은 그림 6-13과 같다. DADR 레지스터에 특정 디지털 값을 저장하면, 해당 값은 DAC 제어 회로에 전달되어 아날로그 신호로 변환된다. 이후 아날로그 신호는 "DA0", "DA1" 핀을 통해 MCU 외부로 출력된다.

6.2.5. 회로도 및 핀맵

1) 가변 저항 및 조도 센서

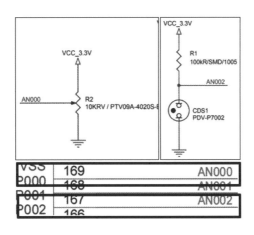

그림 6-14. 가변 저항 및 조도 센서의 회로도 및 핀맵

실습 보드의 MCU에 내장된 ADC 모듈에는 2가지 유닛이 존재한다. 그 중 우리는 "ADC0" 유닛을 사용할 것이다. "ADC0" 유닛의 13개 채널 중 0, 2번 채널에 가변 저항 및 조도 센서가 연결되어 있다. 각 센서의 회로도와 핀맵을 그림 6-14에 표기하였다. ADC 모듈의 0, 2번 채널에 대한 핀 번호를 정리하면 표 6-1과 같다.

표 6-1. ADC 모듈 일부 채널의 MCU 핀맵

파트명	포트번호	MCU 핀 번호
AN000	P000	169
AN002	P002	167

2) 스피커 및 앰프

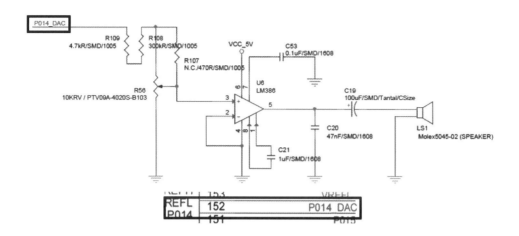

그림 6-15. 스피커 및 앰프 회로도 및 핀맵

그림 6-15를 통해 스피커 및 앰프의 전체 회로를 도시하였다. 해당 회로는 음량 조절용 가변 저항과 음성 재생을 위한 스피커 및 앰프로 구성된다. DAC 모듈의 "DAC120" 채널을 통해 아날로그 신호를 출력하면, 스피커 및 앰프 회로를 통해 원하는 음성을 재생할 수 있다. "DAC120" 채널에 대한 핀 번호를 정리하면, 표 6-2와 같다.

표 6-2. DAC 모듈 일부 채널의 MCU 핀맵

파트명	포트번호	MCU 핀 번호
P014_DAC	P014	152

6.2.6. ADC/DAC FSP Configuration

1) ADC 관련 설정

해당 파트에서는 E2 Studio 개발환경의 ADC 모듈에 대한 FSP Configuration 설정 방법을 살펴볼 것이다. 프로젝트 생성은 이전 실습들과 동일하게 진행하면 된다.

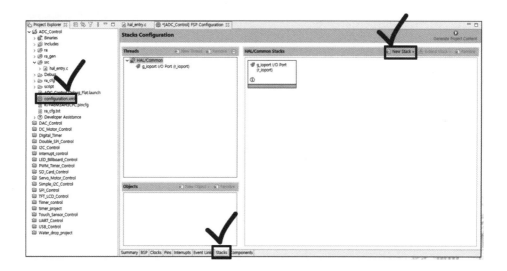

그림 6-16. ADC의 FSP Configuration 설정 (1)

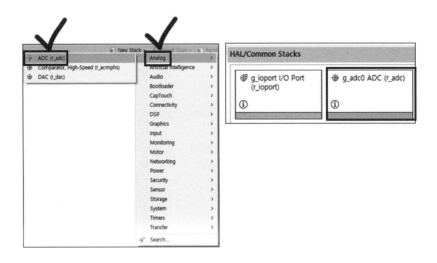

그림 6-17. ADC의 FSP Configuration 설정 (2)

프로젝트 생성 후 FSP Configuration XML 파일을 열고, 그림 6-16, 6-17
과 같이 ADC HAL 스택을 생성하길 바란다. 이제 ADC HAL 스택을 클릭
하여 해당 스택에 대한 "Properties" 창을 열면 된다. 본 실습에서는 ADC 모
듈의 0, 2번 채널만을 사용할 것이므로, 그림 6-18과 같이 설정하면 된다.

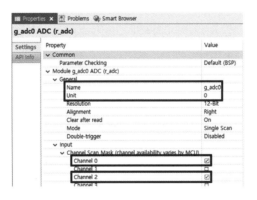

그림 6-18. ADC의 FSP Configuration 설정 (3)

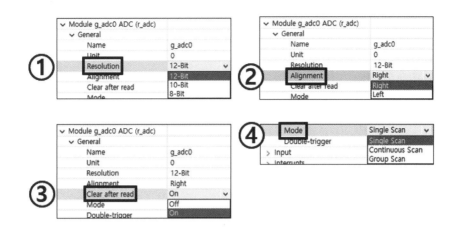

그림 6-19. ADC의 FSP Configuration 설정 (4)

나머지 설정의 경우, 그림 6-19와 같이 초기 상태를 그대로 유지한다. 각 각의 설정이 어떤 용도인지 간단하게 살펴보도록 하겠다.

① "Resolution"은 ADC 모듈의 분해능을 설정하는 용도이며, 8, 10, 12비트 중 한 가지를 선택할 수 있다.

② "Alignment"는 ADC 결과 데이터 저장 형식을 결정한다. "Right"로 설정 시 ADC 결과를 ADDR 하위 비트에 저장하고, "Left"로 설정 시 ADC 결 과를 ADDR 상위 비트에 저장한다.

③ "Clear after read"는 ADC 결과 데이터를 저장하는 ADDR에 대해 자동 초 기화 여부를 결정한다.

④ "Mode"는 ADC 모듈의 동작 방식을 결정한다. "Single Scan"의 경우 하나 이상의 지정된 채널을 1회 탐색한다. "Continuous Scan"의 경우 ADCSR 레지스터의 "ADST" 필드에 해당하는 비트가 '1'에서 '0'으로 초기화될 때까 지 하나 이상의 지정된 채널을 반복해서 탐색한다. "Group Scan"의 경우 각 그룹에 대한 동기화 트리거 신호에 반응하여, 그룹 내 선택된 채널들을 한

번씩 탐색한다.

2) DAC 관련 설정

해당 파트에서는 E2 Studio 개발환경의 DAC 모듈에 대한 FSP Configuration 설정 방법을 살펴볼 것이다. 프로젝트 생성은 이전 실습들과 동일하게 진행하면 된다.

그림 6-20. DAC의 FSP Configuration 설정 (1)

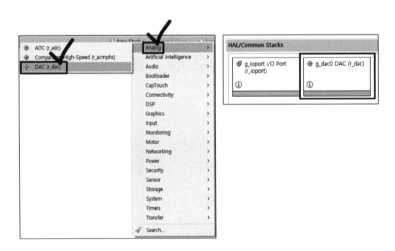

그림 6-21. DAC의 FSP Configuration 설정 (2)

프로젝트 생성 후 FSP Configuration XML 파일을 열고, 그림 6-20, 6-21
과 같이 DAC HAL 스택을 생성하길 바란다.

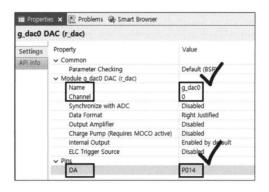

그림 6-22. DAC의 FSP Configuration 설정 (3)

DAC HAL 스택을 생성한 후, 그림 6-22와 같이 "Properties"를 설정한다.
이름("Name")과 채널("Channel")을 설정한 뒤, 핀 설정을 진행한다. 그림 6-15
를 통해 알 수 있듯이 "DA" 핀 설정은 "P014"로 진행한다.

6.2.7. ADC/DAC 레지스터 설정

ADC/DAC의 경우 직접 레지스터를 설정하지는 않는다. 다만, 레지스터
에 대한 개념을 이해하고 넘어가야 하므로 일부분을 소개할 것이다.

1) ADC 레지스터 설정

1-1) "A/D Control Extended Register" (ADCER)

ADCER은 ADC 모듈의 기본 설정을 위한 용도이다. 레지스터의 세부 설명은 그림 6-23을 통해 확인할 수 있다.

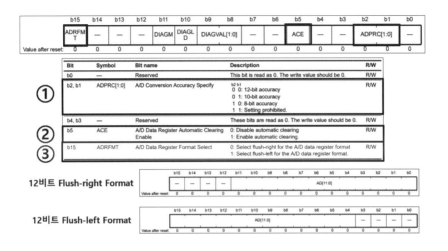

그림 6-23. ADC 관련 레지스터 - ADCER

① "ADPRC" 필드는 분해능 설정을 위한 용도이다. 12비트 분해능을 사용하기 위해 해당 필드를 '0b00'으로 설정한다.

② "ACE" 필드는 ADDR의 자동 초기화 여부를 결정한다.

③ "ADRFMT" 필드는 ADC 결과 데이터 저장 형식을 설정하는 용도이다.

위 항목들은 그림 6-19를 통해 살펴본 FSP Configuration 설정과 일치한다. 레지스터를 직접 설정하지 않고, FSP Configuration 설정과 "R_ADC_Open( )"을 통해서도 해당 기능들을 설정할 수 있다. 이에 대한 내용은 실습 파트에서 자세히 설명하겠다.

1-2) "A/D Control Register" (ADCSR)

ADCSR도 ADC 모듈의 기본 설정을 위한 용도이다. 레지스터의 세부 설명은 그림 6-24를 통해 확인할 수 있다.

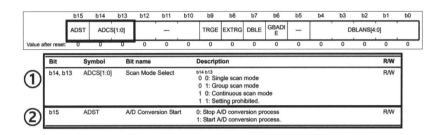

Bit	Symbol	Bit name	Description	R/W
b14, b13	ADCS[1:0]	Scan Mode Select	b14 b13 0 0: Single scan mode 0 1: Group scan mode 1 0: Continuous scan mode 1 1: Setting prohibited.	R/W
b15	ADST	A/D Conversion Start	0: Stop A/D conversion process 1: Start A/D conversion process.	R/W

그림 6-24. ADC 관련 레지스터 - ADCSR

① "ADCS" 필드를 통해 ADC 모듈의 동작 방식을 선택한다.

② "ADST" 필드를 통해 ADC 모듈의 동작 여부를 결정한다. 해당 필드는 "R_ADC_Start( )"를 실행하면 자동으로 '1'로 설정된다.

1-3) "A/D Data Register y" (ADDRy)

ADDRy는 ADC 결과 데이터를 저장하기 위한 용도이다. 응용 프로그램에서는 "R_ADC_Read( )"를 통해 ADDRy 레지스터에 저장된 값을 읽을 수 있다. 레지스터의 세부 설명은 그림 6-25를 통해 확인할 수 있다.

	b15	b14	b13	b12	b11	b10	b9	b8	b7	b6	b5	b4	b3	b2	b1	b0
	—	—	—	—						AD[11:0]						
Value after reset:	0	0	0	0	0	0	0	0	0	0	0	0	0	0	0	0

Bit	Symbol	Bit name	Description	R/W
b11 to b0	AD[11:0]	Converted Value 11 to 0	12-bit A/D-converted value.	R
b15 to b12	—	Reserved	These bits are read as 0.	R

그림 6-25. ADC 관련 레지스터 - ADDRy

1-4) "ADC Channel Select Register A0" (ADANSA0)

ADANSA0은 ADC를 수행할 채널을 선택하는 용도이다. 레지스터의 세부 설명은 그림 6-26을 통해 확인할 수 있다.

	b15	b14	b13	b12	b11	b10	b9	b8	b7	b6	b5	b4	b3	b2	b1	b0
	—	—	—	—	—	—	—	—	ANSA0 7	ANSA0 6	ANSA0 5	ANSA0 4	ANSA0 3	ANSA0 2	ANSA0 1	ANSA0 0
Value after reset:	0	0	0	0	0	0	0	0	0	0	0	0	0	0	0	0

Bit	Symbol	Bit name	Description	R/W
b7 to b0	ANSA07 to ANSA00	A/D Conversion Channels Select	0: Do not select associated input channel 1: Select associated input channel.	R/W
b15 to b8	-	Reserved.	These bits are read as 0. The write value should be 0.	R/W

그림 6-26. ADC 관련 레지스터 - ADANSA0

앞서 그림 6-18을 통해 어떤 채널을 사용할지 살펴보았다. 0, 2번 채널을 사용하기 위해 "ANSA00", "ANSA02" 필드를 '1'로 설정하면 된다.

1-5) "Module Stop Control Register D" (MSTPCRD)

MSTPCRD는 모듈 동작 중단 여부를 설정하는 용도이다. MCU는 전력 소모를 줄이기 위해, 일부 모듈에 한해 동작 중단 기능을 제공한다. 해당 레지스터의 "MSTPD16" 필드를 '0'으로 설정하면 ADC 모듈의 동작 중단 기능을 해제할 수 있다.

	b31	b30	b29	b28	b27	b26	b25	b24	b23	b22	b21	b20	b19	b18	b17	b16
	—	—	—	MSTPD 28	MSTPD 27	MSTPD 26	MSTPD 25	MSTPD 24	MSTPD 23	MSTPD 22	—	MSTPD 20	—	—	—	MSTPD 16
Value after reset:	1	1	1	1	1	1	1	1	1	1	1	1	1	1	1	1

	b15	b14	b13	b12	b11	b10	b9	b8	b7	b6	b5	b4	b3	b2	b1	b0
	MSTPD 15	MSTPD 14	—	—	—	—	—	—	—	MSTPD 6	MSTPD 5	—	MSTPD 3	MSTPD 2	—	—
Value after reset:	1	1	1	1	1	1	1	1	1	1	1	1	1	1	1	1

Bit	Symbol	Bit name	Description	R/W
b15	MSTPD15	12-Bit A/D Converter 1 Module Stop	Target module: ADC121 0: Cancel the module-stop state 1: Enter the module-stop state.	R/W
b16	MSTPD16	12-Bit A/D Converter 0 Module Stop	Target module: ADC120 0: Cancel the module-stop state 1: Enter the module-stop state.	R/W

그림 6-27. ADC 관련 레지스터 - MSTPCRD

2) DAC 레지스터 설정

2-1) "D/A Data Register m" (DADRm)

DADR은 디지털 신호 값을 저장하는 용도이다. DAC 모듈은 DADR에 저장되어있는 디지털 신호를 변환하여 아날로그 신호로 출력한다.

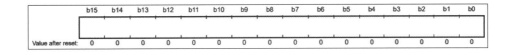

그림 6-28. DAC 관련 레지스터 - DADRm

2-2) "D/A Control Register m" (DACR)

DACR은 DAC 모듈의 채널 제어 방식과 출력 활성화 여부를 결정하는 용도이다. 레지스터의 세부 설명은 그림 6-29를 통해 확인할 수 있다.

	b7	b6	b5	b4	b3	b2	b1	b0
	DAOE1	DAOE0	DAE	—	—	—	—	—
Value after reset:	0	0	0	1	1	1	1	1

Bit	Symbol	Bit name	Description	R/W
b4 to b0	—	Reserved	These bits are read as 1. The write value should be 1.	R/W
b5	DAE	D/A Enable*1	0: Control D/A conversion of channels 0 and 1 individually 1: Control D/A conversion of channels 0 and 1 collectively.	R/W
b6	DAOE0	D/A Output Enable 0	0: Disable analog output of channel 0 (DA0) 1: Enable D/A conversion of channel 0 (DA0).	R/W
b7	DAOE1	D/A Output Enable 1	0: Disable analog output of channel 1 (DA1) 1: Enable D/A conversion of channel 1 (DA1).	R/W

그림 6-29. DAC 관련 레지스터 - DACR

6.3

실습

6.3.1. 실습 1: 조도 센서 기반 LED 제어

1) 실습 방법

임의의 임곗값을 설정하고, 조도 센서의 값을 임곗값과 비교하여 "LED1 (PA08)"~"LED4(PB00)"에 대한 점등 여부를 결정한다. 본격적인 ADC 실습을 위해, E2 Studio에서 설계된 ADC 예제 프로그램을 준비해야 한다. 이는 GitHub에서 제공하는 "RA6M3_Ex6_1_ADC_DAC" 파일을 다운로드하면 된다.

2) 함수 기반 제어

그림 6-30~6-33은 실습 1의 함수 기반 예제 프로그램의 일부분이다. 예제 프로그램에 대한 설명은 다음과 같다.

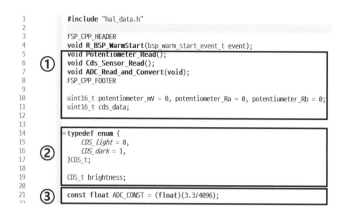

```
1    #include "hal_data.h"
2
3    FSP_CPP_HEADER
4    void R_BSP_WarmStart(bsp_warm_start_event_t event);
5    void Potentiometer_Read();
6    void Cds_Sensor_Read();
7    void ADC_Read_and_Convert(void);
8    FSP_CPP_FOOTER
9
10   uint16_t potentiometer_mV = 0, potentiometer_Ra = 0, potentiometer_Rb = 0;
11   uint16_t cds_data;
12
13
14   typedef enum {
15       CDS_light = 0,
16       CDS_dark = 1,
17   }CDS_t;
18
19   CDS_t brightness;
20
21   const float ADC_CONST = (float)(3.3/4096);
22
```

그림 6-30. 실습 1 예제 프로그램의 "hal_entry.c" (1)

① 해당 영역에는 ADC 실습에 필요한 함수 참조 및 변수를 선언하였다. "po-tentiometer_mV", "potentiometer_Ra", "potentiometer_ Rb" 변수를 통해 전압값, 가변 저항 "Ra" 및 "Rb" 저항값을 확인한다. "cds_data"를 통해 조도 센서의 ADC 결과를 확인한다.

② 열거형(enum)을 통해 "CDS_light"와 "CDS_dark" 상태를 설정하여 밝기 상태를 나타내는 변수로 사용한다.

③ 해당 영역에는 가변 저항의 저항값 및 전압값 계산을 위한 상수 "ADC_CONST"를 선언하였다. 해당 상수는 MCU 공급 전압 3.3V 및 12비트 분해능에 맞춰 계산된 것이다.

```
28   ⊖void Potentiometer_Read()
29    {
30        uint16_t ch0_adc_result;
31
32        R_ADC_Read(&g_adc0_ctrl, ADC_CHANNEL_0, &ch0_adc_result);
33  ①    potentiometer_mV = (uint16_t)(ch0_adc_result * ADC_CONST * 1000);
34        potentiometer_Rb = (uint16_t)(potentiometer_mV * 3.0303);
35        potentiometer_Ra = (uint16_t)(10000 - potentiometer_Rb);
36    }
37
38
39   ⊖void Cds_Sensor_Read()
40    {
41        uint16_t ch2_adc_result;
42
43        R_ADC_Read(&g_adc0_ctrl, ADC_CHANNEL_2, &ch2_adc_result);
44  ⊖    if(ch2_adc_result >= 400){
45            cds_data = ch2_adc_result;
46  ②        brightness = CDS_dark;
47        }
48  ⊖    else{
49            cds_data = ch2_adc_result;
50            brightness = CDS_light;
51        }
52    }
```

그림 6-31. 실습 1 예제 프로그램의 "hal_entry.c" (2)

그림 6-31의 함수들은 가변 저항 및 조도 센서와 관련된 변숫값을 결정하기 위한 용도이다.

① 실습 1에서는 가변 저항 관련 코드를 사용하지 않지만, 실습 2에 대한 힌트를 제공하기 위해 추가하였다.

② "R_ADC_Read( )"를 통해 ADC 결과를 읽고, "ch2_adc_result"에 저장한다. 이후 해당 변숫값을 임곗값인 '400'과 비교하여 조도 센서의 현재 밝기 상태를 판단한다. 밝기 상태는 앞서 설명했듯이 열거형을 통해 "CDS_dark" 혹은 "CDS_light"로 구분한다.

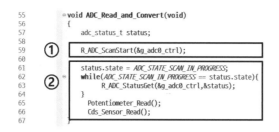

```
55  ⊖void ADC_Read_and_Convert(void)
56   {
57        adc_status_t status;
58
59  ①    R_ADC_ScanStart(&g_adc0_ctrl);
60
61        status.state = ADC_STATE_SCAN_IN_PROGRESS;
62  ②    while(ADC_STATE_SCAN_IN_PROGRESS == status.state){
63             R_ADC_StatusGet(&g_adc0_ctrl,&status);
64        }
65        Potentiometer_Read();
66        Cds_Sensor_Read();
67   }
```

그림 6-32. 실습 1 예제 프로그램의 "hal_entry.c" (3)

그림 6-32의 "ADC_Read_and_Convert( )"는 ADC 결과 데이터를 읽는 용도이다.

① "R_ADC_ScanStart( )"를 통해 ADC를 시작한다.

② "R_ADC_StatusGet( )"을 통해 ADC 모듈의 현재 상태를 지속해서 확인하고, 모든 동작이 완료되면 앞서 소개한 변수 설정 함수들을 실행한다.

```
69  ⊖void hal_entry(void)
70   {
71        /* TODO: add your own code here */
72
73  ①    R_ADC_Open(&g_adc0_ctrl, &g_adc0_cfg);
74        R_ADC_ScanCfg(&g_adc0_ctrl, &g_adc0_channel_cfg);
75
76       while(1){
77            ADC_Read_and_Convert();
78            if(brightness == CDS_light){
79                 R_IOPORT_PinWrite(&g_ioport_ctrl, BSP_IO_PORT_10_PIN_08, BSP_IO_LEVEL_HIGH)
80                 R_IOPORT_PinWrite(&g_ioport_ctrl, BSP_IO_PORT_10_PIN_09, BSP_IO_LEVEL_HIGH)
81                 R_IOPORT_PinWrite(&g_ioport_ctrl, BSP_IO_PORT_10_PIN_10, BSP_IO_LEVEL_HIGH)
82  ②            R_IOPORT_PinWrite(&g_ioport_ctrl, BSP_IO_PORT_11_PIN_00, BSP_IO_LEVEL_HIGH)
83            }
84            else if(brightness == CDS_dark){
85                 R_IOPORT_PinWrite(&g_ioport_ctrl, BSP_IO_PORT_10_PIN_08, BSP_IO_LEVEL_LOW);
86                 R_IOPORT_PinWrite(&g_ioport_ctrl, BSP_IO_PORT_10_PIN_09, BSP_IO_LEVEL_LOW);
87                 R_IOPORT_PinWrite(&g_ioport_ctrl, BSP_IO_PORT_10_PIN_10, BSP_IO_LEVEL_LOW);
88                 R_IOPORT_PinWrite(&g_ioport_ctrl, BSP_IO_PORT_11_PIN_00, BSP_IO_LEVEL_LOW);
89            }
90       }
    }
```

그림 6-33. 실습 1 예제 프로그램의 "hal_entry.c" (4)

① "R_ADC_Open( )"과 "R_ADC_ScanCfg( )"를 통해 ADC 모듈 관련 레지스터들을 FSP Configuration에 따라 설정한다.

② "ADC_Read_and_Convert( )"를 실행하여 ADC를 진행한다. 변수 "brightness"가 "CDS_light"일 경우 4개의 LED를 꺼진 상태로 유지하며, "CDS_dark"일 경우 4개의 LED를 켜진 상태로 유지한다.

3) 실습 결과

조도 센서를 손으로 가리면서 밝기를 조정한 뒤, 실습 보드에서 LED 점등 상태를 확인하고, E2 Studio에서 변수 "brightness"의 값을 확인한다. 밝을 때의 실행 결과는 그림 6-34, 6-35와 같다.

그림 6-34. 실습 1 밝을 때 실행 결과 (1)

그림 6-35. 실습 1 밝을 때 실행 결과 (2)

어두울 때의 실행 결과는 그림 6-36, 6-37과 같다.

그림 6-36. 실습 1 어두울 때 실행 결과 (1)

Expression	Type	Value
🔷 brightness	CDS_t	CDS_dark

그림 6-37. 실습 1 어두울 때 실행 결과 (2)

밝을 때는 실습 보드의 LED 4개가 모두 꺼져있으며, 어두울 때는 실습 보드의 LED 4개가 모두 켜진 것을 확인할 수 있다.

6.3.2. 실습 2: 가변 저항 기반 DC 모터 제어

1) 실습 방법

실습 보드의 가변 저항을 통해 DC 모터의 회전 속도를 제어한다. 실습 조건은 아래와 같다.

1-1) 실습 조건
- 속도는 총 4단계(최대 속도의 20%, 50%, 80%, 100%)로 구성하며 각 단계는 "potentiometer_Ra" 값("Ra")에 따라 조정한다.
- 가변 저항을 시계 방향으로 돌릴수록 단계가 올라가게끔 설정하고,

PWM 신호의 주기는 20ms로 설정한다.

- 0단계("Ra"≤200) : LED가 모두 꺼진 상태, FND "Digit 4"에 '0' 표기

- 1단계(200≤"Ra"≤2500): "LED1" 켜짐, FND "Digit 4"에 '1' 표기

- 2단계(2500≤"Ra"≤5000): "LED1"~"LED2" 켜짐, FND "Digit 4"에 '2' 표기

- 3단계(5000≤"Ra"≤7500): "LED1"~"LED3" 켜짐, FND "Digit 4"에 '3' 표기

- 4단계(7500≤"Ra"): "LED1"~"LED4" 켜짐, FND "Digit 4"에 '4' 표기

6.3.3. 실습 3: DAC 기반 음성 재생

1) 이론 및 환경 설정

DAC 실습을 원활히 진행하기 위해 음성 편집 프로그램을 사전에 설치해야 한다. 이는 "2.4.7. GoldWave"와 "2.4.8. HxD Hex Editor"를 참고하면 된다. 추가로, GitHub에서 그림 6-38과 같은 "Ringtone.mp3" 파일을 다운로드하길 바란다.

그림 6-38. Ringtone.mp3 파일

1-1) GoldWave 기반 원형 데이터 추출

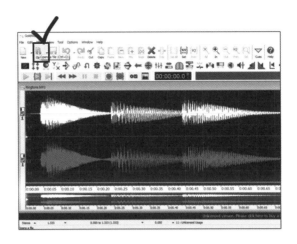

그림 6-39. GoldWave 프로그램 진행 과정 (1)

그림 6-39와 같이 GoldWave 프로그램을 실행하고, "Open"을 눌러 그림 6-38의 "Ringtone.mp3" 파일을 실행한다.

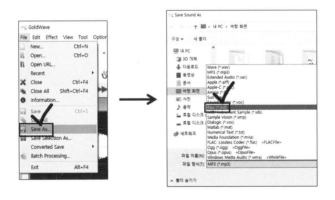

그림 6-40. GoldWave 프로그램 진행 과정 (2)

그림 6–40과 같이 진행하며, 해당 mp3 파일을 "Raw" 형식으로 저장한다. 이는 mp3 파일에서 음성 원형 데이터만 추출하기 위함이다.

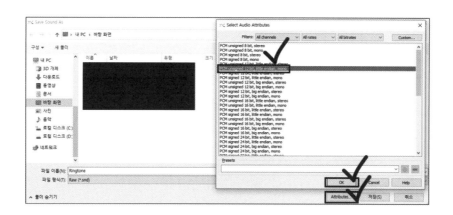

그림 6-41. GoldWave 프로그램 진행 과정 (3)

그림 6–41에서 "Attributes"를 누르고, "PCM unsigned 12 bit, little endian, mono"를 선택 후 "OK" 버튼을 누른다. 선택한 내용에 대한 설명은 다음과 같다.

음성 재생 방법은 크게 스테레오(Stereo)와 모노(Mono)로 구분한다. 스테레오의 경우 소리 채널을 여러 개 설정하여 공간감을 부여할 수 있다. 반면, 모노의 경우 오직 하나의 채널을 사용하기 때문에 상대적으로 음질이 풍부하지 않은 대신 저렴하다. "PCM"은 아날로그 신호를 이진 코드로 변환하는 방법을 의미한다. "Endian"은 바이트 단위의 데이터에 대한 저장 형식을 의미한다. "Little Endian" 방식은 데이터의 하위 비트를 하위 주소에 저장하는 것이다. 예를 들어 '0x1438'이라는 데이터는 '0x38 / 0x14'의 순서로 저장된다. 반면에 "Big Endian" 방식은 하위 비트를 상위 주소에 저장하는 것이다. 이 경우 '0x1438' 데이터는 '0x14 / 0x38'의 순서로 저장된다.

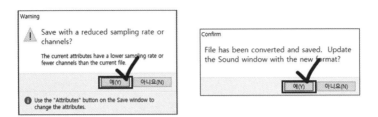

그림 6-42. GoldWave 프로그램 진행 과정 (4)

그림 6-42는 표본화 속도가 줄어들 수 있다는 것과 최신 내용을 화면에 반영할 것인지 물어보는 것으로, 두 경우 모두 '예'를 눌러 진행한다.

그림 6-43. GoldWave 프로그램 진행 과정 (5)

모든 과정을 순서대로 진행하면, 그림 6-43과 같이 snd 파일이 생성된다.

1-2) HxD 기반 C파일 생성

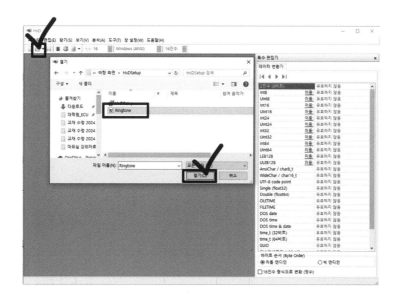

그림 6-44. HxD 프로그램 진행 과정 (1)

그림 6-44와 같이 HxD 프로그램을 실행하고, 그림 6-43의 snd 파일을
연다.

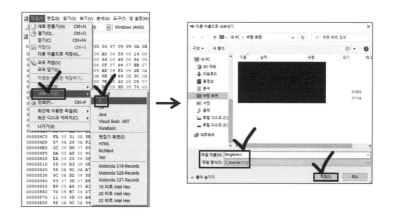

그림 6-45. HxD 프로그램 진행 과정 (2)

그림 6-45와 같이 "파일"→"내보내기"를 선택한 후, "C"를 누른다. 파일 이름을 저장할 때, 반드시 "파일 이름.c"의 형태로 저장해야 한다.

그림 6-46. HxD 프로그램 진행 과정 (3)

그림 6-46과 같이 snd 파일이 C 파일로 변환된 것을 확인할 수 있다. 이 파일은 "Unsigned Char" 배열 형태로 생성된다.

2) E2 Studio 음성 파일 삽입

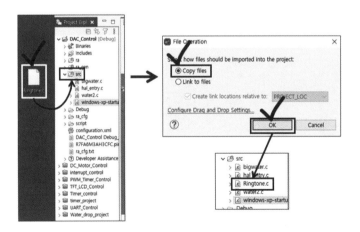

그림 6-47. 음성 C 파일 삽입 방법

DAC 실습을 위해 GitHub에서 "RA6M3_Ex6_3_ADC_DAC.zip" 파일을 다운로드하길 바란다. 이후 상기 과정을 통해 변환한 "Ringtone.c" 파일을 드래그해서 "src" 폴더 안에 넣는다.

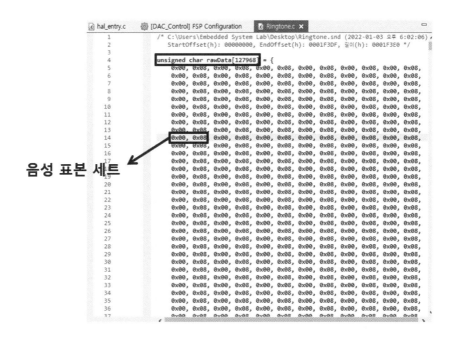

그림 6-48. 음성 C 파일 분석

"Ringtone.c" 파일을 열어보면 그림 6-48과 같이 구성되어있다. 해당 파일에서는 하나의 "rawData" 배열 안에 여러 개의 음성 데이터가 저장되어있다. DAC 모듈은 12비트 분해능만 지원하기 때문에, 음성 데이터 역시 12비트로 구성된다. 하지만 데이터를 "Unsigned Char"형 배열에 저장하기 위해 1바이트 단위로 쪼개다 보니, 그림 6-48과 같이 저장된 것이다. 예를 들어, '0xABC'라는 음성 표본은 '0x0A'와 '0xBC'로 나누어 저장되어야 한다. 이때 저장 형식을 "Little Endian"으로 설정하였기 때문에, 해당 데이터는 '0xBC /

0x0A' 순서로 저장된다. 이러한 이유로 그림 6-48에서 두 개의 데이터가 하나의 음성 표본 세트로 구성된다.

2) 실습 방법

디지털 신호를 아날로그 신호로 변환하여, 실습 보드와 연결한 스피커를 통해 음성 파일을 재생한다. 또한, 가변 저항을 조절함으로써 소리의 크기를 설정할 수 있다.

3) 함수 기반 제어

그림 6-49는 실습 3의 함수 기반 예제 프로그램 일부분이다. 예제 프로그램에 대한 설명은 다음과 같다.

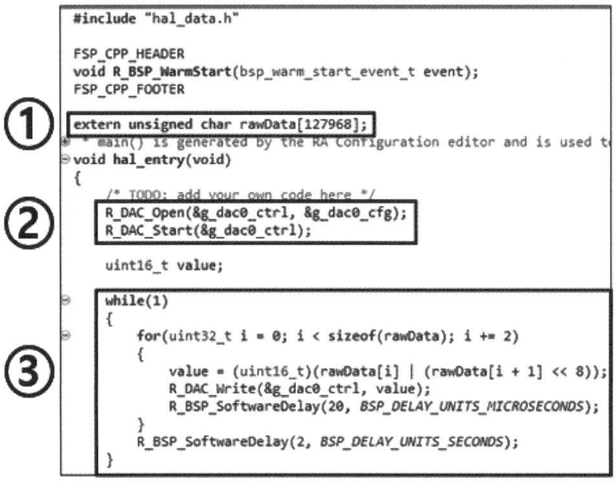

```
#include "hal_data.h"

FSP_CPP_HEADER
void R_BSP_WarmStart(bsp_warm_start_event_t event);
FSP_CPP_FOOTER

①  extern unsigned char rawData[127968];
 * main() is generated by the RA Configuration editor and is used t
void hal_entry(void)
{
        /* TODO: add your own code here */
②  R_DAC_Open(&g_dac0_ctrl, &g_dac0_cfg);
    R_DAC_Start(&g_dac0_ctrl);

    uint16_t value;

    while(1)
    {
        for(uint32_t i = 0; i < sizeof(rawData); i += 2)
        {
③          value = (uint16_t)(rawData[i] | (rawData[i + 1] << 8));
            R_DAC_Write(&g_dac0_ctrl, value);
            R_BSP_SoftwareDelay(20, BSP_DELAY_UNITS_MICROSECONDS);
        }
        R_BSP_SoftwareDelay(2, BSP_DELAY_UNITS_SECONDS);
    }
}
```

그림 6-49. 실습 3 예제 프로그램의 "hal_entry.c"

① "Ringtone.c" 파일의 "rawData[127968]" 데이터를 외부 참조(Extern)로 불

러온다. 이때 외부 참조는 기존 파일에 선언된 그대로 작성해야 한다.

② "R_DAC_Open( )"과 "R_DAC_Start( )"를 통해 DAC 관련 레지스터들을 FSP Configuration에 따라 설정하고, DAC를 시작한다.

③ "rawData[127968]" 배열에 저장된 모든 음성 표본(디지털) 데이터를 순서대로 아날로그 신호로 변환한다. 이는 "R_DAC_Write( )"를 이용한다. "R_BSP_SoftwareDelay( )" 함수는 중요한 역할을 담당한다. 우리는 앞서 표본화 속도에 대한 개념을 살펴본 바 있다. 표본화 속도는 1초에 몇 개의 표본을 취득하였는가를 의미한다. 일반적으로 오디오의 표준 표본화 속도는 44,100Hz로, 이를 활용하여 아날로그 신호 출력 주기 T를 계산하면 다음과 같다.

$$T = \frac{1}{f} = \frac{1}{44100[Hz]} = 22.68[\mu s]$$

"R_BSP_SoftwareDelay( )" 함수를 통해 이와 비슷한 20μs의 지연 시간을 보장한다. 이러한 방식으로 알맞은 지연 시간을 추가해야, 음질이 깨지지 않고 자연스럽게 들리게 된다.

4) 실습 응용

실습 3의 예제 프로그램을 약간 수정하여 주어진 음원을 2배속으로 반복 재생하도록 구현해보길 바란다.

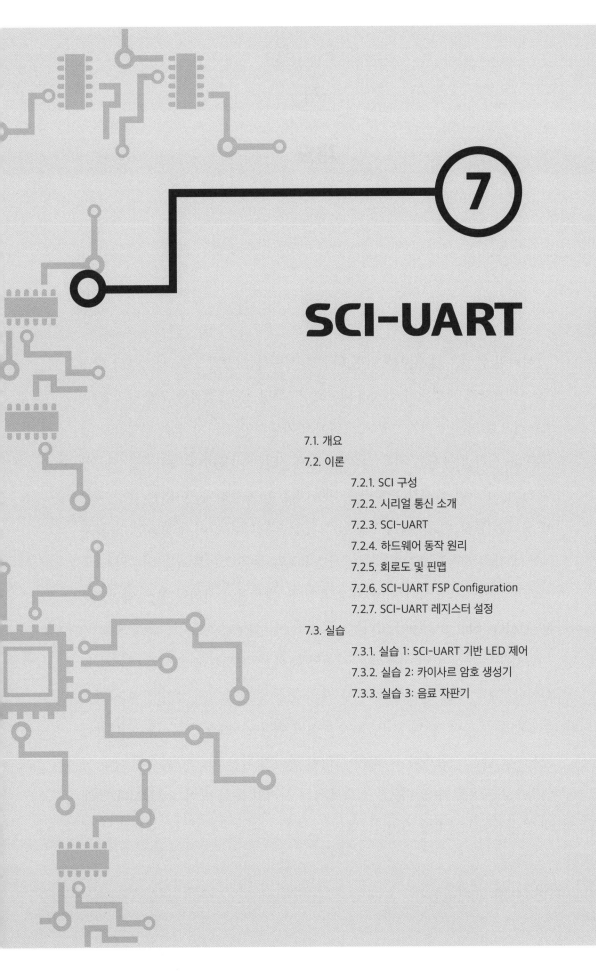

SCI-UART

7.1. 개요

7.2. 이론

　7.2.1. SCI 구성

　7.2.2. 시리얼 통신 소개

　7.2.3. SCI-UART

　7.2.4. 하드웨어 동작 원리

　7.2.5. 회로도 및 핀맵

　7.2.6. SCI-UART FSP Configuration

　7.2.7. SCI-UART 레지스터 설정

7.3. 실습

　7.3.1. 실습 1: SCI-UART 기반 LED 제어

　7.3.2. 실습 2: 카이사르 암호 생성기

　7.3.3. 실습 3: 음료 자판기

7.1

개요

    시리얼 통신은 메시지를 비트 단위로 전송하는 방법으로, 과거부터 현재에 이르기까지 광범위하게 사용되어왔다. 해당 통신 방식은 단순함과 비용 효율성으로 많은 전자기기와 시스템에서 기본적인 메시지 전송 수단으로 활용된다. 시리얼 통신은 적은 양의 통신 회선만을 이용하여 메시지를 전송할 수 있어, 시스템 설계가 간단하며 비용 절감이 가능하다. 이러한 특성 때문에 시리얼 통신은 소형화가 필요한 모바일 기기나 공간이 제한적인 응용 분야에서 자주 사용되고 있다. 최근에는 IoT와 같은 스마트 기기의 확산으로 시리얼 통신의 중요성이 더욱 커지고 있다. 대표적인 시리얼 통신 방법으로는, UART, SPI, IIC 등이 있다.

    UART는 가장 널리 사용되는 시리얼 통신 방법으로, 대표적인 비동기 통신이다. 해당 통신 방법은 오직 두 개의 통신 회선만으로 장치 간 메시지를 주고받을 수 있다. 이와 달리, 동기 통신에 속하는 SPI와 IIC는 좀 더 복잡한 통신 시스템을 사용한다. 각각의 시리얼 통신 방법은 시스템 환경에 따라 선택적으로 사용될 수 있다. 본 실습에서는 시리얼 통신 방식 중, UART에 대해 집중적으로 살펴볼 것이다.

7.2

이론

7.2.1. SCI 구성

SCI는 여러 가지 시리얼 통신 방법을 지원하는 통합 인터페이스이다. 실습 보드의 MCU에서 사용하는 SCI 모듈은 UART, 간소화된 SPI 및 IIC, 8비트 동기 통신, 스마트카드 통신 등 5가지 비동기 및 동기 통신 방법을 지원한다. 사용자는 통합 인터페이스인 SCI를 통해 주변 회로 수정을 최소화하면서 자유롭게 통신 방법을 선택할 수 있다.

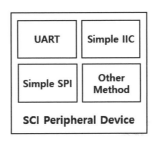

그림 7-1. SCI 모듈 구성

그림 7-2는 SCI를 기반으로 통신 시스템을 설계하는 경우와 그렇지 않은 경우를 비교한 것이다. 기존 임베디드 시스템에서는 통신 방식에 대한 모듈

이 개별적으로 존재했다. 최근 들어 이러한 통신 모듈을 통합함으로써 단일 인터페이스를 제공하는 방향으로 나아가고 있다. SCI와 같은 통합 인터페이스를 사용하면, 응용 프로그램 개발자가 통신 방식별 하드웨어 구조를 일일이 이해할 필요가 없다. 오직 소프트웨어적인 스위칭만으로 통신 방식을 자유롭게 선택할 수 있어, 하드웨어 계층의 추상화(Abstraction)가 가능하다. 또한, 매번 회로를 수정할 필요가 없어 비용을 절감할 수 있고, 제약 없이 소프트웨어를 수정 및 보완할 수 있다.

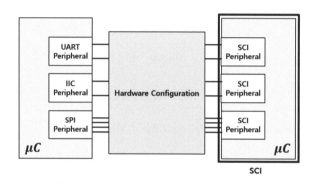

그림 7-2. 통합 인터페이스의 적용 사례

본 실습에서는 5가지 SCI 모듈 구성 요소 중, 3가지(UART, SPI, IIC) 통신 방법에 대해 살펴볼 것이다. 이에 앞서, 동기 통신과 비동기 통신에 대해 이해할 필요가 있다. 동기 통신은 송신 측 장치에 동기화하여 일정 주기마다 반복적으로 메시지를 전송하는 방법이다. 이는 비동기 통신에 비해 빠른 전송 속도를 갖지만, 메시지를 송/수신하지 않을 때도 동기화를 위한 제어 신호를 주기적으로 주고받아야 하는 단점이 있다. 비동기 통신은 장치 간 동기화 없이 자유롭게 메시지를 주고받는 방법이다. 즉, 메시지 전송 간격이 일정하지 않을 수 있다. 비동기 통신의 경우, 메시지 구분을 위해 데이터의 앞뒤로 시작 비트와 정지 비트를 추가하는 대신, 메시지를 송/수신하지 않을 때는 제어 신호를 주고받을 필요가 없다.

7.2.2. 시리얼 통신 소개

1) 시리얼 통신 방법

1-1) UART

그림 7-3과 같이, UART는 두 가지 통신 회선("TX", "RX")을 사용한다. 특정 장치는 "TX"를 통해 메시지를 송신하고, "RX"를 통해 메시지를 수신한다.

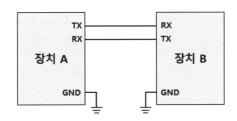

그림 7-3. UART 시스템 구성 예시

시리얼 통신인 UART는 모든 메시지를 1비트 단위로 전송한다. 메시지는 특정 단위의 데이터 묶음으로 나누어 전송되는데, 모든 데이터 묶음은 앞/뒤로 시작 비트와 정지 비트를 붙여야 한다. 이에 해당하는 UART 프레임 구성은 뒤에서 서술할 것이다. UART는 통신 방식이 굉장히 단순하다 보니, 통신 시스템 구현이 쉽고 비용이 저렴하다. 또한, UART는 송/수신용 통신 회선이 분리되어 있어, 양측에서 동시에 메시지를 전송할 수 있다.

1-2) IIC

IIC는 근거리에서의 일대다 통신을 위한 시리얼 통신 방법으로 I2C라고도 한다. 그림 7-4와 같이, I2C는 두 가지 통신 회선("SCL", "SDA")을 사용한다. I2C는 기본적으로 한 대의 "Master" 장치와 여러 대의 "Slave" 장치 간 메시지를 주고받는 통신 방법이다. "Master" 장치는 "SCL"을 통해 "Slave" 장치들에 시리얼 클럭을 제공한다. 해당 클럭은 "Master" 장치와 "Slave" 장치 간 송/수신 타이밍을 동기화한다.

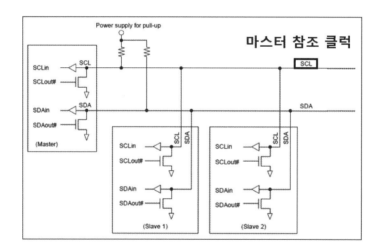

그림 7-4. I2C 통신 시스템 구성 예시

모든 메시지는 "SDA" 통신 회선을 통해 주고받을 수 있으며, 해당 회선을 "I2C 버스"라고 정의한다. I2C 버스에서의 모든 통신 과정은 "Master" 장치가 주도적으로 진행한다. "Slave" 장치들은 자유롭게 메시지를 전송할 수 없고, "Master" 장치가 허용한 타이밍에만 메시지를 전송할 수 있다.

I2C는 오직 하나의 통신 회선만을 사용하기 때문에, 동시에 여러 장치가 메시지를 주고받을 수 없다. 이러한 방식을 반이중 통신이라고 정의한다. I2C는 적은 비용으로 일대다 통신 시스템을 구축할 수 있는 대신, 통신 속도는 다른 통신 방식에 비해 느린 편이다. 해당 통신 방식은 주로 EEPROM이나 ADC/DAC 모듈처럼 다수의 채널 혹은 장치로부터 정보를 주고받는 분야에서 사용한다.

1-3) SPI

SPI는 I2C와 마찬가지로, 근거리에서의 일대다 통신을 위한 시리얼 통신 방법이다. 그림 7-5와 같이, SPI는 I2C보다 통신 시스템이 복잡한 대신, 동시에 여러 장치가 메시지를 주고받을 수 있는 장점이 있다.

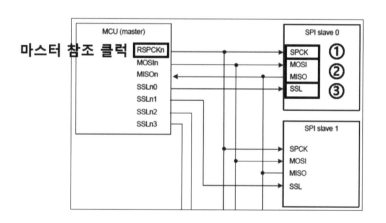

그림 7-5. SPI 통신 시스템 구성 예시

SPI는 네 가지 통신 회선("SPCK", "MOSI", "MISO", "SS")을 사용한다. SPI도

한 대의 "Master" 장치와 여러 대의 "Slave" 장치 간 메시지를 주고받는 통신 방법이다.

① "Master" 장치는 "SPCK"를 통해 "Slave" 장치들에 시리얼 클럭을 제공한다. 해당 클럭은 "Master" 장치와 "Slave" 장치 간 송/수신 타이밍을 동기화하기 위한 용도이다.

② SPI는 두 가지의 데이터 통신 회선("MOSI", "MISO")을 사용한다. 해당 회선들을 "SPI 버스"라고 정의한다. 송/수신용 통신 회선이 독립적으로 존재하므로, SPI 버스에서는 여러 대의 장치가 동시에 메시지를 주고받을 수 있다. 이러한 방식을 전이중 통신이라고 정의한다.

③ 해당 버스에서 "Master" 장치는 "SS" 회선을 통해 특정 "Slave" 장치를 선택할 수 있다. "Slave" 장치들은 자유롭게 메시지를 전송할 수 없고, 오직 "Master" 장치의 선택을 받았을 때만, 시리얼 클럭에 맞춰 메시지를 전송할 수 있다.

SPI는 비교적 빠른 속도로 정밀하게 메시지를 주고받을 수 있지만, SPI 버스에 연결되는 장치가 많아질수록 통신 시스템이 복잡해지는 단점이 있다. 해당 통신 방식은 SD 카드와 같이 대용량의 데이터를 신속하고 정확하게 전송해야 하는 분야에서 주로 사용한다.

2) 시리얼 통신 관련 지식

2-1) 전송 방식

앞서 I2C는 반이중 통신이고, SPI는 전이중 통신이라고 하였다. 이제 전송 방식인 반이중(Half-duplex)과 전이중(Full-duplex) 통신에 대해 살펴보겠다.

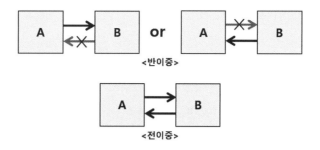

그림 7-6. 반이중 방식과 전이중 방식

그림 7-6은 각 전송 방식의 동작 과정을 표현한 것이다. 반이중 통신은 장치 간 메시지를 동시에 주고받는 것이 불가능하다. 즉, 한 시점에 오직 한 방향으로만 메시지를 전송할 수 있다. 반면에, 전이중 통신은 장치 간 메시지를 동시에 주고받을 수 있다. 따라서 전이중 통신의 경우, 상대방의 송신 여부와 상관없이 메시지를 자유롭게 전송할 수 있다.

IIC는 단일 통신 회선을 사용하므로, 양측에서 동시에 메시지를 주고받을 수 없다. 반면, UART와 SPI는 송/수신 통신 회선이 구분되어 있어, 전이중 방식으로 통신할 수 있다.

2-2) Bit Rate / Baud Rate

시리얼 통신은 메시지를 비트 단위로 전송하기 때문에, 얼마나 빠른 속도로 많은 양의 비트를 전송할 수 있는지가 중요하다. 이에 대한 지표를 "Bit Rate"라고 정의한다. "Bit Rate"의 단위는 "bps(bits/second)"이며, 이는 1초당 몇 개의 비트를 전송할 수 있는지를 의미한다. 이와 비슷한 개념으로 "Baud Rate"가 있다. "Baud Rate"는 1초당 몇 개의 데이터 묶음을 전송할 수 있는지에 대한 지표이다. "Bit Rate"와 "Baud Rate"는 엄밀히 다른 개념이다. 그러나 비트 단위로 메시지를 전송하는 시리얼 통신에서는 데이터 묶음 단위가 1비트이므로 두 가지 지표를 동일하게 취급할 수 있다. 주의할 점은, 데이터 묶음 단위가 1비트가 아닌 병렬 통신의 경우, 두 가지 지표를 혼용할 수 없다. 예를 들어, "Bit Rate"가 9600bps인 통신 시스템에서 8비트 단위로 메시지를 전송한다고 가정하자. 해당 경우는 두 장치 사이에서 8개의 통신 회선을 사용하며, 병렬로 8비트씩 데이터 묶음을 전송하는 것이다. 이때 "Baud Rate"는 1초당 8비트로 데이터 묶음을 얼마나 전송할 수 있는지를 의미하므로, 다음과 같이 계산된다.

$$baud\ rate\ =\ \frac{bit\ rate}{unit\ of\ symbol}\ =\ \frac{9600[bit/s]}{8[bit/symbol]}\ =\ 1200[Baud]$$

7.2.3. SCI-UART

본 실습에서는 SCI 모듈 기반의 UART를 다루기 때문에, 해당 통신 명칭을 SCI-UART로 지칭하겠다.

1) OSI 7계층

모든 유선 통신은 반드시 그림 7-7과 같은 OSI 7계층 모델에 따라 이뤄진다. OSI 7계층은 "9. Ethernet 통신" 실습에서 상세히 설명할 것이다.

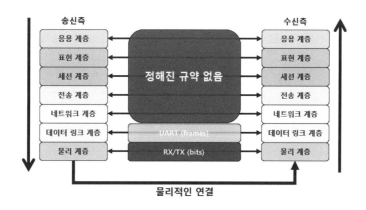

그림 7-7. SCI-UART의 OSI 7계층 모델

해당 모델의 네트워크 계층부터 표현 계층까지는 SCI-UART와 관련한 규약이 명시되어 있지 않다. 따라서 SCI-UART는 단순히 물리 계층과 데이터 링크 계층의 규약만 준수하면, 응용 프로그램 간 메시지를 주고받을 수 있다.

2) SCI-UART 프레임 구성

그림 7-8과 같이, 응용 프로그램에서 정의된 메시지는 데이터 링크 계층에서 "프레임(Frame)"으로 포장된다. SCI-UART 프레임에는 시작 비트, 패리티 비트, 정지 비트가 포함된다. 시작 비트와 정지 비트는 프레임 전송의 시작과 끝을 알리는 용도이다. 패리티 비트는 프레임의 오류 검출을 위한 용도이다. 이렇게 완성된 프레임은 물리 계층에서 비트 단위로 전송된다. 즉, 이진 부호로 구성된 프레임이 전기적인 신호로 변환되는 것이다.

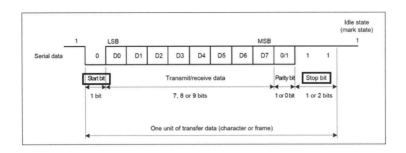

그림 7-8. SCI-UART 프레임 구성

3) ASCII 코드

우리가 주고받는 메시지는 한글, 영어, 일본어 등의 언어로 구성된다. SCI-UART와 같은 통신을 통해 해당 메시지를 주고받으려면, 임베디드 시스템에서 이해할 수 있는 수준으로 변환할 필요가 있다. 이를 위해 1963년 미국 ANSI에서 정보 교환을 위한 ASCII 코드를 표준화하였다. ASCII 코드는 '0x00'부터 '0x7F'까지의 이진 부호에 알파벳 등의 문자를 할당한 7비트 부호 체계이다. 그림 7-9는 ASCII 코드의 일부 목록을 나타낸다. 이를 참고하면, "A", "b"는 각각 '0x41', '0x62'로 표현될 수 있다.

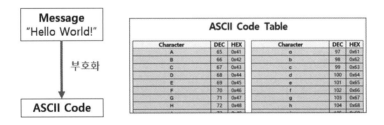

그림 7-9. ASCII 코드 기반 부호화

4) Carriage Return 및 Line Feed

ASCII 코드는 일반 문자 외에도 제어 문자에 대응하는 이진 부호를 함께 포함한다. 여기서 제어 문자는 줄 바꿈, 백스페이스 등 사용자가 키보드와 같은 장치를 통해 입력할 수 있는 명령을 의미한다.

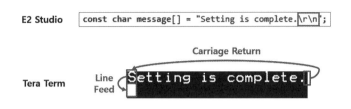

그림 7-10. Carriage Return 및 Line Feed의 활용

응용 프로그램에서 전송한 SCI−UART 메시지를 컴퓨터상에 출력할 때, 사용의 편의성을 위해 일부 제어 문자를 활용할 수 있다. 대표적인 제어 문자로는 "Carriage Return"과 "Line Feed"가 있다. "Carriage Return"은 현재 줄의 맨 앞으로 커서를 이동시키는 명령으로, 제어 문자는 "\r"이다. "Line Feed"는 다음 줄로 커서를 이동시키는 명령으로, 제어 문자는 "\n"이다. ASCII 코드를 이용하여 해당 제어 문자들을 변환하면, 각각 '0x0D'와 '0x0A'다.

5) 메시지 전송 과정

앞에서 살펴본 내용을 종합하여 SCI−UART 기반 메시지 전송 과정을 살펴보도록 한다.

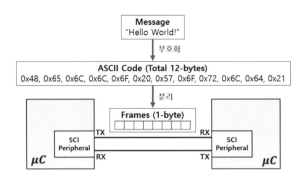

그림 7-11. SCI-UART 기반 메시지 전송 과정

먼저, 우리가 전송하고 싶은 메시지를 임베디드 시스템이 이해할 수 있는 형태로 변환해야 한다. 이 과정에서 ASCII 코드가 활용된다. 그림 7-11과 같이, "Hello World!"라는 메시지는 ASCII 코드에 따라 12바이트의 이진 부호로 변환된다. 이때 공백문자도 하나의 이진 부호로 표현되므로 주의하길 바란다. 이러한 메시지는 SCI-UART를 통해 한 번에 전송할 수 없다. 즉, 해당 메시지를 1바이트씩 쪼개어 여러 개의 프레임으로 구성해야 한다. 12개의 프레임은 SCI 모듈에서 전기적인 신호로 변환하여 비트 단위로 전송한다.

7.2.4. 하드웨어 동작 원리

해당 파트에서는 SCI-UART에 대한 하드웨어 동작 과정을 살펴볼 것이다. 그림 7-12는 MCU 내부 SCI 모듈과 프로세서 간 상호작용이 어떻게 이뤄지는지 나타낸 것이다.

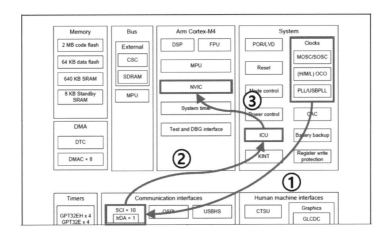

그림 7-12. MCU 내부에서의 SCI-UART 동작 흐름도

① MCU 내부 SCI 모듈은 반드시 시스템으로부터 클럭을 공급받아야 한다. 즉, 일정한 통신 속도로 메시지를 전송하기 위해, SCI 모듈은 시스템에서 제공하는 "Clock Source"에 동기화해야 한다.

② SCI 모듈은 통신 과정에서 이벤트를 발생시켜 프로세서에 특정 상황을 알릴 수 있다. SCI 모듈이 발생시킨 인터럽트 신호는 ICU로 전달된다.

③ ICU로 전달된 인터럽트 신호는 NVIC로 전달된다. 프로세서는 NVIC를 통해 SCI-UART 관련 IH를 호출할 수 있다.

그림 7-12와 같이 SCI 모듈은 10개의 채널을 지원하는데, 실습 보드에서는 3가지 채널에 대한 핀 헤더만을 제공한다. 별도로 통신 시스템을 설계하지 않는 한, 사용자는 "SCI0", "SCI3", "SCI5" 채널만을 사용할 수 있다. 그림 7-13은 SCI 모듈의 채널별 내부 구성을 나타낸 것이다.

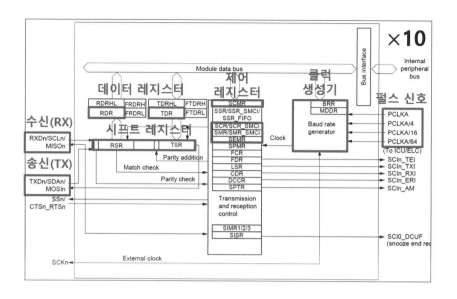

그림 7-13. SCI 모듈의 채널별 내부 구성도

시스템으로부터 공급받은 펄스 신호("Clock Source")는 클럭 생성기를 통해 한번 가공된 후 사용할 수 있다. 이는 해당 신호가 사용자가 설정한 통신 속도에 알맞은 주파수를 갖는다는 보장이 없기 때문이다. 클럭 생성기는 타이머의 분주기와 동일한 역할이다. SCI 모듈은 클럭 생성기의 출력 신호에 동기화하여 메시지를 비트 단위로 전송한다.

SCI 모듈은 메시지 전송에 있어 이중 버퍼 구조를 사용한다. 응용 프로그램이 메시지를 정의한 후 데이터 레지스터로 전달하면, 해당 메시지는 시프트 레지스터로 옮겨진다. 이후 시프트 레지스터에 저장된 메시지에 시작 및 정지 비트와 패리티 비트를 추가하여 SCI-UART 프레임을 생성한다. 마지막으로 해당 프레임은 "TX"를 통해 비트 단위로 전송된다. 반대로, "RX"를 통해 SCI-UART 프레임이 비트 단위로 입력되면, 해당 프레임의 메시지는 시프트 레지스터에 순서대로 저장된다. 이후 메시지는 패리티 검사를 거친 후 데이터 레지스터로 옮겨진다. 이때 수신 인터럽트가 발생하며, 프로세서는 데이터 레지스터에 접근하여 메시지를 읽을 수 있다.

7.2.5. 회로도 및 핀맵

이제 실습 보드에서 어떤 방식으로 SCI 모듈 관련 회로를 구성하였는지 확인할 것이다. 앞서 설명했듯이, 실습 보드에서 사용할 수 있는 SCI 모듈 채널은 "SCI0", "SCI3", "SCI5"다. 이에 대한 회로도는 그림 7-14를 통해 확인할 수 있다.

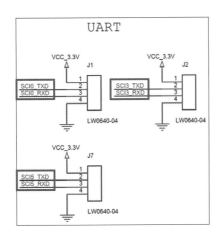
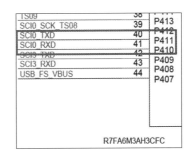

그림 7-14. SCI 모듈 관련 회로도 및 핀맵

본 실습에서는 "SCI0" 채널을 사용하며, 해당 채널의 핀 번호를 정리하면 표 7-1과 같다. 이는 FSP Configuration 설정에서 사용할 것이다.

표 7-1. SCI-UART 관련 MCU 핀맵

파트명	포트번호	MCU 핀 번호
SCI0_TXD	P411	40
SCI0_RXD	P410	41

7.2.6. SCI-UART FSP Configuration

해당 파트에서는 E2 Studio 개발환경의 SCI−UART에 대한 FSP Configu-ration 설정 방법을 살펴볼 것이다. 프로젝트 생성은 이전 실습들과 동일하게 진행하면 된다.

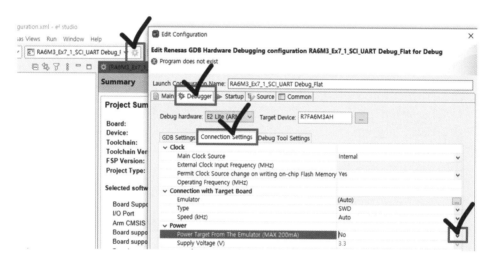

그림 7-15. SCI-UART 관련 Edit Configuration 설정

프로젝트 생성 후 그림 7−15와 같이 외부 전원 옵션을 설정한다. SCI−UART도 외부 전원을 사용하기 때문에 이처럼 설정해야만 한다.

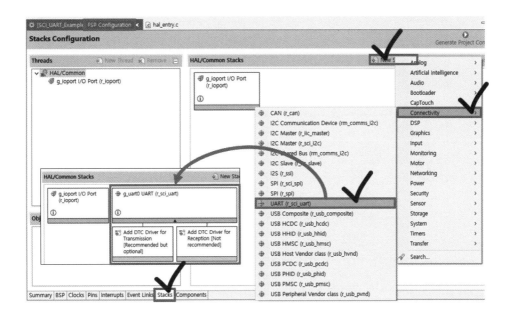

그림 7-16. SCI-UART의 FSP Configuration 설정 (1)

프로젝트 생성 후 FSP Configuration XML 파일을 열고, 그림 7-16과 같이 SCI-UART HAL 스택을 생성한다. 이제 SCI-UART HAL 스택에 대한 "Properties" 창을 열면 된다. 이 과정은 그림 7-17과 같다.

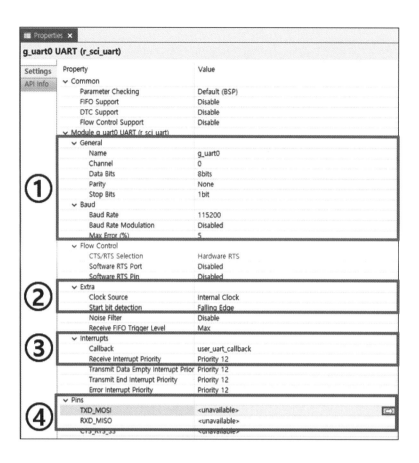

그림 7-17. SCI-UART의 FSP Configuration 설정 (2)

① 본 실습에서는 SCI 모듈의 "SCI0" 채널을 사용하므로 채널("Channel")을 '0'
으로 설정한다. SCI-UART는 설정에 따라 7, 8, 9비트의 메시지를 송/수
신할 수 있다. 본 실습에서는 8비트의 메시지를 송/수신할 것이므로, 데이
터 비트("Data Bits")는 8비트로 설정한다. 패리티("Parity") 비트는 본 실습에
서 사용하지 않으므로 "None"으로 설정한다. 정지 비트("Stop Bits")는 1비
트로 설정하고, "Baud Rate"는 115200bps로 설정한다.

② 해당 설정 항목은 "Clock Source"를 결정하고, 시작 비트를 어떤 엣지로 판

단할지 결정하는 부분이다. 실습에서 크게 건드릴 필요가 없어, 초기 설정 그대로 사용한다.

③ 해당 설정 항목은 SCI-UART에 대한 Callback 함수와 인터럽트 우선순위를 지정하는 용도이다. SCI-UART에 대한 이벤트가 발생했을 때, 이를 다루기 위한 Callback 함수 "user_uart_callback( )"을 할당한다.

④ 해당 영역은 SCI 모듈의 송/수신 핀 설정 용도이다. 우측의 화살표를 누르거나, "Pin Selection"에서 "Peripherals" → "Connectivity:SCI" → "SCI0" 순으로 들어가면 그림 7-18과 같이 나타난다.

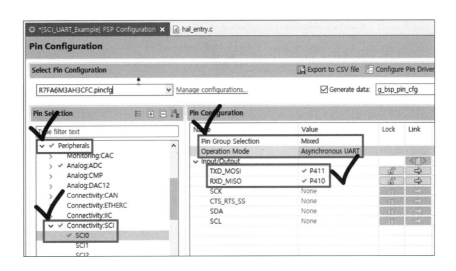

그림 7-18. SCI-UART의 FSP Configuration 설정 (3)

그림 7-14를 통해 SCI-UART 관련 회로 구성을 살펴보았다. 이를 기반으로 "TX" 핀에는 "P411"을, "RX" 핀에는 "P410"을 할당한다.

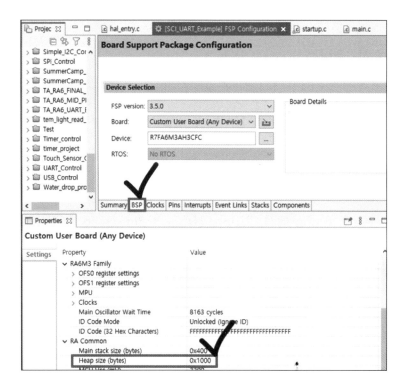

그림 7-19. SCI-UART의 FSP Configuration 설정 (4)

이를 완료한 뒤, 그림 7-19와 같이 추가 설정을 진행한다. 실습 코드를 작성하면서 "malloc( )"과 같이 동적 할당에 관한 함수를 사용하게 되는데, 이를 위해 메모리에 "Heap" 영역을 할당해야 한다. 본 실습에서는 해당 "Heap size"를 '0x1000'으로 설정한다.

7.2.7. SCI-UART 레지스터 설정

해당 파트에서는 SCI-UART 관련 레지스터에 대해 살펴볼 것이다. 레지스터를 살펴보면서, 어떤 기능을 구현하고 있는지 확인하여 이해를 다지도록 한다.

1) "Receive/Transmit Shift & Data Register" (RSR/TSR & RDR/TDR)

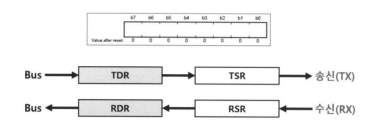

그림 7-20. TDR/TSR & RDR/RSR 데이터 버퍼 형태

송신 과정에서는 프로세서가 내부 버스를 통해 "TDR"에 데이터를 전달한다. 해당 데이터는 자동으로 "TSR"로 옮겨지고, 패리티 비트와 시작, 정지 비트를 추가하여 프레임 형태로 포장된다. 이후 "TX"를 통해 수신 측으로 전송된다.

수신 과정은 이와 반대로 동작한다. 수신 측으로부터 데이터 프레임이 "RX"를 통해 전송되면, "RSR"에 비트 단위로 저장된다. "RSR"이 가득 차면, 패리티 검사를 수행한 후 자동으로 "RDR"로 옮겨진다. 이때 인터럽트가 발생하며, 프로세서는 내부 버스를 통해 통신 데이터를 읽을 수 있다. 이러한 송/수신 과정을 통해 양방향 통신이 이루어진다.

2) "Serial Extended Mode Register" (SEMR)

SEMR은 시리얼 통신의 확장 기능을 설정하는 용도이다. 레지스터의 세부 설명은 그림 7-21을 통해 확인할 수 있다.

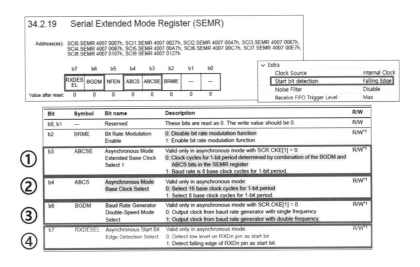

그림 7-21. SCI-UART 관련 레지스터 - SEMR

① "ABCSE" 필드는 시리얼 통신에서 1비트 구성 방법을 결정한다. 해당 필드를 '0'으로 설정할 경우, 1비트를 구성하는 클럭 펄스의 수를 "ABCS" 필드와 "BGDM" 필드의 조합으로 결정할 수 있다.

② "ABCS" 필드에서는 1비트를 16개의 클럭 펄스로 구성할지, 8개의 클럭 펄스로 구성할지 결정한다.

③ "BGDM" 필드를 '1'로 설정하면, "Double-Speed Mode"로 클럭 생성기의 출력 신호에 대한 주파수를 두 배로 설정할 수 있다.

④ "RXDESEL" 필드를 '1'로 설정 시, 논리값 "High"인 "Idle" 상태에서 하강 엣지가 발생하는 순간을 시작 비트로 감지한다.

3) "Smart Card Mode Register" (SCMR)

SCMR은 스마트카드 통신 제어를 위한 용도이나, 일부 비트 필드는 비동기 통신과 관련이 있다. 레지스터의 세부 설명은 그림 7-22를 통해 확인할 수 있다.

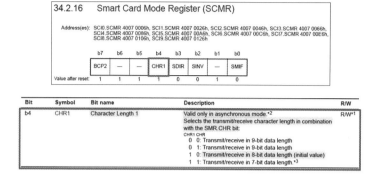

그림 7-22. SCI-UART 관련 레지스터 - SCMR

SCMR의 "CHR1" 필드와 SMR의 "CHR" 필드를 통해 비동기 통신의 송/수신 메시지 길이를 설정한다. SCI-UART는 일반적으로 8비트 단위로 메시지를 전송하지만, 메시지 전송 단위를 7비트 혹은 9비트로 변경할 수 있다.

4) "Serial Mode Register" (SMR)

SMR은 시리얼 통신의 기본 설정을 위한 용도이다. SMR의 비트 필드와 FSP Configuration 설정의 "General"을 비교하며 살펴보도록 하겠다. 레지스터의 세부 설명은 그림 7-23~7-24를 통해 확인할 수 있다.

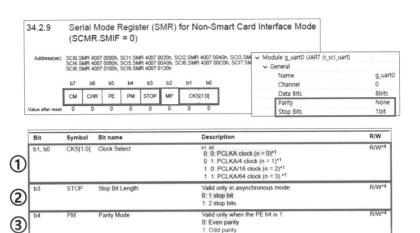

그림 7-23. SCI-UART 관련 레지스터 - SMR (1)

① "CKS" 필드를 통해 "PCLKA"의 분주비를 결정한다. "PCLKA"는 SCI-
UART의 "Clock Source"로 사용된다.

② "STOP" 필드를 '0'으로 설정하여 1개의 정지 비트를 사용한다.

③ "PM" 필드에서는 오류 검출 방식을 결정할 수 있다. 본 실습에서는 패리티
비트를 사용하지 않으므로 기본 설정을 유지한다.

Bit	Symbol	Bit name	Description	R/W
b5	PE	Parity Enable	Valid only in asynchronous mode: • When transmitting: 0: Do not add parity bit. 1: Add parity bit. • When receiving: 0: Do not check parity bit 1: Check parity bit.	R/W*4

b6	CHR	Character Length	Selects the transmit/receive character length in combination with the SCMR.CHR1 bit:
			CHR1 CHR
			  0 0: Transmit/receive in 9-bit data length
			  0 1: Transmit/receive in 9-bit data length
			  1 0: Transmit/receive in 8-bit data length (initial value)
			  1 1: Transmit/receive in 7-bit data length.*3
			Valid only in asynchronous mode.*2
				R/W*4

b7	CM	Communication Mode	0: Asynchronous mode or simple IIC mode 1: Clock synchronous mode or simple SPI mode.	R/W*4

그림 7-24. SCI-UART 관련 레지스터 - SMR (2)

① "PE" 필드에서는 패리티 비트 사용 여부를 결정한다.

② "CHR" 필드를 통해서는 앞서 언급한 것처럼, SCMR의 "CHR1" 필드와 함께 고려하여 송/수신 메시지 길이를 설정한다.

③ "CM" 필드에서는 통신 방식을 결정한다. SCI-UART는 비동기 통신이므로 해당 필드를 '0'으로 설정한다.

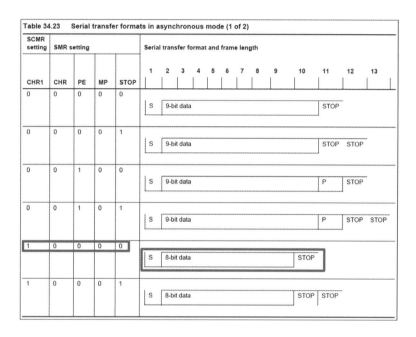

그림 7-25. SCI-UART 프레임 구성 예시

초기 설정을 그대로 유지할 경우 메시지 전송 프레임은 다음과 같이 구성된다. 시작 및 정지 비트는 1비트로 구성되고, 패리티 비트는 없으며, 메시지 길이는 8비트로 설정된다. 일부 설정을 바꾼다면 그림 7-25의 여러 가지 프레임 형태로 구성할 수 있다.

5) "Serial Control Register" (SCR)

SCR은 시리얼 통신 동작을 제어하는 용도이다. 레지스터의 세부 설명은
그림 7-26~7-27을 통해 확인할 수 있다.

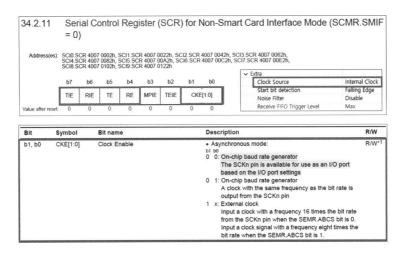

그림 7-26. SCI-UART 관련 레지스터 - SCR (1)

"CKE" 필드는 SCI 모듈의 "Clock Source" 관련 설정을 위한 용도이다.
'0b00'으로 설정할 경우 "SCKn" 핀을 일반 GPIO로 사용할 수 있고, '0b01'
로 설정할 경우 "SCKn" 핀을 통해 "Clock Source"를 출력하여 확인할 수 있
다. 해당 필드를 '0b1x'로 설정할 경우, 내부 시스템 클럭이 아닌, 외부로부터
입력된 신호를 SCI 모듈의 "Clock Source"로 사용할 수 있다.

Bit	Symbol	Bit name	Description	R/W
b4	RE	Receive Enable	0: Disable serial reception 1: Enable serial reception.	R/W*2
b5	TE	Transmit Enable	0: Disable serial transmission 1: Enable serial transmission.	R/W*2
b6	RIE	Receive Interrupt Enable	0: Disable SCIn_RXI and SCIn_ERI interrupt requests 1: Enable SCIn_RXI and SCIn_ERI interrupt requests.	R/W
b7	TIE	Transmit Interrupt Enable	0: Disable SCIn_TXI interrupt requests 1: Enable SCIn_TXI interrupt requests.	R/W

그림 7-27. SCI-UART 관련 레지스터 - SCR (2)

① "RE"와 "TE" 필드를 '1'로 설정함으로써 송/수신을 활성화한다.

② "RIE"와 "TIE" 필드를 '1'로 설정함으로써 송/수신 인터럽트 기능을 활성화
한다.

6) "Bit Rate Register" (BRR)

BRR은 시리얼 통신의 "Bit Rate" 설정을 위한 용도이다. 해당 레지스터는
8비트이므로 '0'~'255'의 값을 가질 수 있다. 사용자가 원하는 "Bit Rate"를 설
정하기 위해, 특정 수식에 따라 "Bit Rate" 및 클럭 생성기 설정에 알맞은
"BRR" 값을 계산해야 한다.

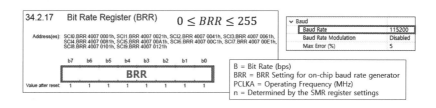

그림 7-28. SCI-UART 관련 레지스터 - BRR

$$BRR = \frac{PCLKA \times 10^6}{32 \times 2^{2n-1} \times B} - 1 = \frac{120 \times 10^6}{32 \times 2^{-1} \times 115200} - 1 \cong 64.1 \cong 64$$

"BRR" 값은 위의 수식과 같이 구할 수 있다. 각 변수에 대한 설명은 그림
7-28을 참고하길 바란다. 이때 변수 "n"은 SMR의 "CKS" 필드를 통해 결정
된다. 즉, 해당 값은 클럭 생성기의 분주비를 의미한다. 만약 115200bps의
"Bit Rate"를 사용하고 싶다면, BRR을 '0d64'로 설정하면 된다.

7.3

실습

시리얼 통신을 사용하는 모든 실습에서 반드시 다음과 같은 사항을 준수하길 바란다. 사용자는 디버깅 혹은 프로그램 삽입 등을 시도할 때, USB-Serial 모듈을 분리한 상태에서 진행해야만 한다. 이는 E2 Lite 디버거와 USB-Serial 모듈 간 충돌이 발생하여 실습 보드가 망가질 수 있기 때문이다. 즉, 항상 프로그램 삽입을 완료한 후 USB-Serial 모듈을 연결하면 된다.

7.3.1. 실습 1: SCI-UART 기반 LED 제어

1) 이론 및 환경 설정

1-1) Tera Term 설치

SCI-UART와 관련된 실습에서는, 메시지를 송/수신하는 과정을 육안으로 확인하고 분석하기 위해 Tera Term 프로그램이 필요하다. "2.4.3. Tera Term"에서 설치하는 방법에 대해 자세히 설명하였으므로, 해당 내용은 생략하도록 하겠다.

1-2) 하드웨어 연결

SCI-UART 실습에서는, 별도의 USB-Serial 모듈과 외부 전원을 사용한다. 그림 7-30~7-32를 참고하여 ① E2 Lite 디버거 케이블, ② 전원 케이블, ③ UART 통신 케이블을 실습 보드에 연결하길 바란다. 본 실습에서는 "SCI0" 채널을 사용하므로, UART 통신 케이블을 이용하여 실습 보드의 "SCI0" 핀 헤더와 USB-Serial("AD-USBSERIAL") 모듈을 연결한다.

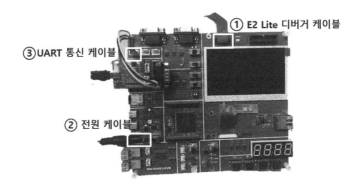

그림 7-30. SCI-UART 실습 하드웨어 구성도 (1)

그림 7-31. SCI-UART 실습 하드웨어 구성도 (2)

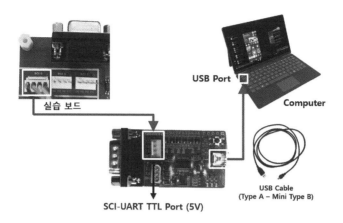

그림 7-32. SCI-UART 실습 하드웨어 구성도 (3)

1-3) 네트워크 설정

실습 보드와 USB−Serial 모듈을 연결하였다면, USB 케이블을 이용하여
해당 모듈과 PC를 연결한다. 만약 PC가 "USB Serial Port"를 제대로 인식하
지 못한다면, GitHub에서 제공하는 "AD−USBSERIAL Driver"를 설치해야
한다. 해당 과정을 모두 완료하고 장치가 제대로 인식되는지 확인하길 바란
다. 정상적으로 진행되었을 시 그림 7−33과 같이 표시된다.

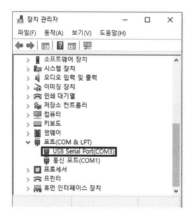

그림 7-33. USB Serial Port 정상 인식

2) 실습 방법

본격적으로 SCI−UART 실습을 진행하기 위해, Tera Term과 E2 Studio 기반 SCI−UART 예제 프로그램을 준비한다. 해당 프로그램은 GitHub에서 제공하는 "RA6M3_Ex7_1_SCI_UART.zip" 파일을 다운로드하면 된다. 그림 7−34~7−37을 참고하여 Tera Term 설정을 진행한 뒤, 다운로드한 파일을 실습 보드에서 실행한다. 해당 프로그램을 실행하면, "Setting is complete."라는 SCI−UART 메시지를 자동으로 전송한다. Tera Term에서 해당 메시지가 제대로 출력되는지 확인하길 바란다.

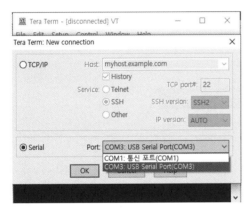

그림 7-34. Tera Term 설정 (1)

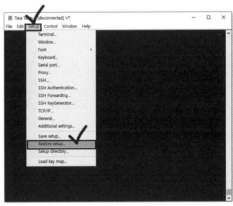

그림 7-35. Tera Term 설정 (2)

그림 7-36. Tera Term 설정 (3)

그림 7−35에서 "Restore setup…"을 클릭한 후, 그림 7−36과 같은 초기 설정 파일("TERATERM.INI")을 불러온다.

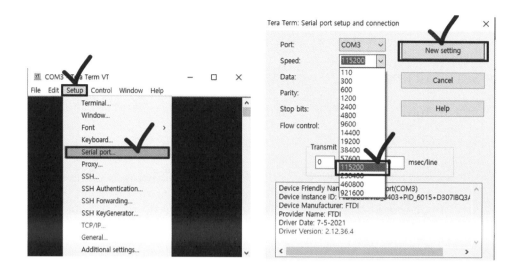

그림 7-37. Tera Term 설정 (4)

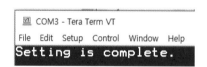

그림 7-38. Tera Term을 통해 메시지를 송신

그림 7-37까지 Tera Term 설정을 마치고 실습 보드에서 프로그램을 실행한다면, 그림 7-38과 같이 Tera Term에 메시지가 출력될 것이다. 이제 Tera Term에서 키보드로 "LED0"~"LED4"의 문자열을 각각 입력해보면 된다. 이때 각 문자열의 끝마다 엔터("LF + CR")키를 반드시 눌러야 한다. 실습 1 예제 프로그램에서는 전송된 문자열에 따라 LED를 제어할 수 있다. 이 과정을 도시하면 그림 7-39와 같다.

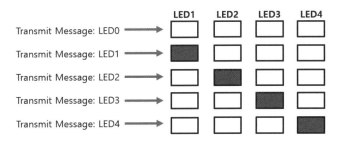

그림 7-39. 실습 1 예제 프로그램의 LED 제어 방식

3) 함수 기반 제어

그림 7-40~7-42는 실습 1에 대한 함수 기반 예제 프로그램이다. 예제 프로그램에 대한 설명은 다음과 같다.

```
#include "hal_data.h"
#include "string.h"
#include "stdlib.h"

FSP_CPP_HEADER
void R_BSP_WarmStart(bsp_warm_start_event_t event);
void user_uart_write(const char *msg, uint32_t const bytes);
void R_LED_Control(uint8_t number);
FSP_CPP_FOOTER

#define STX                 0x02
#define ETX                 0x03
#define CARRIAGE_RETURN     0x0D
#define LINE_FEED           0x0A

#define MESSAGE_MAX_SIZE    50

char                data[MESSAGE_MAX_SIZE] = {0};

char                tail[2] = {CARRIAGE_RETURN, LINE_FEED};
char                opcode[] = "LED";
volatile uint8_t    idx = 0;

* main() is generated by the RA Configuration editor and is used to
void hal_entry(void)
{
    const char message[] = "Setting is complete.";

    R_SCI_UART_Open(&g_uart0_ctrl, &g_uart0_cfg);
    user_uart_write(message, strlen(message));

    while(true);

#if BSP_TZ_SECURE_BUILD
}
```

그림 7-40. 실습 1 예제 프로그램의 "hal_entry.c" (1)

① 프로그램 동작에 필요한 각종 라이브러리와 구현한 함수를 미리 선언한다.

② 메시지의 시작과 끝을 의미하는 STX 및 ETX와 "Carriage Return" 및 "Line Feed"에 해당하는 ASCII 코드를 선언하였다.

③ 모든 메시지에 "Carriage Return"과 "Line Feed"를 붙여 전송하기 위해 "tail[2]"라는 배열을 선언하였다. 또한, 문자열 비교를 위해 "LED"문자열을 "opcode[ ]" 배열에 저장하였다.

④ "R_SCI_UART_Open( )"을 호출해 SCI 모듈 관련 레지스터들을 FSP Configuration에 맞게 설정한다. 또한, 초기 메시지 전송을 위해 "user_uart_write( )" 함수를 호출한다.

```
void user_uart_write(const char *msg, uint32_t const bytes)
{
    char *string = (char*)calloc(1, sizeof(char) * MESSAGE_MAX_SIZE);

    strcpy(string, msg);
    strcat(string, tail);

    R_SCI_UART_Write(&g_uart0_ctrl, (unsigned char*)string, bytes + 2);
    free(string);
}
```
⑤

```
void R_LED_Control(uint8_t number)
{
    switch(number)
    {
        case 0:
            R_PORT10->PCNTR1 = 0x07000700;
            R_PORT11->PCNTR1 = 0x00010001;
            break;
        case 1:
            R_PORT10->PCNTR1 = 0x06000700;
            R_PORT11->PCNTR1 = 0x00010001;
            break;
        case 2:
            R_PORT10->PCNTR1 = 0x05000700;
            R_PORT11->PCNTR1 = 0x00010001;
            break;
        case 3:
            R_PORT10->PCNTR1 = 0x03000700;
            R_PORT11->PCNTR1 = 0x00010001;
            break;
        case 4:
            R_PORT10->PCNTR1 = 0x07000700;
            R_PORT11->PCNTR1 = 0x00000001;
            break;
    }
}
```
⑥

그림 7-41. 실습 1 예제 프로그램의 "hal_entry.c" (2)

⑤ "user_uart_write( )" 함수는 문자열 포인터 "*string"에 매개변수로 입력받은 메시지를 복사하고, "strcat( )"을 이용하여 "tail[2]"에 저장된 제어 문자와 결합한다. 이후 "R_SCI_UART_Write( )"를 이용하여 SCI-UART 프레임을 전송한다.

⑥ 해당 함수는 메시지에 포함된 숫자에 따라 실습 보드에서 해당하는 LED 점등 상태를 변환하는 용도이다. 이에 관한 내용은 그림 7-39를 통해 이미 설명한 바 있다.

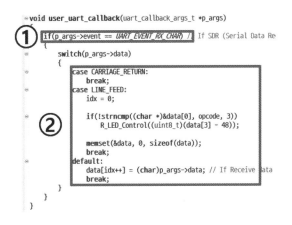

그림 7-42. 실습 1 예제 프로그램의 "hal_entry.c" (3)

그림 7-42에는 Callback 함수를 정의하였다. 실습 1 구성은 PC에서 "LED1", "LED2"와 같은 문자열을 포함하여 SCI-UART 메시지를 전송했을 때, 실습 보드에서 해당하는 LED를 제어하는 것이었다. 이를 위해 SCI-UART에 대한 Callback 함수를 설계해야 한다.

① SCI-UART 관련 이벤트가 발생할 때마다 프로세서는 Callback 함수에 접근한다. 이후 해당 이벤트가 프레임 수신으로 인해 발생한 것인지 확인한다.

② PC의 Tera Term에서 입력한 메시지는 전부 "Carriage Return"과 "Line Feed"를 포함한다. 따라서 "Line Feed" 제어 문자를 수신했을 때, 하나의 메시지를 전부 받았다고 가정한다. 이를 구분하기 위해 Switch문을 사용하였다. "strncmp( )"는 "opcode"에 저장된 "LED" 문자열과 SCI-UART를 통해 수신한 메시지의 상위 3바이트가 일치하는지 확인한다. 비교한다. 만약 일치한다면, "R_LED_Control( )"을 호출한다. 이 함수는 "data" 배열의 네 번째 바이트 값을 이용하여 LED 번호를 확인하고, 해당하는 LED의 점등 상태를 변환하는 용도이다.

4) 실습 결과

이제 Tera Term에 문자열을 입력했을 때, 실습 보드에 어떻게 반영되는지 살펴보자.

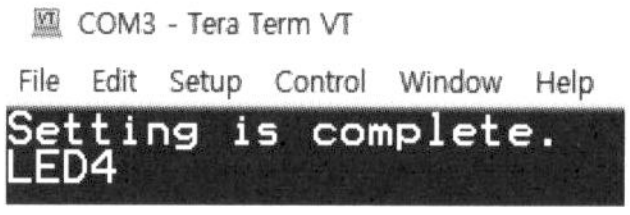

그림 7-43. 실습 1 Tera Term 결과

그림 7-44. 실습 1 실행 결과

예제 프로그램을 실행한 후 실습 보드와 USB-Serial 모듈을 연결하고, Tera Term을 실행하여 "LED4"라는 메시지를 입력하였다. 이에 관한 결과는 그림 7-43~7-44와 같다. 이를 통해 "LED4(PB00)"가 켜진 것을 확인할 수 있다.

7.3.2. 실습 2: 카이사르 암호 생성기

1) 실습 방법
알파벳을 N개의 글자만큼 이동시키는 암호화 프로그램을 설계한다.

1-1) 실습 조건
- Tera Term에 "key = ?"를 출력하고, PC(사용자)에서 "key = 값(자연수)"을 입력한다.
- 자연수가 입력되었다면, "key set. Ready to encrpyt!" 메시지를 전송한다.
- PC에 문자열을 입력하면, 문자열이 해당 "key" 값만큼 뒤에 있는 문자들로 변환되어 출력한다.
- "z"와 같이 자연수 "key" 값만큼 이동시켰을 때 해당하는 문자가 없다면, "z" 다음에 "a"부터 이동한다.

1-2) 실습 결과
예시) "key = 3" 입력 후 "HELLO" 입력시 "KHOOR" 출력

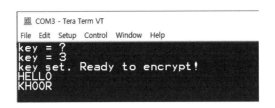

그림 7-45. 실습 2 Tera Term 결과

7.3.3. 실습 3: 음료 자판기

1) 실습 방법

스위치를 눌러 음료를 주문할 수 있는 음료 자판기를 설계한다. 원하는 음료의 수량만큼 스위치를 누르고, "SW4"를 누르면 해당 주문 내용을 통해 가격을 PC로 전송한다.

1-1) 실습 조건

- SW1: 아이스 아메리카노(4,000원) + FND "Digit 1" 증가
- SW2: 아이스 카라멜마끼야또(5,500원) + FND "Digit 2" 증가
- SW3: 아이스 자몽허니블랙티(5,000원) + FND "Digit 3" 증가
- SW4: 주문 완료 스위치
- FND "Digit 4"는 사용하지 않으며, FND "Digit 1"~"Digit 3"의 초기 상태는 '000'을 유지한다.
- 각 음료는 최대 9잔까지 주문할 수 있다.
- 주문 완료 스위치를 눌렀을 시, "$" 기호와 함께 주문한 음료의 가격을

PC로 전송한다.

1-2) 실습 결과

예시) "SW1": 3번, "SW2": 5번, "SW3": 1번 누른 뒤 "SW4" 누르기

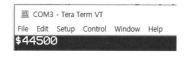

그림 7-46. 실습 3 Tera Term 결과

그림 7-47. 실습 3 실행 결과

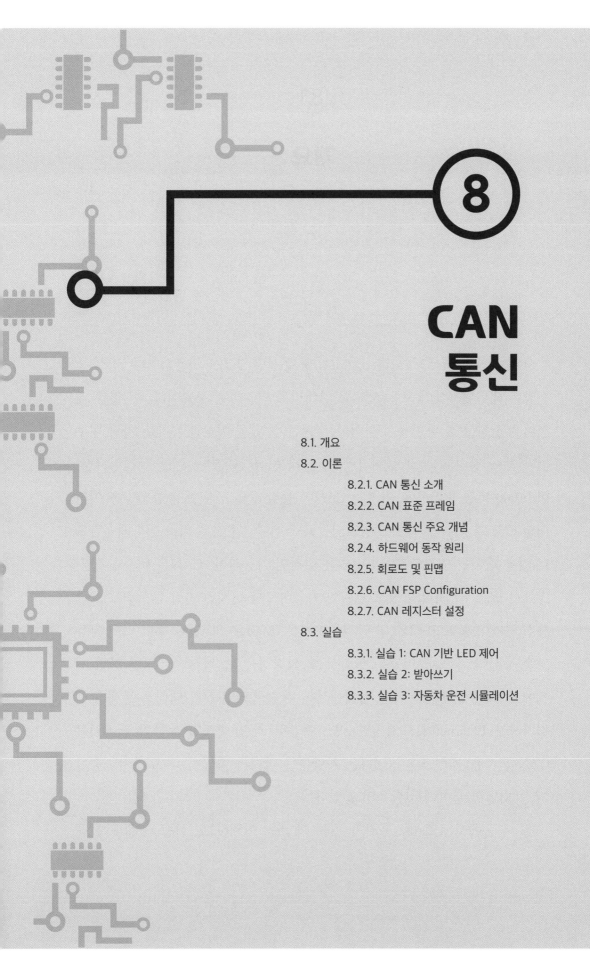

8

CAN
통신

8.1. 개요
8.2. 이론
8.2.1. CAN 통신 소개
8.2.2. CAN 표준 프레임
8.2.3. CAN 통신 주요 개념
8.2.4. 하드웨어 동작 원리
8.2.5. 회로도 및 핀맵
8.2.6. CAN FSP Configuration
8.2.7. CAN 레지스터 설정
8.3. 실습
8.3.1. 실습 1: CAN 기반 LED 제어
8.3.2. 실습 2: 받아쓰기
8.3.3. 실습 3: 자동차 운전 시뮬레이션

8.1

개요

초창기의 차량 네트워크는 망(Mesh)형 통신망 구조를 사용하였다. 망형 통신망은 네트워크상의 모든 노드를 일대일로 연결하는 구조이다. 이 경우 배선이 복잡하고 설계 비용이 늘어나는 단점이 있다. 이러한 문제는 차량 내부 전자 제어 장치(ECU)가 늘어남에 따라 더욱 심각해졌다. 이를 해결하고자, 버스(Bus)형 통신망 구조 기반의 CAN이 등장하였다. 버스형 통신망은 여러 대의 ECU가 하나의 버스에 연결되는 구조이다. 이 경우 최소한의 배선만으로 많은 장치를 연결할 수 있어 비용 절감이 가능하다. CAN은 버스형 통신망에서 ECU 간 최적의 정보 교환이 가능하도록 설계된 차량 네트워크 표준 통신 규약이다. SPI나 I2C와 달리, CAN은 "Master-Slave" 구분이 없어 자유로운 통신이 가능하며, 높은 신뢰성 및 확장성을 보장한다. 이러한 장점 덕분에 CAN은 오랫동안 차량 업계에서 널리 사용되어왔다. 대역폭 문제를 해결하고자 Ethernet이 도입되었지만, 여전히 차량 네트워크 하위 단에서는 CAN을 사용한다. 또한, CAN은 차량뿐만 아니라 항공기, 의료 장비, 승강기 등 다양한 분야에서 활용되고 있다.

본 실습에서는 CAN 통신의 기본 개념을 이해하고, 실습 예제를 통해

CAN 통신 체계 및 동작 과정을 전반적으로 이해하고자 한다.

이론

8.2.1. CAN 통신 소개

1) CAN 통신 방법

CAN은 차량 네트워크에서 ECU 간 정보를 주고받기 위한 표준 통신 규약이다. "Master-Slave" 방식을 사용하는 SPI나 I2C와 달리, CAN은 "Multi-master" 방식을 사용한다. CAN 버스에 연결되는 모든 장치는 "Master"로써 자유롭게 메시지를 전송할 수 있다. 이때 버스에서 장치 간 충돌을 방지하고자, CAN은 ID 기반 중재(Arbitration) 방법을 제공한다. 이에 대한 설명은 뒤에서 서술할 것이다.

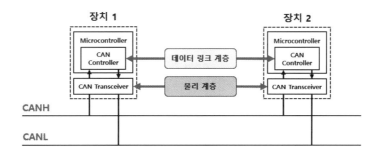

그림 8-1. CAN 통신 시스템 구성 예시

그림 8-1과 같이, CAN은 두 가지 구리선("CANH", "CANL")을 통해 메시지를 주고받을 수 있다. 여러 대의 장치가 해당 구리선을 통해 연결됨으로써, 하나의 CAN 버스를 구성할 수 있다. 각각의 장치는 CAN 컨트롤러(Controller)와 CAN 트랜시버(Transceiver)를 이용하여 CAN 버스에 정보를 전송할 수 있다. 앞서 우리는 "7. SCI-UART" 실습에서 OSI 7계층에 대해 간단히 살펴보았다. CAN 통신 역시 해당 모델에 따라 메시지를 전송한다. 이때, 데이터 링크 계층의 규약에 따라 CAN 프레임을 생성 및 관리하는 모듈이 CAN 컨트롤러이고, 물리 계층의 규약에 따라 프레임과 전기적인 신호 간 변환을 수행하는 모듈이 CAN 트랜시버이다. CAN과 관련한 내용은 굉장히 방대하므로 이 책에서 전부 다룰 수는 없다. 따라서 본 실습에서는 CAN의 일부 개념만을 살펴볼 것이다.

2) CAN 컨트롤러

CAN 컨트롤러(혹은 CAN 모듈)는 보통 MCU에 내장되며, 메시지 송/수신용 CAN 프레임을 생성 및 관리한다. 그림 8-2와 같이, CAN 컨트롤러는 3

가지 핵심 기능을 포함한다.

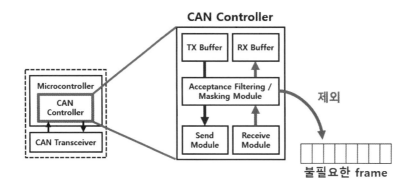

그림 8-2. CAN 컨트롤러 내부 구성

CAN 컨트롤러는 "Send/Receive Module"을 통해 CAN 트랜시버와 CAN 프레임을 주고받을 수 있다. 또한, CAN 컨트롤러는 수신된 프레임에 대해 "Acceptance Filtering"을 수행할 수 있다. 이를 통해 장치는 원하는 CAN 프레임만 선택적으로 수신할 수 있다. 송/수신용 CAN 프레임은 CAN 컨트롤러 내부의 "TX/RX Buffer"를 반드시 거쳐 간다. 응용 프로그램은 "TX/RX Buffer"에 송신할 프레임 정보를 쓰거나, 수신한 프레임 정보를 읽을 수 있다. "TX/RX Buffer"는 표현 방법이 다양한데, 실습 보드 내 MCU에서는 해당 기능을 "Mailbox"로 정의한다.

3) CAN 트랜시버

CAN 트랜시버는 CAN 프레임과 전기적인 신호 간 변환 과정을 수행한다. 즉, CAN 트랜시버는 송신할 프레임을 전기적인 신호로 변환하여 CAN 버스로 전송하고, CAN 버스로부터 읽어 들인 신호를 이진 부호 형태의 프레임으로 변환하여 CAN 컨트롤러로 전달한다. 본 실습에서 사용하는 CAN 트랜시버는 그림 8-3과 같다.

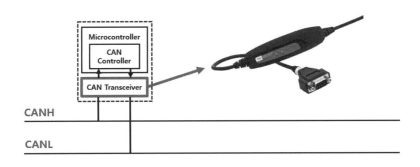

그림 8-3. CAN 트랜시버

4) Dominant/Recessive

CAN 버스에서는 잡음의 영향을 최소화하기 위해 두 구리선("CANH", "CANL")의 전압 차를 이용하여 데이터를 표현한다. 이때 모든 데이터는 두 가지 논리값('0'과 '1')으로만 표현될 수 있다. "CANH"에 3.5V를 인가하고 "CANL"에 1.5V를 인가하여 전압 차가 2V인 상태를 논리값 '0' 혹은 "Dominant"로 정의한다. 반대로, "CANH"와 "CANL"에 2.5V를 인가하여 전압 차가 0V인 상태를 논리값 '1' 혹은 "Recessive"로 정의한다. 전기적으로 "Dominant"는 "Recessive"보다 우선권을 갖기 때문에, CAN 버스 상에서 "Dominant"와 "Recessive"가 동시에 전송될 경우, "Recessive"는 무시된다. 이를 통해 CAN은 우선순위 기반의 효율적인 통신이 가능하다.

8.2.2. CAN 표준 프레임

CAN 프레임은 2계층인 데이터 링크 계층에서 다루는 데이터 단위를 의미한다. 프레임은 정확한 정보 전송을 위해 응용 프로그램에서 정의한 메시지에 부가 정보를 추가한 형태이다.

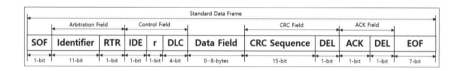

그림 8-4. CAN 표준 프레임 구조

CAN 표준 프레임은 그림 8-4와 같이 구성된다. 본 실습에서는 프레임의 모든 구성 요소를 살펴보지 않고, 실습에 필요한 일부 항목에 대해서만 살펴볼 것이다.

1) SOF

SOF는 CAN 프레임 전송의 시작을 알린다. 수신 측 ECU는 해당 신호를 통해 CAN 프레임 수신 타이밍을 잡을 수 있다. 어떠한 프레임도 전송되지 않는 상황이라면, CAN 버스는 "Recessive" 상태를 유지한다. 이때 "Dominant" 값을 처음 전송함으로써, 모든 장치는 CAN 프레임의 전송을 확인할 수 있다.

2) ID(Identifier)

CAN 프레임의 ID는 프레임 내부 데이터의 용도를 표현한다. 즉, CAN ID는 프레임의 식별자로 사용되며, 이를 통해 CAN은 우선순위 기반의 효율적인 통신이 가능하다. CAN 통신에서 ID가 작은 프레임일 경우 우선순위가 높다. CAN은 표준 ID(11비트) 방식과 확장 ID(29비트) 방식을 지원한다. 이 때 일부 ID는 예약되어 있어 사용 불가능하다.

3) DLC

DLC는 CAN 프레임 내부 데이터의 전체 길이를 나타낸다. 수신 측 ECU 가 정확한 길이의 데이터를 해석할 수 있도록, DLC 정보를 반드시 데이터 영역 앞에 삽입해야 한다.

4) 데이터 필드

데이터 필드는 응용 프로그램에서 정의한 메시지가 포함되는 영역이다. CAN 표준 프레임의 경우, 최대 8바이트까지의 메시지를 포함할 수 있다.

5) EOF

EOF는 CAN 프레임 전송의 끝을 알린다. 해당 필드는 7개의 "Recessive" 값으로 구성된다.

8.2.3. CAN 통신 주요 개념

1) CAN 비트 단위 중재

여러 대의 장치가 단일 CAN 버스에 접근하여 데이터를 전송할 때, 비트 단위 중재(Bitwise Arbitration)를 통해 데이터 충돌을 방지할 수 있다. 이는 앞서 살펴본 "Dominant" 및 "Recessive" 개념을 활용한다.

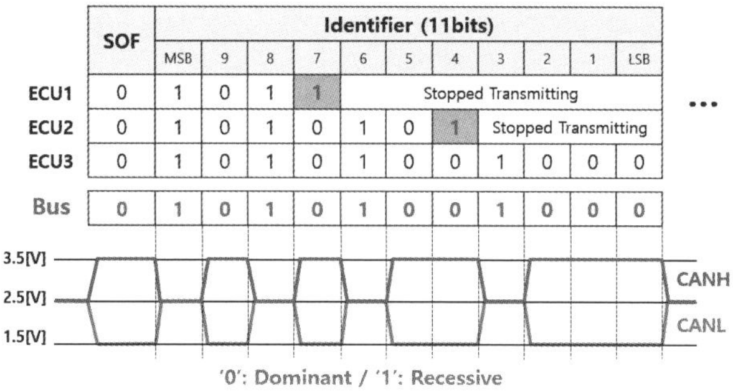

그림 8-5. 비트 단위 중재 과정 예시

그림 8-5를 통해 비트 단위 중재 기반 충돌 회피 방법을 자세히 살펴보고자 한다. CAN은 "Multi-master" 방식이므로 어떤 장치든 데이터를 자유롭게 전송할 수 있다. 하지만, CAN 버스는 모든 장치가 공유하기 때문에 여러 가지 데이터를 동시에 전송할 수 없다. 따라서 CAN 버스에 연결된 장치들은 ID 기반 우선순위에 따라 스스로 전송 순서를 결정한다. 그림 8-5에서, "ECU1"~"ECU3"은 각기 다른 ID를 갖는 CAN 프레임을 전송하고자 한다. 모든 ECU는 각자 CAN 프레임 전송을 시작하고, ID의 상위 3비트까지 동일하게 전송된다. ID의 7번 비트를 전송하려는 순간, "ECU1"의 해당 비트는 "Recessive" 값이기 때문에 자동으로 전송 경쟁에서 탈락한다. 마찬가지로, ID의 4번 비트를 전송하려는 순간, "ECU2"의 해당 비트는 "Recessive" 값이기 때문에 자동으로 전송 경쟁에서 탈락한다. 최종적으로, 세 대의 장치 중에서 "ECU3"이 프레임을 전송할 수 있다. 전송 경쟁에서 밀려난 나머지 두 대의 장치는 "ECU3"의 프레임 전송이 끝난 이후 다시 프레임 전송을 시작할 수 있다. 다른 장치의 개입이 없다면, "ECU1"과 "ECU2" 역시 전송 경쟁을

벌이게 된다. 이처럼 장치 간 경쟁을 통해 전송 순서를 자체적으로 결정함으로써 데이터 충돌을 방지하는 방법이 비트 단위 중재이다.

2) Acceptance Filtering 및 Masking

CAN 버스에 연결된 장치는 버스에 전송되는 모든 데이터를 읽어 들일 수 있다. 그러나 무분별하게 데이터를 읽는 행위는 과부하 상태를 초래할 수 있다. 따라서 CAN은 선택적으로 메시지를 수신할 수 있도록 필터링(Filtering) 기능을 제공한다. 이러한 과정은 CAN 컨트롤러에서 수행되며, "Acceptance Filtering" 및 "Masking"으로 정의한다.

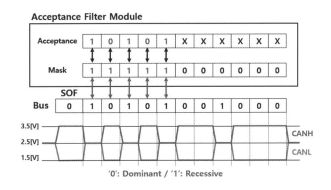

그림 8-6. Acceptance Filtering 및 Masking 예시

그림 8-6과 같이, 모든 장치는 CAN 프레임 ID의 특정 부분을 비교함으로써, 원하는 프레임만 선택적으로 수신할 수 있다. 이때 ID의 비교 기준을 "Acceptance"로, 비교 범위를 "Mask"로 결정할 수 있다. CAN 컨트롤러는 CAN 버스로부터 읽어 들인 프레임의 ID를 분석한다. 이때 "Mask"로 지정한 ID 범위 내의 값이 "Acceptance"와 일치하지 않을 경우, 해당 프레임은 폐기된다.

3) Sampling Point

CAN 버스에서는 특정 전압 차를 통해 두 가지 논리값("Dominant" 및 "Recessive")을 표현한다. 이때 1비트를 전기적인 신호로 표현하는 시간 동안, 어떤 순간의 값을 가장 신뢰성 있는 값으로 받아들일 것인지 결정할 필요가 있다. 해당 지점을 "Sampling Point"로 정의한다.

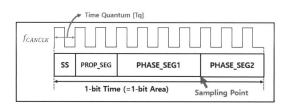

그림 8-7. CAN 통신의 1비트 전송 시간 구성 (1)

그림 8-7은 CAN 표준 규약에 따라 1비트를 전송하는 시간(Interval)을 여러 개의 "Segment"로 구분한 것이다. 여기서 각 "Segment"는 "Time Quantum"이라고 불리는 여러 시간 단위들로 구성된다. "Time Quantum"은 CAN 컨트롤러가 사용하는 "Clock Source"의 기본 단위로, 하나의 클럭 펄스를 의미한다. 사용자는 통신 환경에 맞춰 "Segment"를 구성하는 "Time Quantum" 수를 설정할 수 있다.

CAN 표준 규약에 따르면, "Sampling Point"는 항상 "PHASE_SEG1"과 "PHASE_SEG2"의 경계에 위치한다. 이는 사용자가 각 "Segment" 내 "Time Quantum" 수를 조정함으로써 "Sampling Point"를 결정할 수 있음을 의미한다. 각 "Segment"의 목적은 다음과 같다. "SS"는 장치 간 동기화를 위해 사용된다. "PROP_SEG"는 장치 간 정보 전송 시 발생할 수 있는 지연 시간(Propagation Delay)을 보상하기 위한 용도이다. "PHASE_SEG"는 위상 오류를 보상하기 위한 용도이다.

CAN 통신의 1비트 전송 시간 구성은 CAN 표준 규약에 따라 간소화된 형태로 표현할 수 있다. "PROP_SEG"와 "PHASE_SEG1"을 통합하여 "TSEG1"로, "PHASE_SEG2"를 "TESG2"로 표현함으로써, 세 가지의 "Segment"로만 1비트 전송 시간을 정의할 수 있다.

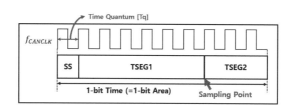

그림 8-8. CAN 통신의 1비트 전송 시간 구성 (2)

이제 1비트 전송 시간에 대한 "Time Quantum" 수를 어떻게 설정하는지 살펴볼 것이다. 전체 1비트 전송 시간은 그림 8-8과 같이 세 가지의 "Segment"로 구분할 수 있다. 이때 "SS"는 항상 하나의 "Time Quantum"으로 구성되어 있다. 사용자는 "TSEG1"과 "TSEG2"에 대한 "Time Quantum" 수를 유연하게 설정할 수 있다. 이러한 설정을 통해 전체 1비트 전송 시간의 "Time Quantum" 수를 결정한다. 이때 "Time Quantum" 수는 CAN 컨트롤러가 사용하는 "Clock Source"와 CAN 통신 속도에 따라 결정해야만 한다. CAN 통신 속도에 대한 계산식을 살펴보면 다음과 같다.

$$bit\ rate = \frac{Clock\ Source\ Frequency[Hz]}{(BRP+1) \times Tq\ Count\ for\ 1\,bit\ time}$$

CAN은 SCI-UART와 마찬가지로, 시스템의 "Clock Source"를 그대로 사용하지 않는다. CAN 컨트롤러는 분주기를 거친 "Clock Source"를 사용하고, 이는 그림 8-7에서 f_{CANCLK}로 표현되었다. 위의 수식에서 "Clock Source Frequency"는 MCU에서 공급하는 "Clock Source"의 주파수를 의미하고, "BRP"는 분주비에 의해 결정되는 값이다. "BRP" 설정은 "8.2.7. CAN 레지스터 설정"에서 자세히 설명하도록 한다. MCU에서 24MHz의 "Clock Source"를 공급하고, 분주비를 '3'으로, 통신 속도를 500kbps로 설정하였다면, 1비트 전송 시간에 대한 "Time Quantum" 수는 다음과 같이 계산된다.

$$Tq\ Count\ for\ 1bit\ time = \frac{24[MHz]}{(2+1) \times 500 \times 10^3} = 16[Tq]$$

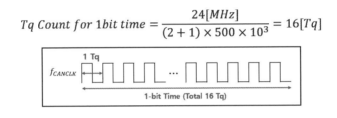

그림 8-9. 1비트 전송 시간에 대한 Time Quantum 계산 예시

1비트 전송 시간에 대한 "Time Quantum" 수가 결정되었다면, 각 "Segment" 별 "Time Quantum" 수를 이용하여 "Sampling Point"를 계산할 수 있다. "SS"에 할당되는 "Time Quantum" 수는 1개이고, 사용자가 설정하는 "TSEG1"과 "TSEG2"의 "Time Quantum" 수가 각각 11개, 4개일 경우, "Sampling Point" SP는 다음과 같이 계산된다.

$$SP = \frac{Tq_{SS} + Tq_{TSEG1}}{Tq\ Count\ for\ 1bit\ time} \times 100[\%] = \frac{1+11}{16} \times 100[\%] = 75[\%]$$

주어진 값을 기반으로 "Sampling Point"를 구해보면, 1비트 전송 시간의 75% 지점으로 결정된 것을 확인할 수 있다. 주의할 점은, 사용자가 "TSEG1" 과 "TSEG2"의 "Time Quantum" 수를 설정할 때, 두 가지 파라미터의 총합 이 전체 1비트 전송 시간의 "Time Quantum" 수와 일치해야 한다는 것이다.

8.2.4. 하드웨어 동작 원리

해당 파트에서는 CAN 통신에 대한 하드웨어 동작 과정을 살펴볼 것이다. 그림 8-10은 MCU 내부 CAN 컨트롤러(CAN 모듈)와 프로세서 간 상호작용 이 어떻게 이뤄지는지 나타낸 것이다.

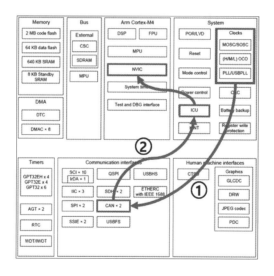

그림 8-10. MCU 내부에서의 CAN 통신 동작 흐름도

① CAN 통신을 진행할 때 MCU 내부 CAN 컨트롤러는 안정적인 통신을 위 해 시스템으로부터 "Clock Source"를 공급받아야 한다. 이는 메시지를 일정

한 속도로 전송하기 위해 내부 클럭에 동기화해 통신이 이뤄지는 것이다.

② 전송된 비트들은 CAN 컨트롤러 내부의 버퍼에 저장된다. 버퍼가 가득 차 하나의 프레임이 완성되면, CAN 컨트롤러는 인터럽트 신호를 발생시킨다. 해당 신호는 ICU를 거쳐 NVIC로 전달된다. 프로세서는 NVIC를 통해 CAN 관련 IH를 호출할 수 있다.

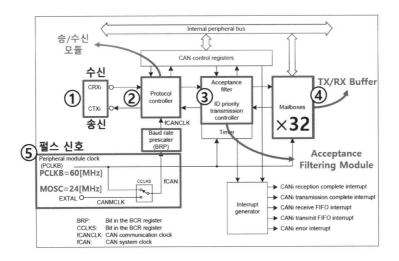

그림 8-11. CAN 컨트롤러 내부 구성도

그림 8-11에 CAN 컨트롤러 내부 구성도를 도시하였다.

① 해당 영역은 CAN 컨트롤러의 입/출력 핀으로, CAN 트랜시버와 연결된다. CAN 모듈은 0번 채널과 1번 채널을 사용한다. "CTXi"와 "CRXi"는 각각 CAN 컨트롤러의 송신과 수신 핀을 나타내며, 이때 "i"는 채널 번호를 의미한다.

② "Protocol controller"는 CAN 규약에 따라 메시지 전송 흐름을 관리하며, 버스 중재, 송/수신 시 비트 타이밍, 오류 처리 등을 담당한다.

③ "Acceptance Filtering 및 Masking"은 수신된 메시지를 필터링하는 데 사용된다. "MKR0"~"MKR7"의 레지스터를 사용하는 필터링 과정은 "8.2.7. CAN 레지스터 설정"에서 자세히 설명한다.

④ 실습 보드의 CAN 컨트롤러에서는 "TX/RX Buffer"를 "Mailbox"라고 부른다. "Mailbox"는 수신된 비트를 저장하고, 하나의 프레임이 완성되면 인터럽트를 통해 프로세서에 신호를 보낸다. 총 32개의 "Mailbox"가 있으며, 각각의 "Mailbox"는 고유한 ID, DLC, 데이터 필드, "Time Stamp" 등을 포함한다.

⑤ MCU가 "Clock Source"를 공급하면, CAN 컨트롤러는 분주기를 거쳐 조정된 "Clock Source"를 사용한다. 해당 분주기는 BCR 레지스터에 의해 설정되며, 분주기에 입력되는 "Clock Source"는 "PCLKB"와 "MOSC" 중에서 선택할 수 있다.

8.2.5. 회로도 및 핀맵

실습 보드에서 메시지 송/수신에 관한 핀에 대해 알아보자. 그림 8-11-①의 "CRX" 및 "CTX" 핀은 그림 8-12와 같이 "P511" 및 "P512"로 할당되어 있다.

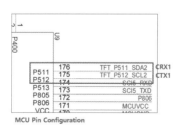

그림 8-12. CAN 통신 관련 회로도

CAN 컨트롤러에는 0번과 1번 채널이 존재하며, 그중 우리는 1번 채널을 사용한다. 1번 채널에 연결하여 CAN 통신을 진행하기 위해 수신과 송신 핀을 각각 "P511"과 "P512"에 연결한다. 즉, 포트 5번의 11번 핀이 "CRX1"로, 포트 5번의 12번 핀이 "CTX1"로 사용된다. 각 채널의 경우 다른 핀도 추가로 설정할 수 있지만, 실습 보드에서는 "P511"과 "P512" 핀을 이용하여 주변 회로를 구성하였다. 따라서 본 실습에서는 해당 핀만 사용하도록 한다. 이에 대한 핀 번호를 정리하면, 표 8-1과 같다.

표 8-1. CAN 통신 관련 MCU 핀맵

파트명	포트번호	MCU 핀 번호
TFT_P511_SDA2	P511	176
TFT_P512_SCL2	P512	175

8.2.6. CAN FSP Configuration

해당 파트에서는 E2 Studio 개발환경에서 CAN 통신을 위한 FSP Configuration 설정 방법에 대해 살펴볼 것이다. 프로젝트 생성은 이전 실습들과 동일하게 진행하면 된다.

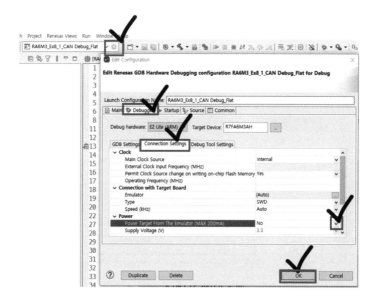

그림 8-13. CAN 통신을 위한 Edit Configuration 설정

프로젝트 생성 후 그림 8-13과 같이 설정을 진행한다. CAN 트랜시버를 구동하기 위해 외부 전원을 사용하므로 이와 같이 설정한다.

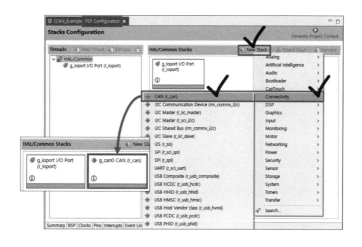

그림 8-14. CAN 통신의 FSP Configuration 설정 (1)

프로젝트 생성 후 FSP Configuration XML 파일을 열고, 그림 8-14와 같이 CAN HAL 스택을 생성한다

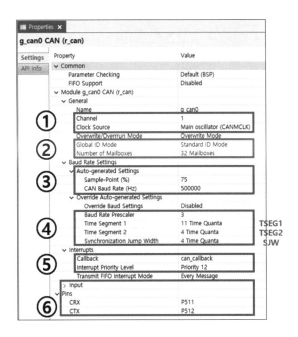

그림 8-15. CAN 통신을 위한 FSP Configuration 설정 (2)

CAN HAL 스택에 대한 "Properties"를 확인해보면 그림 8-15와 같다. 각각의 항목들을 자세히 살펴보도록 하겠다.

① 실습 보드에 내장된 CAN 컨트롤러에서 1번 채널을 사용하므로, "Channel"을 '1'로 설정한다. "Clock Source"는 "PCLKB"와 "MOSC" 중에서 선택 가능하며, 실습에서는 "MOSC"를 사용한다.

② CAN 프레임에서 사용할 ID 형식을 결정하고, 사용할 "Mailbox" 수를 설정한다. 실습에서 크게 건드릴 필요가 없어, 초기 설정을 그대로 유지한다.

③ 고속 CAN 통신을 위해 "Baud Rate"를 500kbps로 설정하고, "Sampling

Point"를 75%로 결정한다.

④ 분주비("Prescaler"), "TSEG1", "TSEG2"는 앞서 설명한 내용을 기반으로 설정하고, "Synchronization Jump Width"는 본 실습에서는 다루지 않으므로 기본값인 4Tq를 유지한다.

⑤ 하드웨어 이벤트 처리를 위해 인터럽트 기반의 Callback 함수를 지정하고, 해당 함수의 우선순위를 설정할 수 있다.

⑥ CAN 통신을 위한 "Input" 설정과 송/수신용 핀을 설정한다.

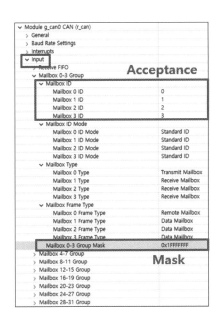

그림 8-16. CAN 통신을 위한 FSP Configuration 설정 (3)

그림 8-16에서 "Input" 설정 항목의 "Mailbox"에 대한 세부 정보를 확인할 수 있다. 32개의 "Mailbox"는 4개씩 그룹화되어 있으며, 각 그룹은 "Mask"를 통해 관리된다. 현재 설정된 "Mask" 값은 '0x1FFFFFFF'로, 이는 CAN 프레임 ID의 모든 비트를 비교하겠다는 의미이다. "Mailbox ID"는 "Acceptance"로써, CAN 프레임 ID와 비교 대상임을 의미한다. 두 가지 값을 활용하여 CAN 컨트롤러는 "Acceptance Filtering"을 수행한다. 본 실습에서는 해당 내용을 기반으로 기본 설정 그대로 사용할 것이다.

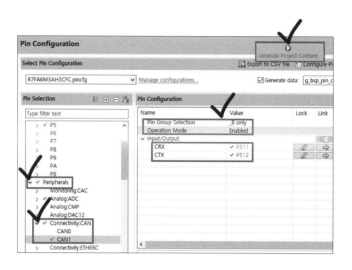

그림 8-17. CAN 통신을 위한 FSP Configuration 설정 (4)

그림 8-12의 핀맵을 참고하여 그림 8-17과 같이 "CRX"와 "CTX" 핀을 각각 "P511", "P512"로 설정하면 된다.

8.2.7. CAN 레지스터 설정

해당 파트에서는 CAN 관련 레지스터에 대해 살펴볼 것이다. CAN 통신의 핵심 기능을 파악하기 위해 몇 가지 레지스터를 살펴보도록 하자.

1) "Mailbox Identifier Register j" (MBj_ID)

MBj_ID는 CAN 프레임의 ID를 저장하는 용도이다. 레지스터의 세부 설명은 그림 8-18을 통해 확인할 수 있다.

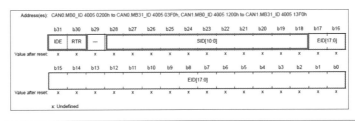

그림 8-18. CAN 통신 관련 레지스터 - MBj_ID

① "SID" 필드는 11비트의 표준 ID를 저장하는 영역이다.

② "RTR" 필드를 '0'으로 설정하면, 해당 프레임을 송/수신 데이터 프레임으로
   사용할 수 있다.

③ "IDE" 필드는 CAN 프레임 ID의 형식을 결정한다. 본 실습에서는 11비트
   의 표준 ID("Standard ID")를 사용하므로, "IDE" 필드 값을 '0'으로 설정하
   고, 18비트의 "EID" 필드는 초기 설정을 유지한다.

2) "Mailbox Data Length Register j" (MBj_DL)

MBj_DL은 CAN 프레임의 DLC를 저장하는 용도이다. 레지스터의 세부
설명은 그림 8-19를 통해 확인할 수 있다.

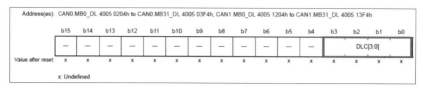

Address(es):	CAN0.MB0_DL 4005 0204h to CAN0.MB31_DL 4005 03F4h, CAN1.MB0_DL 4005 1204h to CAN1.MB31_DL 4005 13F4h	

b15	b14	b13	b12	b11	b10	b9	b8	b7	b6	b5	b4	b3	b2	b1	b0
—	—	—	—	—	—	—	—	—	—	—	—	DLC[3:0]			

Value after reset: x x x x x x x x x x x x x x x x

x: Undefined

Bit	Symbol	Bit name	Description	R/W
b3 to b0	DLC[3:0]	Data Length Code*1	b3 b0 0 0 0 0: Data length = 0 byte 0 0 0 1: Data length = 1 byte 0 0 1 0: Data length = 2 bytes 0 0 1 1: Data length = 3 bytes 0 1 0 0: Data length = 4 bytes 0 1 0 1: Data length = 5 bytes 0 1 1 0: Data length = 6 bytes 0 1 1 1: Data length = 7 bytes 1 x x x: Data length = 8 bytes.	R/W
b15 to b4	—	Reserved	The read value is undefined. The write value should be 0.	R/W

x: Don't care

그림 8-19. CAN 통신 관련 레지스터 - MBj_DL

CAN 통신은 한 번에 최대 8바이트까지의 데이터를 전송할 수 있다. MBj_DL의 "DLC" 필드를 통해 CAN 프레임의 데이터 필드 길이를 판단할 수 있다.

3) "Mailbox Data Register j" (MBj_Dm)

MBj_Dm에는 CAN 통신으로 송/수신할 데이터를 나누어 저장할 수 있다. 최대 8바이트의 데이터를 저장하기 위해 "DATA0"부터 "DATA7"까지 8개의 8비트 레지스터가 존재한다. 이는 그림 8-20을 통해 확인할 수 있다.

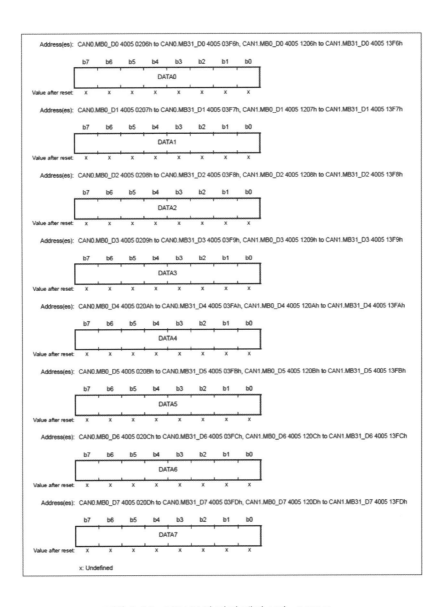

그림 8-20. CAN 통신 관련 레지스터 - MBj_Dm

그림 8–21에서는 CAN 프레임을 메모리에 저장하는 방식을 살펴볼 수 있다. 이미 메모리의 특정 영역이 "Mailbox"로 할당되어 있고, 앞서 살펴본 "Mailbox" 전용 레지스터에 따라 CAN 프레임이 순차적으로 저장된다.

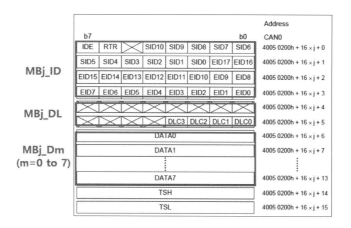

그림 8-21. Mailbox 관련 레지스터 메모리 할당

레지스터마다 고유한 메모리 주소가 할당되어 있으며, CAN 컨트롤러는
CAN 프레임의 세부 항목에 자유롭게 접근할 수 있다.

4) "Mailbox Interrupt Enable Register" (MIER)

MIER은 "Mailbox"의 인터럽트 활성화 여부를 결정하는 용도이다. 32개
의 "Mailbox"에 대해 비트 단위로 각각 설정할 수 있다.

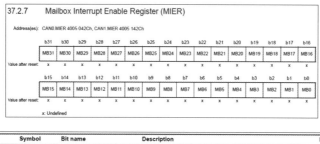

그림 8-22. CAN 통신 관련 레지스터 - MIER

5) "Mask Register k" (MKRk)

MKRk는 "Mailbox" 그룹을 관리하는 "Mask" 역할이다. "Mask"의 개념은 그림 8-6을 통해 확인한 바 있다. "Mask"가 '1'로 설정된 비트 위치에서 "Acceptance"로 지정된 값과 수신된 CAN 프레임의 ID가 일치할 때, 해당 프레임은 유효하게 된다. 그림 8-23에서는 MKRk의 구조를 살펴볼 수 있다. "k"는 '0'부터 '7'까지의 값을 가지며, 이는 32개의 "Mailbox"를 8개의 그룹으로 나눈 것을 의미한다.

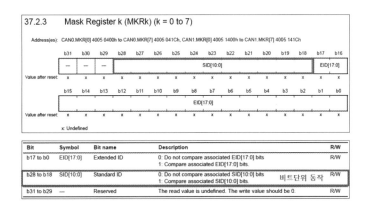

그림 8-23. CAN 통신 관련 레지스터 - MKRk

표준 ID에 대한 "Mask" 설정은 "SID" 필드인 "b18"부터 "b28" 사이에서 이루어진다. 이는 MBj_ID의 "SID" 필드와 정확하게 일치한다. FSP Configuration에서는 "Mask"를 '0x1FFFFFFF'로 설정하였는데, 이는 "SID" 필드와 "EID" 필드를 전부 '1'로 채운 것이다. 이러한 레지스터 구조는 연산 속도를 고려한 것이다. 시프트 연산 없이 최적화된 하드웨어 연산을 수행하기 위해, MKRk는 MBj_ID와 완전히 동일한 형태로 설계된 것이다.

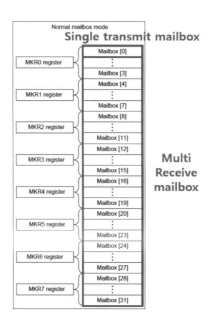

그림 8-24. CAN 컨트롤러 내 Mailbox 그룹

6) "Bit Configuration Register" (BCR)

"Sampling Point"를 결정할 때, 각 "Segment"당 몇 개의 "Time Quantum" 을 가져야 하는지 계산한 바 있다. BCR은 "Sampling Point" 결정에 필요한 여러 요소를 설정할 수 있다. 레지스터의 세부 설명은 그림 8–25~8–26을 통해 확인할 수 있다.

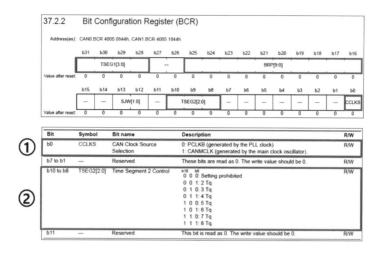

그림 8-25. CAN 통신 관련 레지스터 - BCR (1)

① "CCLKS" 필드를 통해 CAN 컨트롤러에 공급될 "Clock Source"를 선택한다. '0'으로 설정할 경우 "PCLKB"를 사용하고, '1'로 설정할 경우 "CAN-MCLK(MOSC)"를 사용한다.

② "TSEG2" 필드는 "TSEG2 Segment"가 몇 개의 "Time Quantum"을 사용할지 결정한다. CAN 표준 규약에 따라 선택 가능한 범위는 2Tq부터 8Tq까지이다.

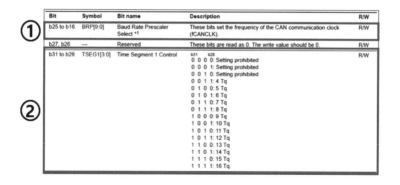

그림 8-26. CAN 통신 관련 레지스터 - BCR (2)

① "BRP" 필드를 통해 분주비를 설정할 수 있다. 이때 "BRP" 필드는 분주비와 동일하게 설정하지 않는다. 그림 8-27과 같이, "BRP" 필드 값은 실제 분주비에서 '1'을 뺀 값으로 설정해야 한다. 예를 들어, 분주비를 '3'으로 설정하려면 "BRP"는 '2'로 설정하면 된다.

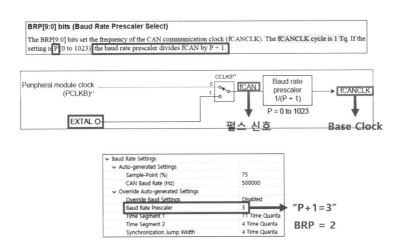

그림 8-27. CAN 통신의 BRP 계산 방법

② "TSEG1" 필드는 "TSEG1 Segment"가 몇 개의 "Time Quantum"을 사용할지 결정한다. CAN 표준 규약에 따라 선택 가능한 범위는 4Tq부터 16Tq 까지이다.

8.3

실습

8.3.1. 실습 1: CAN 기반 LED 제어

1) 이론 및 환경 설정

1-1) CanKing 프로그램 설치 및 설정

CAN 실습에서는, 메시지를 송/수신하는 과정을 육안으로 확인하고 분석하기 위해 CanKing 프로그램이 필요하다. "2.4.2. CanKing"에서 설치하는 방법에 대해 자세히 설명하였으므로, 해당 내용은 생략하도록 하겠다. CanKing 프로그램 실행 후, "Bus Speed"는 '500kbit/s, 75.0%'로, "SJW"는 '4'로 설정하면 된다.

1-2) 하드웨어 연결

CAN 실습에서는, CAN 트랜시버와 5A 어댑터를 추가로 사용한다.

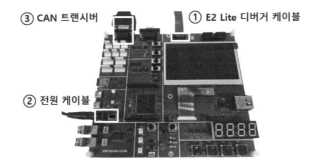

그림 8-28. CAN 통신을 위한 하드웨어 구성도 (1)

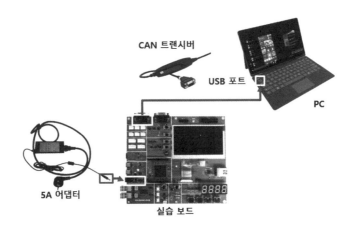

그림 8-29. CAN 통신을 위한 하드웨어 구성도 (2)

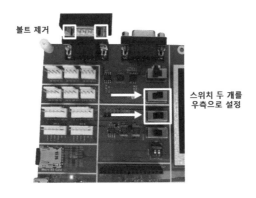

그림 8-30. CAN 통신을 위한 하드웨어 구성도 (3)

CAN 실습을 진행하기 위해 그림 8-28과 같이 하드웨어를 연결하면 된다. 상세 연결 방법은 그림 8-29를 참고하길 바란다. 5A 어댑터를 연결하는 이유는, CAN 트랜시버 구동을 위해 외부 전원이 필요하기 때문이다. 이와 별개로, 사용자는 그림 8-30과 같이 종단 저항 및 레벨 시프터 관련 스위치를 설정해야 한다. 해당 내용은 "1.3.7. CAN"을 참고하길 바란다.

1-3) 네트워크 설정

CAN 통신의 경우 PC와 CAN 트랜시버를 연결하였을 때, 자동으로 드라이버가 설치되지 않으므로, "2.4.2. CanKing"에서 설명한 방식으로 드라이버를 설치한다.

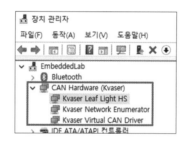

그림 8-31. CAN 트랜시버 USB 포트 인식

2) 실습 방법

본격적으로 CAN 실습을 진행하기 위해, CanKing과 E2 Studio 기반 예제 프로그램을 준비해야 한다. 해당 프로그램은 GitHub에서 제공하는 "RA6M3_Ex8_1_CAN.zip" 파일을 다운로드하면 된다. 그림 8-32~8-35를 참고하여 CanKing 설정을 마친 후, 실습 보드에서 예제 프로그램을 실행하길 바란다.

해당 프로그램을 실행하면 실습 보드에서 자동으로 CAN 프레임을 송신한다. 이후 CanKing에서 "Example1"이라는 메시지가 포함된 CAN 프레임이 제대로 출력되는지 확인한다.

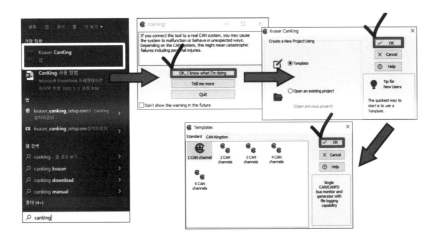

그림 8-32. CanKing 사용 방법 (1)

그림 8-33. CanKing 사용 방법 (2)

그림 8-34. CanKing 사용 방법 (3)

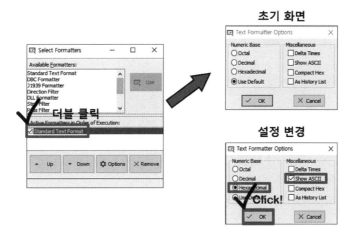

그림 8-35. CanKing 사용 방법 (4)

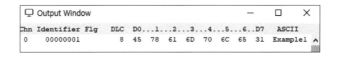

그림 8-36. CanKing을 통한 CAN 프레임 수신

프로그램이 제대로 실행되었다면 그림 8−36과 같이 CanKing에 CAN 프레임 정보가 출력될 것이다. 사용자는 실습 보드의 LED 제어를 위해, CanKing에서 "CONTROL0"부터 "CONTROL4"까지의 문자열을 입력할 수 있다.

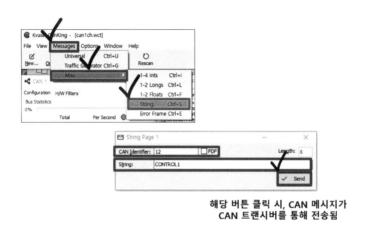

해당 버튼 클릭 시, CAN 메시지가
CAN 트랜시버를 통해 전송됨

그림 8-37. CanKing 메시지 송신 방법

그림 8−37과 같이, CanKing에서 CAN 프레임을 직접 구성하여 전송할 수 있다. 실습 보드에서는 CAN 프레임 데이터 필드의 "CONTROL" 문자열에 뒤따르는 숫자를 확인하고, 해당 LED를 점등한다. CAN 프레임을 이용한 LED 제어 방법을 도시하면 그림 8−38과 같다.

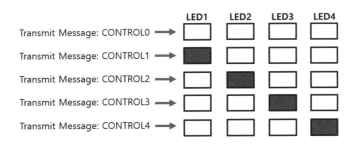

그림 8-38. CAN 프레임 메시지 구성에 따른 LED 제어 방식

3) 함수 기반 제어

그림 8-39~8-41은 실습 1에 대한 함수 기반 예제 프로그램이다. 예제 프로그램에 대한 설명은 다음과 같다.

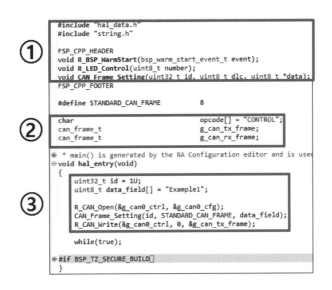

그림 8-39. 실습 1 예제 프로그램의 "hal_entry.c" (1)

① 해당 코드는 프로그램 실행에 필요한 헤더 파일과 함수 참조를 의미한다.

② 문자열 비교를 위해 "CONTROL" 문자열을 "opcode[ ]" 배열에 저장한다. CAN 프레임 구조체인 "can_frame_t"를 선언하였다.

③ "R_CAN_Open( )"을 실행하여 CAN 컨트롤러와 관련 한 레지스터들을 FSP Configuration에 맞춰 설정한다. "CAN_ Frame_Setting( )"을 실행하여 CAN 프레임을 구성하고, "R_CAN_Write( )"를 통해 "Example1" 메시지를 포함하는 CAN 프레임을 전송한다.

```
void R_LED_Control(uint8_t number)
{
    switch(number)
    {
        case 0:
            R_PORT10->PCNTR1 = 0x07000700;
            R_PORT11->PCNTR1 = 0x00010001;
            break;
        case 1:
            R_PORT10->PCNTR1 = 0x06000700;
            R_PORT11->PCNTR1 = 0x00010001;
            break;
        case 2:
            R_PORT10->PCNTR1 = 0x05000700;
            R_PORT11->PCNTR1 = 0x00010001;
            break;
        case 3:
            R_PORT10->PCNTR1 = 0x03000700;
            R_PORT11->PCNTR1 = 0x00010001;
            break;
        case 4:
            R_PORT10->PCNTR1 = 0x07000700;
            R_PORT11->PCNTR1 = 0x00000001;
            break;
    }
}

void CAN_Frame_Setting(uint32_t id, uint8_t dlc, uint8_t *data)
{
    g_can_tx_frame.id = id;
    g_can_tx_frame.id_mode = CAN_ID_MODE_STANDARD;
    g_can_tx_frame.type = CAN_FRAME_TYPE_DATA;

    g_can_tx_frame.data_length_code = dlc;

    if (strlen((const char *)data) <= 8)
        memcpy(g_can_tx_frame.data, data, dlc);
    else
        memset(g_can_tx_frame.data, 0, sizeof(uint8_t) * STANDARD_CAN_FRAME);
}
```

그림 8-40. 실습 1 예제 프로그램의 "hal_entry.c" (2)

④ "R_LED_Control( )" 함수는 입력받은 숫자에 따라 실습 보드의 LED를 제어한다.

⑤ "CAN_Frame_Setting( )"은 CAN 프레임 구조체의 항목들을 설정하는 용도이다. 해당 함수에서는 "strlen( )"을 이용하여 매개변수로 전달된 메시지의

길이를 계산한다. 해당 메시지의 길이가 8바이트 이하일 때만 "memcpy( )"
를 통해 CAN 프레임 구조체로 메시지를 복사한다.

```
void can_callback(can_callback_args_t *p_args)
{
    switch(p_args->event)

  ①  case CAN_EVENT_RX_COMPLETE:
        g_can_rx_frame = p_args->frame;
        memset(&(p_args->frame), 0, sizeof(can_frame_t));

  ②  if(!strncmp((char *)&(g_can_rx_frame.data[0]), opcode, strlen(opcode)))
            R_LED_Control(g_can_rx_frame.data[7] - 48);
        break;
        default:
            break;
    }
}
```

그림 8-41. 실습 1 예제 프로그램의 "hal_entry.c" (3)

그림 8-41에는 CAN 컨트롤러의 인터럽트 요청을 처리하기 위한 Call-
back 함수를 정의하였다. 그림 8-38을 통해 설명했듯이, 실습 보드는 수신
한 CAN 프레임의 메시지에 따라 LED 점등 상태를 제어한다.

① 수신 완료 이벤트 발생 시, "Mailbox"로부터 읽어 들인 CAN 프레임을
"g_can_rx_frame" 구조체로 복사한다.

② "g_can_rx_frame"에 저장된 메시지의 앞부분이 "opcode"와 일치하는지
"strncmp( )" 함수를 통해 확인한다. 만약 일치한다면, "R_LED_ Control( )"
을 호출하여 "CONTROL" 문자열에 뒤따르는 숫자를 확인하고, 해당하는
숫자의 LED를 점등한다. 문자열에 뒤따르는 숫자는 "g_can_rx_frame.
data[7]"에 저장되며, 이를 숫자로 변환하기 위해 '0'의 ASCII 코드 값인 '48'
을 빼주었다.

4) 실습 결과

해당 프로그램을 실행하면, "Example1" 메시지를 포함하는 CAN 프레임을 자동으로 전송한다. CanKing에서 해당 메시지가 제대로 출력되는지 확인하길 바란다. 그림 8-37과 같이, CanKing에서 CAN 프레임을 직접 구성하여 전송할 수 있는데, 이때 CAN ID를 '1' 이상 '32' 미만으로만 설정해야 한다. 이는 ID가 '0'인 "Mailbox"는 "Transmit Mailbox"로 설정하였고, '32' 이상의 CAN ID는 "Acceptance Filtering"에 따라 자동으로 걸러지기 때문이다.

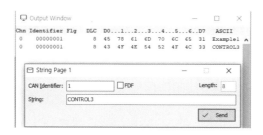

그림 8-42. 실습 1 CanKing 결과

그림 8-43. 실습 1 실행 결과

그림 8-42와 같이 "String"에 "CONTROL3" 문자열을 입력하여 CAN 프레임을 전송하면, 그림 8-43과 같이 실습 보드의 "LED3(PA10)"이 켜지는 것을 확인할 수 있다.

8.3.2. 실습 2: 받아쓰기

1) 실습 방법

특정 문자열을 포함한 CAN 프레임 전송 시, 해당 문자열 뒤에 따라오는 숫자를 FND에 출력한다.

1-1) 실습 조건

- CanKing을 실행하고, 실습 보드와 연결이 진행되었을 시 실습 보드에서 "BoardSet" 메시지를 포함하는 CAN 프레임을 전송한다.
- "PLAY"라는 문자열 뒤에 '0'~'9'까지의 숫자를 조합해 4자리의 숫자를 입력하여 CAN 프레임을 전송하고, 입력받은 숫자를 실습 보드의 FND에 출력한다.
- FND의 초기 상태는 불이 들어오지 않은 상태를 유지하며, 각 입력과 출력은 연속적으로 실행되어야 한다.

1-2) 실습 결과
예시) "PLAY1234" 입력 -〉 FND에 '1234' 출력

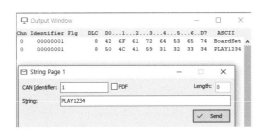

그림 8-44. 실습 2 CanKing 결과

그림 8-45. 실습 2 실행 결과

8.3.3. 실습 3: 자동차 운전 시뮬레이션

1) 실습 방법

다양한 메시지를 CAN 프레임에 담아 전송하고, 해당 메시지에 맞는 자동차 운전 시뮬레이션을 진행한다.

1-1) 실습 조건

- CanKing을 실행하고, 실습 보드와 연결이 진행되었을 시 실습 보드에서 "Driving!" 메시지를 포함하는 CAN 프레임을 전송한다.
- FND의 초기 상태는 그림 8-41과 같이 운전대 모양으로 나타난다.
- LEFT: DC 모터 반시계 방향으로 회전
- RIGHT: DC 모터 시계 방향으로 회전
- STOP: 모터 정지
- WARNING: 스피커에서 소리 출력
- HELP: "LED1(PA08)"~"LED4(PB00)"가 동시에 1초 간격으로 점등과 소등을 반복하며, FND에 "HELP" 문구 표기

그림 8-46. 실습 3 FND 초기 상태

1-2) 실습 결과

예시) "HELP" 입력 -> FND에 "HELP" 출력 및 일정 주기에 맞춰 "LED1"~"LED4" 점등과 소등 반복

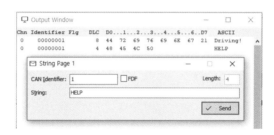

그림 8-47. 실습 3 CanKing 결과

그림 8-48. 실습 3 "HELP" 입력 시 LED 및 FND 출력 결과

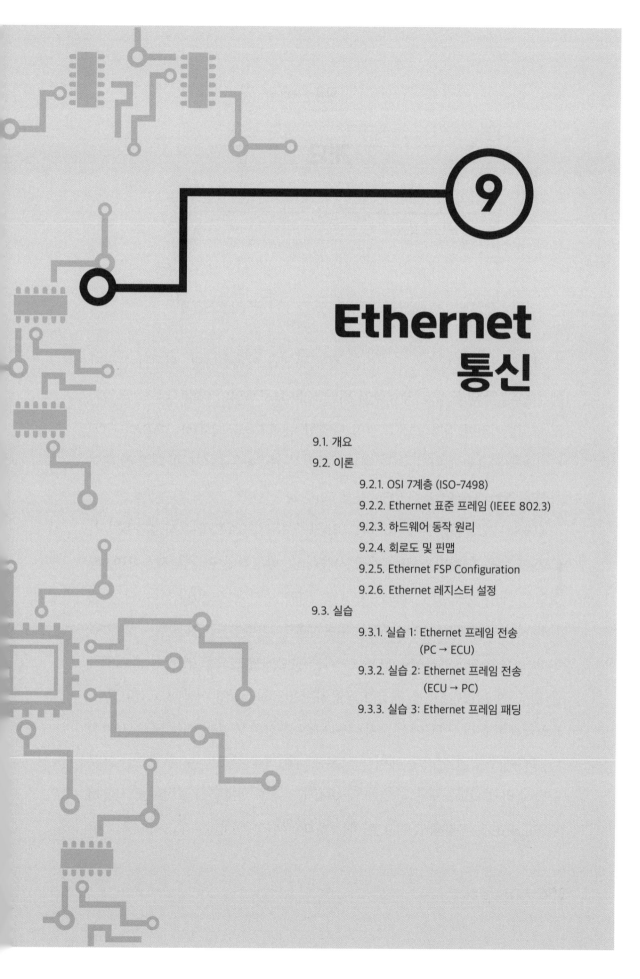

9

Ethernet
통신

9.1. 개요

9.2. 이론

    9.2.1. OSI 7계층 (ISO-7498)

    9.2.2. Ethernet 표준 프레임 (IEEE 802.3)

    9.2.3. 하드웨어 동작 원리

    9.2.4. 회로도 및 핀맵

    9.2.5. Ethernet FSP Configuration

    9.2.6. Ethernet 레지스터 설정

9.3. 실습

    9.3.1. 실습 1: Ethernet 프레임 전송
           (PC → ECU)

    9.3.2. 실습 2: Ethernet 프레임 전송
           (ECU → PC)

    9.3.3. 실습 3: Ethernet 프레임 패딩

9.1

개요

과거의 차량이 단순히 움직이는 것에 초점을 맞춰왔다면, 현재는 운전자에게 편의 및 안전 등을 제공하기 위한 응용 프로그램이 차량 내부에 도입되고 있다. 이러한 응용 프로그램이 다양한 센서(Camera, LiDAR, RADAR, GPS) 데이터를 활용함에 따라, 차량 네트워크에서 취급하는 데이터양과 통신 대역폭이 급격하게 늘어나고 있다.

CAN은 오랫동안 차량 네트워크의 표준 통신 프로토콜로 사용되어왔다. CAN은 버스 형태의 통신 체계를 사용하고, 안정적인 환경을 제공하며, 확장성이 매우 우수하여 새로운 ECU를 쉽게 추가할 수 있다. 그러나 최대 1Mbps 전송 속도(양산 차량에서는 최대 500kbps 전송 속도를 사용)의 CAN이나 5Mbps 전송 속도의 CAN-FD로는 최근 차량에서 필요로 하는 통신 대역폭을 만족할 수 없다. 이를 해결하고자 차량용 Ethernet이 새롭게 도입되었다. Ethernet은 우리가 PC에서 사용하는 LAN 통신의 기본이 되는 표준 규약이다. PC에 연결된 인터넷 케이블을 통해 데이터를 주고받는 데 필요한 표준 규약이 바로 Ethernet이다. 현재 차량에서는 기존 정보통신 분야에서 사용하던 Ethernet을 차량에서 필요로 하는 형태로 변환한 차량용 Ethernet을 사용하고 있다.

이제 Camera, LiDAR, RADAR, GPS 등과 같은 센서의 대용량 정보를 고속으로 주고받기 위해 차량용 Ethernet은 필수 요소가 되었다. 해당 단원에서는 차량용 Ethernet의 핵심 개념을 이해하고, 이를 바탕으로 실습을 진행하여 차량용 Ethernet 통신 체계를 전반적으로 이해하고자 한다.

이론

9.2.1. OSI 7계층 (ISO-7498)

차량용 Ethernet에 대해 알아보기 전에, 먼저 유선 통신의 핵심인 OSI 7계층을 이해해야 한다. 이번 단원에서는 ISO-7498 표준 규약에 따라 정의되는 OSI 7계층에 따라 일반 Ethernet 통신이 어떤 방식으로 이뤄지는지 살펴볼 것이다. 그림 9-1은 Ethernet 통신에 대한 OSI 7계층 모델을 나타내며, Ethernet 기반 데이터 전송 과정을 표현한 것이다.

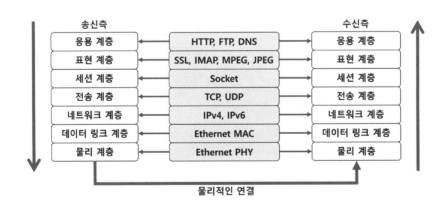

그림 9-1. Ethernet에 대한 OSI 7계층 모델

그림 9-1과 같이, 모든 유선 통신은 OSI 7계층에 따라 데이터를 주고받는다. 우리가 평소에도 자주 사용하는 웹페이지에서 볼 수 있는 HTTP 등은 최상단의 응용 계층에 속한다. 응용 프로그램에서 제공하는 인터페이스를 통해 특정 정보를 다른 지점으로 전송할 경우, 그대로 보내지 않고 계층을 단계별로 따라 내려가며 원형의 데이터를 가공 및 포장하여 전송한다. 이 과정을 "캡슐화(Encapsulation)"라고 정의한다. 이후 물리 계층에서는 전용 IC를 통해 전기적인 신호로 변환 후 전송하게 된다. 전송한 데이터를 수신할 때는, 물리 계층에서 전기적인 신호를 다시 이진 코드로 변환한 다음, 가공 및 포장된 메시지를 차례대로 해석하여 원형의 데이터를 읽는다. 이 과정을 "역캡슐화(Decapsulation)"라고 정의하며, 계층을 거꾸로 따라 올라간다고 생각하면 된다. 흔히 택배를 보내는 과정과 유사하다. 포장된 택배 상자에 주소, 수신인 등 내용물에 대한 부가 정보를 기입하고 보내면, 중간 지점들을 거쳐 가며 포장을 차례대로 뜯어내는 과정이라고 이해할 수 있다.

그림 9-1은 일반 가정용 Ethernet에 기반한 OSI 모델을 나타낸 것이며, 차량용 Ethernet과는 약간 다르다. 차량용 Ethernet에서는 세션 계층 이후부터 SOME/IP, DoIP, XCP 등 ECU에 특화된 프로토콜을 별도로 지원한다. 해당 파트에서는 단순히 OSI 모델 기반 유선 통신 과정의 이해를 돕기 위해 일반 가정용 Ethernet을 예시로 든 것이다.

9.2.2. Ethernet 표준 프레임 (IEEE 802.3)

Ethernet 프레임(Frame)은 2계층인 데이터링크 계층에서 다루는 데이터 단위를 의미한다. 프레임은 ECU와 같은 물리적 장치 간 정보를 주고받기 위한 수단이다. 이때 각각의 정보가 손실 없이 정확한 지점으로 전송될 수 있도록 MAC 주소와 같은 부가 정보를 첨가하여 하나의 프레임을 구성할 수 있다. 전체적인 Ethernet 프레임 구조를 정의한 표준 규약이 바로 IEEE 802.3이고, 기본적인 구조는 다음과 같이 구성된다.

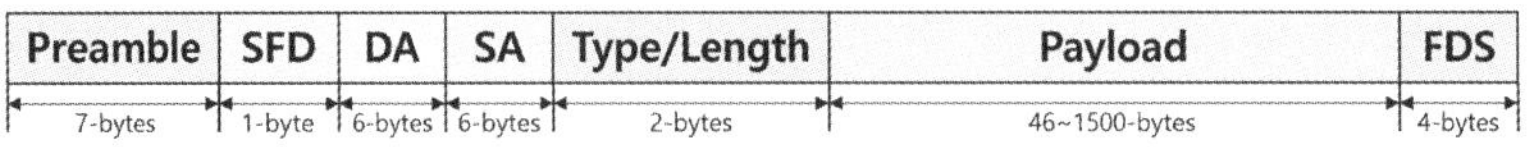

Preamble	SFD	DA	SA	Type/Length	Payload	FDS
7-bytes	1-byte	6-bytes	6-bytes	2-bytes	46~1500-bytes	4-bytes

그림 9-2. IEEE 802.3 기반 Ethernet 표준 프레임 구조

그림 9-2에서는 Ethernet 프레임의 기본 요소를 소개하고 있다. 각각의 항목을 자세히 살펴보도록 하겠다.

1) Preamble & SFD

MCU에 내장된 Ethernet MAC 모듈은 IEEE 802.3 기반의 Ethernet 프레임을 PHY IC로 전달한다. 이후 물리 계층의 PHY IC를 통해 이진 코드 기반 프레임을 전기 신호로 변환하여 케이블로 전송하게 된다. 이때, 물리 계층에서 Ethernet 프레임을 전기 신호로 변환하여 전송하기 전 "Preamble"과 "SFD"를 먼저 전송한다. 이는 수신 측 ECU에서 프레임 전송 타이밍을 잡을 수 있도록 도와주기 위한 용도이다. "Preamble"은 논리값 '1'과 '0'이 번갈아 반복되는 7바이트로 구성되고, "Preamble" 다음으로 '0b10101011'인 1바이트의 "SFD"를 함께 보낸다. "Preamble"을 통해 입력 타이밍을 인지한 수신 측 ECU는 "SFD"를 통해 프레임 전송의 본격적인 시작을 확인할 수 있다.

Preamble	SFD
10101010 10101010 10101010 10101010 10101010 10101010 10101010	10101011

그림 9-3. "Preamble" 및 "SFD"의 이진 코드 구성

2) MAC 주소

프레임을 다루는 2계층인 데이터 링크 계층은 흔히 MAC 계층이라 불리는데, 주로 담당하는 역할이 장치별 MAC 주소를 이용하여 다중 접속을 관리하기 때문이다. 우리가 사용하는 PC도 명령 프롬프트에서 MAC 주소를 확인할 수 있다. MAC 주소는 장치에 부여된 고유한 물리적 주소이므로 수정할 수는 없지만, 하나의 장치가 여러 개의 MAC 주소를 가질 수는 있다. 보통 전송 방식(Unicast, Multicast, Broadcast)에 따라 주소 지정 방식이 달라진다. MAC 주소는 상위 계층에서 만들어진 데이터를 원하는 목적지로 전송하는데 활용된다. 여기서 헷갈릴 수 있는 것이, IP 주소와 MAC 주소의 차이점이다. IP 주소는 3계층인 네트워크 계층에서 주로 다루는 내용인데, 패킷의 출발지와 도착지의 네트워크상 주소를 의미한다. 반면에 MAC 주소는 출발지부터 목적지까지 지나쳐가는 주변 물리 장치들의 주소를 의미한다. 예를 들어, 서울에서 부산까지 택배를 전송한다고 했을 때, 출발지인 서울과 도착지인 부산에 대한 거주지 주소를 IP 주소라고 하고, 택배가 거쳐 가는 중간물류센터(HUB) 별 고유 주소를 MAC 주소라고 할 수 있다. 모든 네트워크가 그렇듯, 원하는 지점에 항상 한 번에 정보를 전송할 수는 없다. 주변 장치들을 거쳐 가는 과정에서 경로가 조금이라도 잘못될 경우, 엉뚱한 장치로 정보가 전송될 수 있다. 보통 Ethernet 기반의 네트워크에서 다중 접속을 효과적으로 제어하기 위해 스위치를 사용하는데, 스위치는 Ethernet 프레임에 들어있

는 DA를 확인한 다음, 해당 장치와 연결되어있는 포트로 정보를 전달한다. 스위치 포트에 연결되어있는 장치들은 MAC 필터링을 통해 원하는 Ethernet 프레임만 받아들일 수 있다. DA는 프레임을 수신하는 장치의 MAC 주소이고, SA는 프레임을 송신하는 장치의 MAC 주소이다. 이때 각각의 MAC 주소는 6바이트로 구성된다.

그림 9-4. MAC 주소 세부 구성

MAC 주소는 사용자가 자유롭게 결정하는 것이 아닌, 특정 규약에 따라 정해진다. MAC 주소의 상위 3바이트는 IEEE에서 인정한 고유 제조 번호로서, 제조 회사에 따라 고유한 OUI 번호가 부여된다. 나머지 하위 3바이트는 제조 장치별 일련번호로 구성된다. 대부분 장치는 제조 과정에서 고유한 MAC 주소가 결정된다. 따라서 사용자가 직접 MAC 주소를 고민하고 결정할 필요가 없다. 그러나 일부 장치는 사전에 MAC 주소가 결정되지 않을 수도 있다. 우리가 사용하는 실습 보드 역시 고유한 MAC 주소를 갖고 있지 않다. 그 대신 사용자가 직접 MAC 주소를 설정하고, 이를 통해 MAC 필터링 기능을 사용할 수 있다.

3) Type / Length

프레임에서 MAC 주소 다음에 이어지는 "Type/Length" 필드는 프레임 내부의 "Payload"에 대한 정보를 의미한다. 이 값은 2바이트로 구성되는데, 값의 크기에 따라 상위 프로토콜 정보로 사용할 것인지, "Payload" 데이터의 길이 정보로 사용할 것인지 결정한다. 해당 필드의 값이 '1,536(=0x600)' 이상일 경우 상위 프로토콜의 "Type"으로 해석하고, '1,500(=0x5DC)' 이하일 경우, "Payload" 데이터의 전체 길이(바이트 수)로 해석한다. 해당 필드를 "Type"으로 사용하는 프레임 구조를 Ethernet II (DIX II) 프레임이라고 정의하고, 이는 현재 대표적으로 사용하는 프레임 구조이다. Ethernet II 프레임의 경우, 구조 자체는 기존 IEEE 802.3 기반 Ethernet 표준 프레임과 거의 동일하다. "Type"에 대한 세부적인 내용은 IANA에서 제공하며, 자주 사용하는 Ethernet "Type"은 표 9−1과 같다.

표 9-1. 자주 사용하는 Ethernet Type 목록

	Ethernet Type (2바이트)	목적
1	0x0800	IPv4
2	0x0806	ARP
3	0x8100	VLAN
4	0x86DD	IPv6

4) Payload

"Payload"는 실제로 전송하고자 하는 데이터(혹은 메시지)와 부가적인 정보를 포함한다. 즉, 원형의 데이터만 존재하지 않고, 3계층(네트워크 계층) 이후의 부가 정보(Header)들을 함께 포함한다. 이는 앞서 설명하였던 "캡슐화"가 적용된 것이다.

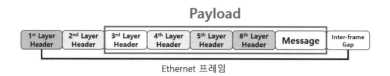

그림 9-5. Payload 영역 구성 예시

그림 9-5처럼 구성되는 "Payload"는 최소 46바이트 이상(VLAN을 사용하는 경우, 42바이트 이상)을 만족해야만 한다. 그 이유는 충돌 감지(CD)에 필요한 최소 길이가 64바이트이기 때문이다. 만약 사용자가 46바이트(VLAN 사용 시, 42바이트) 미만으로 "Payload"를 구성한 경우, 전송 과정에서 자동으로 부족한 공간만큼 패딩(0으로 채워 넣음) 처리한다. 이에 관한 내용은 "9.3.3. 실습 3: Ethernet 프레임 패딩"에서 자세히 다룰 것이다.

5) FCS

"FCS"는 오류 검출을 위한 4바이트의 CRC이다. 이는 프레임의 전반적인 내용이 내/외부적인 요인(예: 잡음)에 의해 훼손되었는지 확인하는 용도이다.

9.2.3. 하드웨어 동작 원리

이번 파트에서는 Ethernet 통신의 하드웨어 동작 과정을 설명할 것이다. 앞서 살펴본 OSI 7계층과 연계해보면, 보통 4계층인 전송 계층의 일부분까지 하드웨어 계층에 해당하고, 5계층인 세션 계층 이후는 소프트웨어 계층에 해당한다. 즉, 일부 전송 계층의 기능까지 하드웨어에서 지원할 수 있다는 것이다. 그러나 이는 임베디드 시스템 사양 및 옵션에 따라 달라진다. 우리가 사용하는 실습 보드는 네트워크 계층 이후의 기능을 하드웨어에서 지원하지 않는다. 이 경우, IP 라우팅 및 소켓 프로그래밍 등을 RTOS 및 소프트웨어로 구현할 수 있다. 이러한 내용은 이 책에서 다루지 않는다. 실습 보드의 MCU는 데이터링크 계층의 기능을 수행하기 위한 Ethernet MAC 모듈을 내장하고 있다. 또한, 실습 보드 내 별도의 PHY IC가 탑재되어 있다. 우리는 실습 보드 사양에 따라 1, 2계층에 집중하여 하드웨어 동작 과정을 살펴볼 것이다.

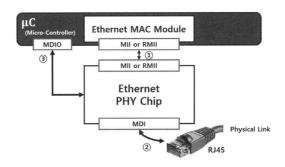

그림 9-6. Ethernet 통신을 위한 하드웨어 구성도

그림 9-6과 같이, Ethernet 통신을 수행하기 위해 기계어를 전기 신호로 변환하는 역할인 PHY IC와 상위 프로토콜에 기반한 데이터 혹은 메시지를 프레임 형태로 가공하고 관리하는 MAC 모듈이 필요하다. PHY IC는 물리 계층에 해당하고, MAC 모듈은 데이터링크 계층에 해당한다. Ethernet 표준 규약에서는 이들 간의 연결 인터페이스를 다음과 같이 3가지로 구분한다.

① MII(MAC 모듈과 PHY IC 간 연결): MII는 기계어로 구성된 프레임을 PHY IC로 전달하는 통로이다. 통신 선로와 속도에 따라 여러 가지 종류로 구분되며, MCU 및 PHY IC 사양에 따라 결정된다.

② MDI(PHY IC와 케이블 간 연결): MDI는 PHY IC에 의해 "Symbol" 형태로 변환된 프레임 정보를 전기 신호로 내보내기 위한 통로이다. MDI의 구성은 케이블 커넥터의 형태에 따라 결정된다고 볼 수 있다. 차량용 Ethernet의 경우, MDI는 2가닥(1쌍)의 통신 회선만을 사용하게 된다. 우리가 사용하는 실습 보드는 가정용 Ethernet에 맞춰 설계되어 있어, MDI는 4가닥(2쌍)의 통신 회선을 사용한다. 이는 "9.2.4. 회로도 및 핀맵"에서 확인할 수 있다.

③ MDIO(MCU와 PHY IC 간 연결): MDIO는 MCU에서 PHY IC 내부 시스템에 직접 접근하여 설정할 수 있는 용도이다. MCU는 MDIO를 통해 PHY IC와 시리얼 통신으로 정보를 주고받을 수 있다. 주로 명령을 보내거나, 상태 정보를 취득할 수 있다.

이번에는 MCU 내부에서 Ethernet 통신이 수행되는 과정을 살펴볼 것이다. 그림 9-7을 통해 MAC 모듈(ETHERC) 기반 Ethernet 프레임 생성 과정을 확인할 수 있다.

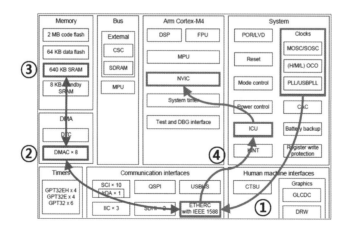

그림 9-7. MCU 내부 Ethernet 통신 전체 동작 과정 (1)

① MCU에 내장된 MAC 모듈(ETHERC)은 시스템 클럭을 공급받아야 정상적으로 Ethernet 프레임을 송/수신할 수 있다. 대부분의 통신은 특정 클럭에 동기화된 상태에서 진행된다. 클럭에 동기화되지 않으면 불규칙한 속도로 송/수신이 이뤄지기 때문에 정확하게 해석할 수 없다.

② Ethernet 프레임은 상당한 크기를 갖는다. "Payload" 영역만으로 최대 1,500 바이트까지 포함할 수 있다. 대용량의 프레임은 레지스터만으로 관리할 수 없으며 모든 프레임은 메모리에 저장한다. MAC 모듈은 프레임 정보를 읽고 쓰기 위해 메모리에 접근해야 하는데, 메모리에 직접 접근은 불가능하다. MAC 모듈은 반드시 Ethernet DMA 모듈인 EDMAC를 통해 메모리에 접근해야 한다.

③ 모든 프레임은 접근 속도가 빠른 SRAM에 저장되며, EDMAC를 통해 접근하여 데이터를 수정 및 저장한다. 메모리에 프레임 시, 일정 규칙에 따라 "Descriptor"와 "Buffer" 영역으로 구분하여 저장한다. 이들 각각은 송신과 수신 전용으로 구분된다. "Descriptor"는 프레임의 상태 정보와 실제 저장 위치 등을 포함한다. "Buffer"는 실제 프레임 데이터를 저장하는 공간이다. 그림 9-8과 같이, "Descriptor"는 "Buffer"의 시작 위치를 가리키며, EDMAC는 반드시 "Descriptor"에 먼저 접근한 후 "Buffer"에서 프레임을 읽고 쓸 수 있다. SRAM의 특정 영역에 "Descriptor"와 "Buffer"를 생성하고 레지스터에 메모리 주소 값을 저장하면, ETHERC는 EDMAC를 통해 해당 위치에 접근하여 프레임 정보를 읽고 쓸 수 있다.

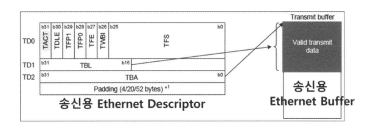

그림 9-8. 송신용 Ethernet Descriptor 및 Buffer의 구조

④ MAC 모듈이 특정 인터럽트 신호를 프로세서로 전달하는 과정은 앞서
　설명한 외부 인터럽트 동작과 동일하다. MAC 모듈이 특정 인터럽트
　신호를 발생시키면, 해당 신호는 ICU 및 NVIC를 통해 프로세서로 전
　달된다.

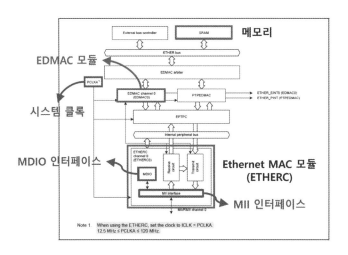

그림 9-9. MCU 내부 Ethernet 통신 전체 동작 과정 (2)

그림 9-9는 앞서 설명한 MCU에서의 Ethernet 통신 전체 동작 과정을 요
약한 것이다.

9.2.4. 회로도 및 핀맵

이제 실습 보드에서 어떤 방식으로 Ethernet 통신 주변 회로를 구성하였는지 확인할 것이다. 앞서 설명했듯이, Ethernet 통신을 수행하기 위해 MCU에 내장되는 MAC 모듈과 외장형 PHY IC가 필요하다. MAC 모듈과 달리, PHY IC는 MCU 외부에서 물리적으로 연결된다. 우리는 FSP Configuration 설정을 위해 PHY IC가 어떤 MCU 핀과 연결되었는지 확인할 필요가 있다.

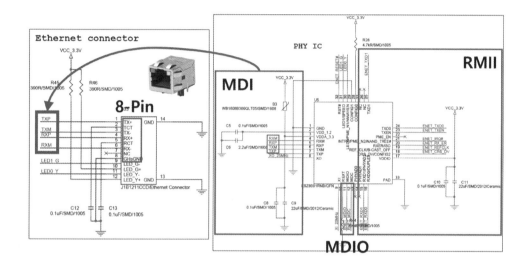

그림 9-10. Ethernet 통신 주변 회로에 대한 Schematic 도면 (1)

그림 9-10에서는 PHY IC와 Ethernet 커넥터의 연결 상태를 보여준다. 해당 커넥터는 RJ45형 Ethernet 케이블과 호환된다. 커넥터의 8개 핀 중 직접적으로 데이터를 주고받는 회선은 4개("TX+", "TX-", "RX+", "RX-")이다. 따라서 Ethernet 커넥터는 MDI를 통해 PHY IC와 4개의 핀으로 연결된다. 그림 9-10의 하단에서는 MDIO로 사용되는 2개의 핀을 확인할 수 있고, 우측에서는 MCU와 직접 연결되는 MII를 확인할 수 있다. 그림 9-10에서는 RMII

로 표현되어 있는데, 이는 MII 종류 중 하나이다. 일반적인 MII의 경우 25MHz 클록 및 4개의 핀을 통해 데이터를 주고받지만, RMII의 경우 50MHz 클록 및 2개의 핀으로 데이터를 주고받는다. 그림 9-11을 통해 알 수 있듯이, RMII는 MII에 비해 훨씬 간단하게 회로를 구성할 수 있다.

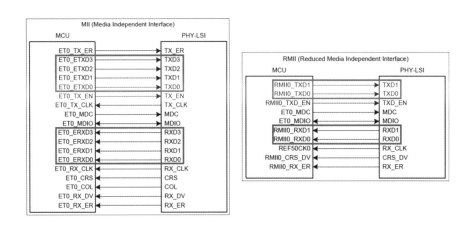

그림 9-11. MII와 RMII의 회로 구성 비교

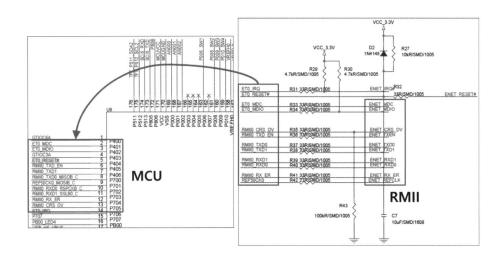

그림 9-12. Ethernet 통신 주변 회로에 대한 Schematic 도면 (2)

그림 9-12에서는 MCU 단에서 MII가 어떤 방식으로 연결되는지 보여주

고 있다. 이에 대한 핀 번호를 정리하면, 표 9-2와 같다.

표 9-2. Ethernet 통신에 대한 MCU 핀맵

파트명	포트번호	MCU 핀 번호
REF50CKO_MOSIB_C	P701	9
RMII0_TXD0_MISOB_C	P700	8
RMII0_TXD1	P406	7
RMII0_TXD_EN	P405	6
RMII0_RXD0_RSPCKB_C	P702	10
RMII0_RXD1_SSLB0_C	P703	11
RMII0_RX_ER	P704	12
RMII0_CRS_DV	P705	13
ET0_MDC	P401	2
ET0_MDIO	P402	3

표 9-2에서 소개한 핀맵은 Ethernet FSP Configuration 설정에서 사용할 것이다. 여러 개의 파트명을 가지고 있는 핀이 있는데, 이는 다른 통신(SCI-UART, SPI 등)에서 해당 핀을 공유하기 때문이다.

9.2.5. Ethernet FSP Configuration

해당 파트에서는 E2 Studio 개발환경에서의 Ethernet 통신을 위한 FSP Configuration 설정 방법에 대해 살펴볼 것이다. 프로젝트 생성은 이전 실습들과 동일하게 진행하면 된다.

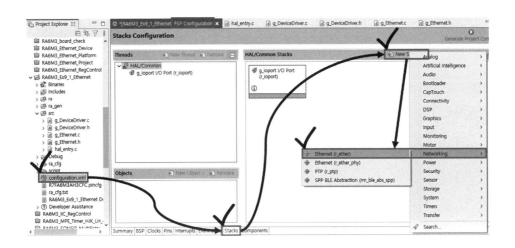

그림 9-13. Ethernet 통신을 위한 FSP Configuration 설정 (1)

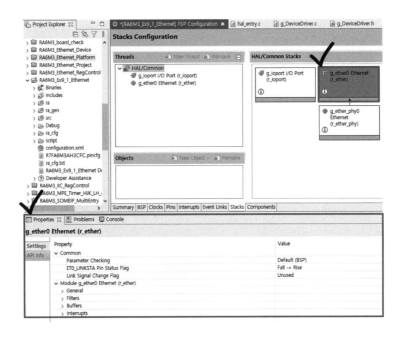

그림 9-14. Ethernet 통신을 위한 FSP Configuration 설정 (2)

프로젝트 생성 후 FSP Configuration XML 파일을 열고, 그림 9-13과 같은 순서로 Ethernet HAL 스택을 생성하길 바란다. Ethernet HAL 스택을 추가하면, 하위 항목에 자동으로 Ethernet PHY HAL 스택이 함께 추가된다. 이제 Ethernet HAL 스택을 클릭하여 "Properties" 창을 열면 된다. 이 과정은 그림 9-14와 같다.

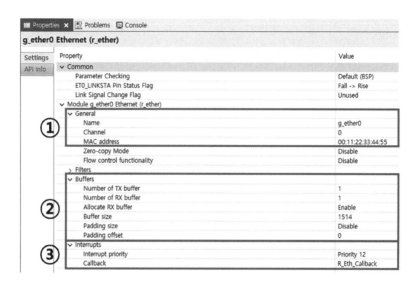

그림 9-15. Ethernet 통신을 위한 FSP Configuration 설정 (3)

Ethernet HAL 스택에 대한 "Properties"를 확인해보면 그림 9-15와 같다. 각각의 설정 항목들을 자세히 살펴보도록 하겠다.

① 실습 보드에 내장된 Ethernet MAC 모듈은 단일 채널이므로 0번 채널 값을 그대로 사용하면 된다. MAC 주소의 경우 사용자가 자유롭게 설정할 수 있으나, 이 책에서는 "00:11:22:33:44:55"로 설정하겠다. MAC 주소는 물리적 장치에 대한 고유한 주소이므로, 다른 장치들과 동일한 값을 가질 수 없다. 이 점 참고하여 설정에 주의하길 바란다.

② 해당 설정 항목은 "Ethernet Descriptor" 및 "Buffer"의 메모리 할당과 관련

한 설정이다. 실습에서 크게 건드릴 필요가 없어, 초기 설정 그대로 사용할 것이다.

③ 해당 설정 항목은 Ethernet 통신에 대한 인터럽트 우선순위 및 Callback 함수를 지정하는 용도이다. 앞서 진행한 실습들과 마찬가지로, Ethernet 통신에 대한 특정 이벤트가 발생했을 때, 이를 처리하기 위한 Callback 함수를 할당하면 된다.

다음으로, Ethernet PHY HAL 스택을 클릭하고 "Properties" 창을 열면 된다. 이 과정은 그림 9-16과 같다.

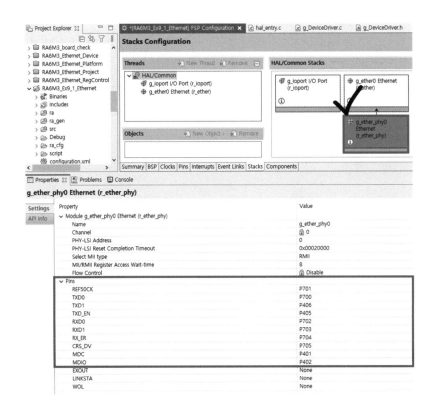

그림 9-16. Ethernet 통신을 위한 FSP Configuration 설정 (4)

Ethernet PHY HAL 스택에서는 MII 핀만 설정하면 된다. "9.2.4. 회로도 및 핀맵"에서 확인한 대로, 표 9-2를 참고하여 그림 9-16과 같이 설정하면 된다. 모든 과정을 완료했다면, "Generate Project Content"를 클릭하여 FSP 설정 내용을 프로젝트에 반영하면 된다. 이후, HAL 함수를 호출하면, FSP 설정에 따라 자동으로 Ethernet 통신에 대한 레지스터를 설정할 수 있다. 프로그램 내에서 Ethernet HAL 함수를 사용하는 방법은 실습 파트에서 자세히 설명할 것이다.

9.2.6. Ethernet 레지스터 설정

해당 파트에서는 직접 장치 드라이버 라이브러리를 설계하는 과정에서 필요한 Ethernet 관련 레지스터에 대해 살펴볼 것이다. 레지스터를 직접 사용하는 경우, FSP Configuration이나 HAL 함수 없이 Ethernet 모듈을 제어할 수 있다. 레지스터만을 이용하여 Ethernet 통신 장치 드라이버를 설계하는 것은 매우 복잡하다. 특히 Ethernet 통신은 PHY IC와의 연동을 위해 IC에 직접 접근해야 하는데, 이 과정 역시 상당히 복잡하다. 이 책은 학부생 수준에 맞춰 작성하였기 때문에, 통신 실습에 대한 장치 드라이버를 직접 설계하는 과정을 전부 살펴보지는 않을 것이다. 대신, ETHERC 및 EDMAC 모듈과 관련한 일부 레지스터만 소개할 것이다.

1) "ETHERC Mode Register" (ECMR)

ECMR은 ETHERC 모듈의 전반적인 동작을 제어하는 용도이다. 레지스터의 세부 설명은 그림 9-17을 통해 확인할 수 있다. 레지스터의 비트 필드

중, 주의 깊게 살펴봐야 하는 것은 4가지이다.

① "DM" 필드는 Ethernet 통신의 "Duplex"를 설정하는 용도이다. "Duplex"에 대해서는 이미 "7. SCI-UART" 실습에서 설명한 바 있다. Ethernet은 데이터 변환 과정에서 "Echo Cancellation" 기술을 사용하기 때문에, 통신 회선에 상관없이 "Full-duplex"를 지원할 수 있다. "RTM" 필드는 Ethernet 통신 속도(Bit Rate)를 설정하는 용도이다. 실습 보드는 두 가지 속도(10Mbps, 100Mbps)를 지원한다.

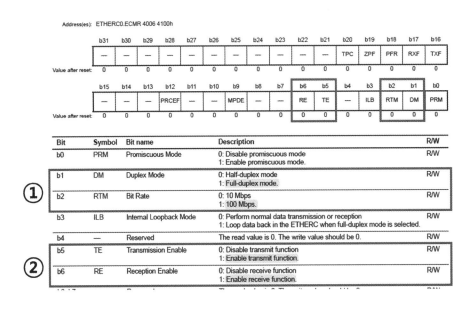

그림 9-17. Ethernet 통신 관련 레지스터 - ECMR

② "TE" 및 "RE" 필드는 Ethernet 통신의 송/수신 허용 유무를 결정하는 용도이다. 해당 필드를 반드시 '1'로 설정해야만 Ethernet 통신을 원활하게 수행할 수 있다.

2) "Receive Frame Maximum Length Register" (RFLR)

RFLR은 메모리에 할당된 "Buffer"에 저장 가능한 수신 Ethernet 프레임의 길이를 제한하는 용도이다. 레지스터의 세부 설명은 그림 9-18을 통해 확인할 수 있다. 일반적으로, Ethernet II 프레임에서 2계층에 대한 "Header"가 18바이트이고, MTU가 1,500바이트이므로 해당 레지스터의 "RFL" 필드는 '1,518'로 설정한다.

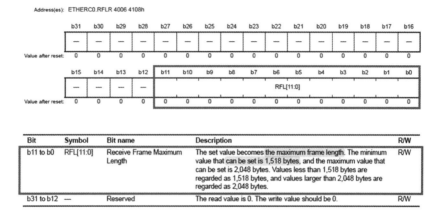

그림 9-18. Ethernet 통신 관련 레지스터 - RFLR

3) "PHY Interface Register" (PIR)

PIR 레지스터는 MDIO를 통해 PHY IC를 직접 제어하는 용도이다. 레지스터의 세부 설명은 그림 9-19를 통해 확인할 수 있다.

Address(es): ETHERC0.PIR 4006 4120h

b31	b30	b29	b28	b27	b26	b25	b24	b23	b22	b21	b20	b19	b18	b17	b16
—	—	—	—	—	—	—	—	—	—	—	—	—	—	—	—

Value after reset: 0 0 0 0 0 0 0 0 0 0 0 0 0 0 0 0

b15	b14	b13	b12	b11	b10	b9	b8	b7	b6	b5	b4	b3	b2	b1	b0
—	—	—	—	—	—	—	—	—	—	—	—	MDI	MDO	MMD	MDC

Value after reset: 0 0 0 0 0 0 0 0 0 0 0 0 x 0 0 0

Bit	Symbol	Bit name	Description	R/W
b0	MDC	MII/RMII Management Data Clock	This value is output from the ET0_MDC pin to supply the management data clock to the MII or RMII.	R/W
b1	MMD	MII/RMII Management Mode	0: Read 1: Write.	R/W
b2	MDO	MII/RMII Management Data-Out	This value is output from the ET0_MDIO pin when the MMD bit is 1 (write), and not when MMD is 0 (read).	R/W
b3	MDI	MII/RMII Management Data-In	This bit indicates the level of the ET0_MDIO pin. The write value should be 0.	R
b31 to b4	—	Reserved	The read value is 0. The write value should be 0.	R/W

그림 9-19. Ethernet 통신 관련 레지스터 - PIR

PIR을 통해 MCU는 '1'과 '0' 값으로 구성된 시리얼 데이터를 PHY IC와 주고받을 수 있다. PIR 설정 방법은 매우 복잡하기 때문에, 이와 관련한 설명은 생략하도록 하겠다. 해당 내용을 확인하고 싶다면, Renesas에서 제공하는 "Reference Manual"의 29.3.4절을 살펴보길 바란다.

4) "MAC Address Upper/Lower Bit Register" (MAHR/MALR)

MAHR/MALR은 MAC 모듈의 주소를 결정하는 용도이다. MAC 주소는 총 6바이트이므로, 4바이트(32비트)인 레지스터가 2개 필요하다. 따라서 상위 4바이트를 설정하기 위한 MAHR과 하위 2바이트를 설정하기 위한 MALR이 별도로 존재하는 것이다. 레지스터의 세부 설명은 그림 9-20, 9-21을 통해 확인할 수 있다.

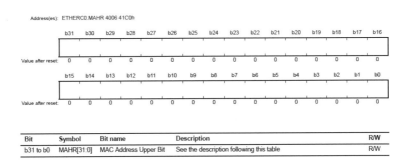

Address(es): ETHERC0.MAHR 4006 41C0h

	b31	b30	b29	b28	b27	b26	b25	b24	b23	b22	b21	b20	b19	b18	b17	b16
Value after reset:	0	0	0	0	0	0	0	0	0	0	0	0	0	0	0	0

	b15	b14	b13	b12	b11	b10	b9	b8	b7	b6	b5	b4	b3	b2	b1	b0
Value after reset:	0	0	0	0	0	0	0	0	0	0	0	0	0	0	0	0

Bit	Symbol	Bit name	Description	R/W
b31 to b0	MAHR[31:0]	MAC Address Upper Bit	See the description following this table	R/W

그림 9-20. Ethernet 통신 관련 레지스터 - MAHR

만약 설정하고자 하는 MAC 주소가 "00:11:22:33:44:55"일 경우, MAHR
은 '0x00112233'으로, MALR은 '0x00004455'로 설정하면 된다.

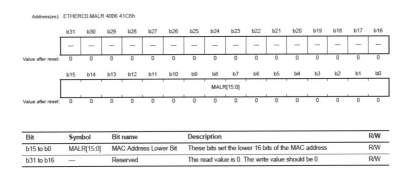

Address(es): ETHERC0.MALR 4006 41C8h

	b31	b30	b29	b28	b27	b26	b25	b24	b23	b22	b21	b20	b19	b18	b17	b16
	—	—	—	—	—	—	—	—	—	—	—	—	—	—	—	—
Value after reset:	0	0	0	0	0	0	0	0	0	0	0	0	0	0	0	0

	b15	b14	b13	b12	b11	b10	b9	b8	b7	b6	b5	b4	b3	b2	b1	b0
								MALR[15:0]								
Value after reset:	0	0	0	0	0	0	0	0	0	0	0	0	0	0	0	0

Bit	Symbol	Bit name	Description	R/W
b15 to b0	MALR[15:0]	MAC Address Lower Bit	These bits set the lower 16 bits of the MAC address	R/W
b31 to b16	—	Reserved	The read value is 0. The write value should be 0.	R/W

그림 9-21. Ethernet 통신 관련 레지스터 - MALR

5) "EDMAC Mode Register" (EDMR)

EDMR은 EDMAC 모듈의 동작을 제어하는 용도이다. 레지스터의 세부
설명은 그림 9-22를 통해 확인할 수 있다.

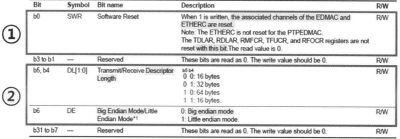

Address(es): EDMAC0.EDMR 4006 4000h, PTPEDMAC.EDMR 4006 4400h

	b31	b30	b29	b28	b27	b26	b25	b24	b23	b22	b21	b20	b19	b18	b17	b16
	—	—	—	—	—	—	—	—	—	—	—	—	—	—	—	—
Value after reset:	0	0	0	0	0	0	0	0	0	0	0	0	0	0	0	0

	b15	b14	b13	b12	b11	b10	b9	b8	b7	b6	b5	b4	b3	b2	b1	b0
	—	—	—	—	—	—	—	—	—	DE	DL[1:0]		—	—	—	SWR
Value after reset:	0	0	0	0	0	0	0	0	0	0	0	0	0	0	0	0

Bit	Symbol	Bit name	Description	R/W
① b0	SWR	Software Reset	When 1 is written, the associated channels of the EDMAC and ETHERC are reset. Note: The ETHERC is not reset for the PTPEDMAC. The TDLAR, RDLAR, RMFCR, TFUCR, and RFOCR registers are not reset with this bit. The read value is 0.	R/W
b3 to b1	—	Reserved	These bits are read as 0. The write value should be 0.	R/W
② b5, b4	DL[1:0]	Transmit/Receive Descriptor Length	b5 b4 0 0: 16 bytes 0 1: 32 bytes 1 0: 64 bytes 1 1: 16 bytes.	R/W
b6	DE	Big Endian Mode/Little Endian Mode*1	0: Big endian mode 1: Little endian mode.	R/W
b31 to b7	—	Reserved	These bits are read as 0. The write value should be 0.	R/W

그림 9-22. Ethernet 통신 관련 레지스터 - EDMR

① "SWR" 필드는 ETHERC 및 EDMAC 모듈과 관련한 레지스터들을 초기 화를 위한 용도이다. 초기 설정이 끝난 이후의 Ethernet 통신 레지스터들은 수정할 수 없다. 따라서 프로그램 실행 도중 관련 레지스터의 수정이 필요하 다면, 반드시 해당 필드를 이용해야 한다. 단, 데이터 통신 도중에는 해당 필 드에 대한 접근이 제한된다.

② "DL" 필드는 Ethernet 통신의 송/수신용 "Descriptor" 길이를 설정하는 용 도이다. "DE" 필드는 "Descriptor" 혹은 "Buffer"를 메모리에 저장하는 방 식(Endianness)을 설정하는 용도이다.

6) "T/R Descriptor List Start Address Register" (TDLAR/RDLAR)

TDLAR/RDLAR은 송/수신용(Transmit/Receive) "Descriptor"의 시작 주소 를 지정하는 용도이다. 레지스터의 세부 설명은 그림 9-23을 통해 확인할 수 있다.

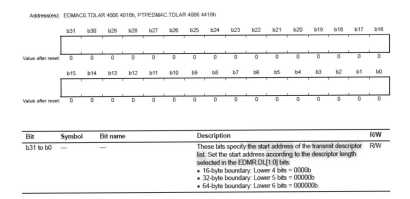

Address(es): EDMAC0.TDLAR 4006 4018h, PTPEDMAC.TDLAR 4006 4418h

Bit	Symbol	Bit name	Description	R/W
b31 to b0	—	—	These bits specify the start address of the transmit descriptor list. Set the start address according to the descriptor length selected in the EDMR.DL[1:0] bits. • 16-byte boundary: Lower 4 bits = 0000b • 32-byte boundary: Lower 5 bits = 00000b • 64-byte boundary: Lower 6 bits = 000000b.	R/W

그림 9-23. Ethernet 통신 관련 레지스터 - TDLAR

EDMAC 모듈은 해당 레지스터에 저장된 메모리 주소를 참조하여 특정 "Descriptor"에 접근할 수 있다. RDLAR은 TDLAR과 완전히 동일한 구조를 갖는다.

7) "ETHERC/EDMAC Status Interrupt Enable Register" (EESIPR)

EESIPR은 Ethernet 통신과 관련한 모든 이벤트를 관리 및 제어하는 용도이다. 해당 레지스터의 각 비트 필드를 이용해 특정 이벤트의 동작 유무를 결정할 수 있다. 레지스터의 세부 설명은 그림 9-24를 통해 확인할 수 있다.

Address(es): EDMAC0.EESIPR 4006 4030h

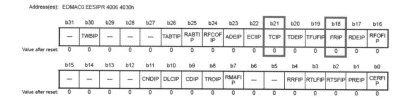

	b31	b30	b29	b28	b27	b26	b25	b24	b23	b22	b21	b20	b19	b18	b17	b16
	—	TWBIP	—	—	—	TABTIP	RABTI P	RFCOF IP	ADEIP	ECIIP	TCIP	TDEIP	TFUFIP	FRIP	RDEIP	RFOFI P
Value after reset:	0	0	0	0	0	0	0	0	0	0	0	0	0	0	0	0

	b15	b14	b13	b12	b11	b10	b9	b8	b7	b6	b5	b4	b3	b2	b1	b0
	—	—	—	—	CNDIP	DLCIP	CDIP	TROIP	RMAFI P	—	—	RRFIP	RTLFIP	RTSFIP	PREIP	CERFI P
Value after reset:	0	0	0	0	0	0	0	0	0	0	0	0	0	0	0	0

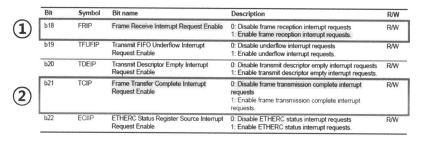

Bit	Symbol	Bit name	Description	R/W
① b18	FRIP	Frame Receive Interrupt Request Enable	0: Disable frame reception interrupt requests 1: Enable frame reception interrupt requests.	R/W
b19	TFUFIP	Transmit FIFO Underflow Interrupt Request Enable	0: Disable underflow interrupt requests 1: Enable underflow interrupt requests.	R/W
b20	TDEIP	Transmit Descriptor Empty Interrupt Request Enable	0: Disable transmit descriptor empty interrupt requests 1: Enable transmit descriptor empty interrupt requests.	R/W
② b21	TCIP	Frame Transfer Complete Interrupt Request Enable	0: Disable frame transmission complete interrupt requests 1: Enable frame transmission complete interrupt requests.	R/W
b22	ECIIP	ETHERC Status Register Source Interrupt Request Enable	0: Disable ETHERC status interrupt requests 1: Enable ETHERC status interrupt requests.	R/W

그림 9-24. Ethernet 통신 관련 레지스터 - EESIPR

① "FRIP" 필드가 비활성화 되어 있다면, Ethernet 프레임을 수신할 때 인터럽트 신호가 발생하지 않는다. 따라서 응용 프로그램은 프레임의 수신 여부를 알 수 없다. 이를 방지하기 위해 반드시 해당 필드를 '1'로 설정해야 한다.

② "TCIP" 필드는 Ethernet 프레임을 송신할 때의 인터럽트 발생 유무를 결정하는 용도이다. Ethernet 프레임 송신 후 별다른 조치가 필요 없다면, 해당 필드는 비활성화하면 된다.

해당 파트에서는 Ethernet 통신과 관련한 레지스터 중 극히 일부분만을 살펴보았다. 물론, 이 책에서 소개한 내용만으로는 Ethernet 통신을 위한 장치 드라이버를 완벽하게 설계할 수 없다. 좀 더 상세한 설명이 필요하다면, Renesas에서 제공하는 "Reference Manual"을 참고하길 바란다.

9.3

실습

9.3.1. 실습 1: Ethernet 프레임 전송 (PC → ECU)

1) 이론 및 환경 설정

1-1) WireShark 설치 확인

Ethernet과 관련된 실습에서는, Ethernet 프레임을 육안으로 확인하고 분석하기 위해 WireShark 프로그램이 필요하다. 아직 설치하지 않았다면, "2. 개발환경 소개"에서 WireShark 설치 방법을 참고하길 바란다.

1-2) 하드웨어 연결

실습 보드에서 Ethernet을 사용하기 위해서는, 부가적인 설정들이 필요하다. PC와 실습 보드를 물리적으로 연결하는 방법은 2가지가 있다. 첫째로, USB형 랜카드를 사용하여 PC와 연결할 수 있다. 랜카드는 PC의 USB 2.0 이상을 지원하는 포트에 연결하면 된다. 이 경우 PC의 MAC 주소는 USB형 랜카드의 종류에 따라 결정되고, 어댑터 옵션 설정을 통해 MAC 주소를 확인할 수 있다. 둘째로, Ethernet 케이블을 이용해 PC 본체의 Ethernet 포트와 실습 보드를 직접 연결할 수 있다. 이 경우 인터넷은 사용할 수 없고, PC의 MAC 주소는 명령 프롬프트를 통해 확인할 수 있다. 앞으로의 Ethernet 실습은 기본적으로 USB형 랜카드를 사용한다는 가정 하에 진행할 것이다. Ethernet 케이블을 직접 사용하는 경우, 세부 설정 부분을 제외하면 큰 차이점은 없다.

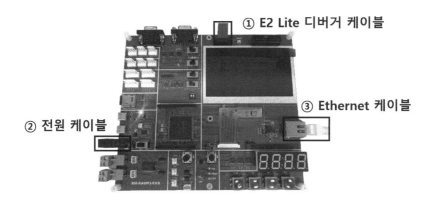

그림 9-25. 실습 보드 하드웨어 연결 방법

그림 9-25는 우리가 사용하는 실습 보드에서 ① E2 Lite 디버거 케이블, ② 전원 케이블, ③ Ethernet 케이블을 연결하는 방법이다. 앞으로 진행하는 모든 Ethernet 실습에서 그림 9-25와 같이 연결하여 실습 보드를 사용할 것이다. 따라서 추가 연결이 필요한 경우를 제외하고, 실습마다 기본적인 하드웨어 연결 방법을 별도로 설명하지는 않을 것이다.

1-3) 네트워크 설정

USB형 랜카드를 사용했다면, 가장 먼저 새로 연결한 Ethernet 케이블이 장치 관리자에서 정상적으로 인식되는지 확인해야 한다. 각각의 USB형 랜카드마다 별도의 장치 드라이버를 설치해야 한다. 드라이버 설치 파일은 인터넷 검색을 통해 쉽게 찾을 수 있다. 그림 9-26과 같이 장치 관리자에서 해당 랜카드가 인식되지 않는다면, 장치 드라이버 설치가 제대로 되었는지 확인하길 바란다.

그림 9-26. 장치 관리자에서의 USB형 랜카드 인식 확인

PC에 연결된 Ethernet은 자동으로 TCP/IP가 설정되어 있다. 이 경우, 수시로 TCP/IP 정보를 주고받기 때문에 특정 프레임만 확인하기 어렵다. 따라서 우리가 전송하는 프레임만 확인할 수 있도록 해당 설정을 모두 해제한 다음 실습을 진행할 것이다.

그림 9-27. Ethernet 실습을 위한 세부 설정 (1)

Windows 10 기준으로, "제어판"→"네트워크 및 인터넷"→"네트워크 및 공유 센터"→"어댑터 옵션 변경"으로 들어가면, Ethernet 연결 상태를 확인할 수 있다. 만약 USB형 랜카드를 사용했다면, 그림 9-27처럼 기존에 사용하던 PC Ethernet 네트워크 외에 실습 보드와 연결된 Ethernet 네트워크가 별도로 감지된다. Ethernet 케이블을 직접 PC 본체에 연결한 경우, 오직 하나의 Ethernet 네트워크만이 존재할 것이다. Ethernet 아이콘을 우클릭하고 메뉴에서 "속성"을 누르면, 그림 9-28과 같은 Ethernet 속성 창을 확인할 수 있다.

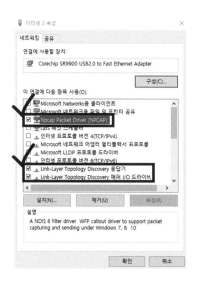

그림 9-28. Ethernet 실습을 위한 세부 설정 (2)

그림 9-28처럼 "NPCAP", "Link-layer Topology Discovery" 설정을 제외한 나머지 모든 설정을 해제하면 된다. 여기까지가 Ethernet과 관련된 기본 설정이다. 여기서 "NPCAP"은 WireShark에서 Ethernet 패킷 캡처를 위해 필요로 하는 라이브러리이다. 이와 관련한 드라이버가 해제될 경우, 정상적으로 Ethernet 프레임을 캡처 및 분석할 수 없다.

2) 실습 방법

WireShark를 실행시키면 그림 9-29와 같은 화면을 볼 수 있다. 앞서 TCP/IP 설정을 해제한 Ethernet 네트워크를 더블클릭하면, Ethernet 패킷 캡처를 시작할 수 있다.

그림 9-29. WireShark 초기 실행 화면

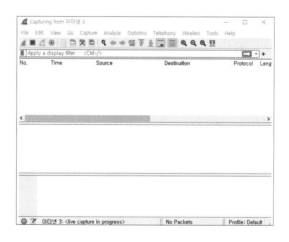

그림 9-30. WireShark Ethernet 패킷 캡처 화면

패킷 캡처를 시작한 후, 어떠한 Ethernet 프레임도 전송하고 있지 않기 때

문에 화면에는 아무것도 표시되지 않는다. 본격적으로 Ethernet 실습을 진행하기 위해, 실습 GUI 파일과 E2 Studio 기반 Ethernet 예제 프로그램을 준비해야 한다. 이는 GitHub에서 제공하는 "Renesas Ethernet Exercise GUI.zip"과 E2 Studio 프로젝트인 "RA6M3_Ex9_1_Ether net.zip" 파일을 다운로드하면 된다.

실습 GUI는 압축 폴더 내부의 "Ethernet GUI.exe" 파일을 실행하면 된다. 이때 반드시 exe 파일은 폴더 내부의 다른 파일들과 함께 위치해야만 한다(exe 파일 위치를 변경하지 않은 상태에서 실행). GUI가 실행되지 않는 경우, 앞서 설치한 "WinPcap"과 관련한 문제가 발생한 것이다. 이 경우 해당 라이브러리를 재설치하길 바란다. 다른 예로, 실습 보드에 전원을 연결하지 않은 경우, WireShark와 실습 GUI에서 Ethernet 포트가 정상적으로 인식되지 않을 수도 있다.

그림 9-31. 실습 GUI 초기 실행 화면

실습 GUI를 실행하면, 그림 9-31과 같은 창이 표시된다. 해당 GUI는 모든 Ethernet 실습에서 사용할 것이다.

① GUI를 실행한 후, 가장 먼저 "Ethernet Network Interface"가 올바르게 설정되었는지 확인해야 한다. 그림 9-28과 같은 속성 창의 상단에서 Ethernet 네트워크 장치명을 확인할 수 있다.

② 해당 영역은 사용자가 Ethernet 프레임의 "Header" 정보를 설정하기 위한 용도이다. "Header" 정보는 "DA", "SA", "EtherType"을 포함한다. GUI의 "Source MAC"에 자신의 PC MAC 주소를 입력하고, "Destination MAC"에 실습 보드의 MAC 주소를 입력하면 된다. PC MAC 주소를 확인하는 방법은 다음과 같다. 실습 보드를 PC와 직접 연결한 경우, 실행(windows 키 + R) 창에서 "cmd"를 입력하여 명령 프롬프트를 실행하고, "ipconfig /all" 명령어를 입력하면 자신의 PC MAC 주소를 확인할 수 있다.

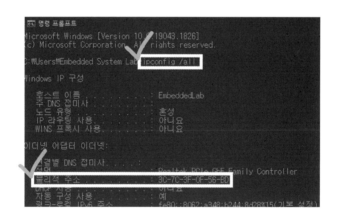

그림 9-32. PC MAC 주소 확인 방법 (명령 프롬프트)

USB형 랜카드를 사용하여 실습 보드를 PC와 연결한 경우, PC MAC 주소 대신 랜카드의 MAC 주소를 사용해야 한다. 랜카드의 MAC 주소를 확인하는 방법은 그림 9-33, 9-34와 같다. "네트워크 연결(혹은 어댑터 옵션 변경)"에서 해당 Ethernet 네트워크에 대한 속성 창을 열고, 상단의 장치명에 마우스 포인터를 갖다 대면, 해당 랜카드에 대한 MAC 주소를 확인할 수 있다.

그림 9-33. USB형 랜카드의 MAC 주소 확인 방법 (1)

그림 9-34. USB형 랜카드의 MAC 주소 확인 방법 (2)

DA를 정확하게 설정하지 않으면 Ethernet 프레임을 정상적으로 전송할 수 없으므로 반드시 FSP Configuration에서 설정한 MAC 주소와 동일하게 설정해야 한다. 앞서 실습 보드의 MAC 주소는 "00:11:22:33:44:55"로 설정하였다.

③ 해당 영역은 VLAN Security 기능에 대한 "VLAN Tag" 설정 용도이다. 본 실습에서는 VLAN과 관련한 내용을 다루지 않는다. 추가로 응용 실습을 진

행하고 싶다면, 해당 기능을 이용해보길 바란다.

④ "Payload Data" 영역에서는 원하는 메시지를 작성할 수 있다. 단, GUI 화면 크기 상 매우 길게 입력할 수는 없으니 참고하길 바란다. 해당 메시지는 자유롭게 설정할 수 있으나, 실습 1의 결과 확인을 위해서 반드시 처음 설정된 메시지 형식을 그대로 사용해야 한다. 프로그램 오류를 최소화하고자, 완전히 동일한 형식을 갖추지 않은 메시지에는 FND가 동작하지 않도록 설계하였다. 해당 형식은 "Please print out the number '□' on the RA6M3 FND."이고, 빈칸(□)에는 '0'~'9' 범위의 숫자만 입력할 수 있다. 메시지 입력 후 "Send" 버튼을 누르면 Ethernet 프레임이 전송된다.

⑤ 메시지를 전송한다면, 해당 영역에서 전송에 대한 로그가 출력된다. VLAN 기능을 사용하지 않고 일반 Ethernet 프레임을 전송하였기 때문에, "Sent a normal Ethernet message successfully."라는 문구가 출력될 것이다.

WireShark와 실습 GUI를 실행한 후 모든 준비를 마쳤다면, 마지막으로 실습 보드에서 예제 프로그램을 실행해야 한다. GitHub에서 다운한 "RA6M3_Ex9_1_Ethernet.zip" 파일을 압축 해제하고, 자신이 설정한 E2 Studio Workspace 경로에 넣으면 된다. 그리고 "Import" 과정을 통해 개발환경으로 불러오면 된다. 이제 "Build"를 통해 프로젝트를 빌드한 후, "Launch in 'Debug' mode"를 통해 실습 보드에서 프로그램을 실행해보자. 프로그램이 정상적으로 동작한다면, 그림 9-35와 같이 일정 시간 이후 실습 보드 하단의 "LED1(PA08)"이 점등된다. 이는 Ethernet 초기 설정이 정상적으로 완료되었다는 의미이다.

그림 9-35. 실습 1 예제 프로그램 실행 후의 LED 변화

이 상태에서 실습 GUI를 그림 9-31과 같이 설정하고, "Send" 버튼을 누르면 된다. 이때 "Source MAC" 영역에는 자신의 고유한 PC MAC 주소를 입력하길 바란다. WireShark를 통해 PC의 실습 GUI에서 전송한 Ethernet 프레임을 확인할 수 있고, 실습 보드의 FND에 특정 숫자가 출력됨을 확인할 수 있다. 단, 앞에서 제시한 메시지 형식을 준수하지 않은 경우, FND에 숫자가 정상적으로 출력되지 않는다. 숫자 '3'을 입력했을 때, 실습 보드 FND의 숫자 출력은 그림 9-36과 같다.

그림 9-36. 실습 1 Ethernet 프레임 전송 후의 FND 변화

3) 함수 기반 제어

이제 프로그램 구성을 살펴보도록 하겠다. 프로그램 내 코드 구성은 그림

9-37~9-41을 참고하길 바란다.

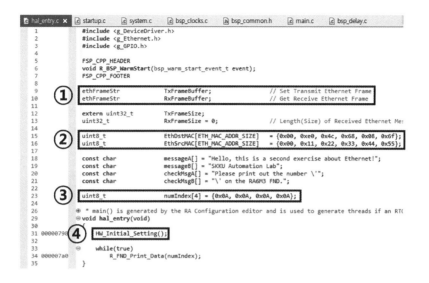

그림 9-37. 실습 예제 프로그램의 "hal_entry.c" (1)

① 해당 코드는 별도의 송/수신용 "Buffer"를 구조체(Structure) 형태로 선언한 것이다. 해당 구조체는 Ethernet 프레임 형식에 맞게 설계되어 있다. 이는 "Ethernet Descriptor"가 가리키는 "Ethernet Buffer"와 다르다. "Ethernet Buffer"에 저장된 전체 프레임 중에서, 사용자가 원하는 만큼만 읽고 쓸 수 있도록 별도의 "Buffer"를 추가한 것이다.

② 해당 코드는 DA 및 SA를 사용자가 직접 설정할 수 있도록 배열 형태로 선언한 것이다. MAC 주소를 직접 설정하는 사용자는 다른 코드를 건드리지 않고, 해당 영역의 값만 수정하면 된다.

③ 해당 코드는 FND 숫자 출력을 위한 레지스터 설정 값을 선택한다. '0'~'9'로 설정할 경우, 해당 숫자 출력을 위한 레지스터 설정 값을 불러올 수 있다. '10(=0x0A)'으로 설정할 경우, FND 세그먼트의 모든 핀을 비활성화하기 위

한 레지스터 설정 값을 불러온다.

④ 해당 코드에서는 하드웨어 초기 설정을 위한 함수를 실행한다. 해당 함수에서 FND, 인터럽트, Ethernet 하드웨어 모듈 설정을 위한 HAL 함수를 호출한다.

```
/* Receive Ethernet Frame from PC */
void R_Eth_Callback(ether_callback_args_t *p_args)
{
    switch(p_args->event)
    {
        case ETHER_EVENT_INTERRUPT:
        /* You must set "RACT" in the Receive Descriptor to 1 after
           If you use "R_ETHER_Read" HAL Function, Receive Descripto
①      R_ETHER_Read(&g_ether0_ctrl, &RxFrameBuffer, &RxFrameSize);

②      int ethFlag = checkingMsg(checkMsgA, checkMsgB);
        if (ethFlag == 0)
            numIndex[3] = RxFrameBuffer.payload[31] - 0x30;
        break;
        default:
            break;
    }
}
```

그림 9-38. 실습 예제 프로그램의 "hal_entry.c" (2)

그림 9-38은 "hal_entry.c" 파일 내에 선언된 Ethernet Callback 함수이다. Ethernet 통신과 관련한 특정 이벤트가 발생할 경우, 프로세서는 해당 Callback 함수를 먼저 실행한다. 프로그램에서는 실습 보드에서 Ethernet 프레임을 수신할 때만 이벤트가 발생하도록 설정하였다.

① 해당 코드를 통해 사용자는 "Ethernet Buffer"에 저장된 프레임 중에서, 필요한 만큼만 읽어올 수 있다. "R_ETHER_Read( )"의 두 번째 매개변수는 사용자가 임의로 설정한 "Buffer" 구조체의 포인터 값을 넣어주면 된다. 또한, 세 번째 매개변수는 사용자가 읽어오고 싶은 데이터양을 바이트 단위로 설정하면 된다.

② 해당 코드는 단순히 메시지 형식을 준수했는지 확인하는 용도이다. 정해진 형식과 정확히 일치하는 메시지를 수신할 때만 FND에 출력되는 숫자를 바

꿀 수 있다. 이때 메시지에 포함된 숫자 값에서 '0x30'을 뺀 후 "numIndex[3]" 변수로 넣어준다. 이는 실습 GUI에서 입력한 값이 모두 ASCII 코드 형태로 구성되기 때문이다. ASCII 코드와 관련한 내용은 "7. SCI-UART"에서 설명하였기 때문에 생략하겠다.

```
void HW_Initial_Setting()
{
    /* Invoke GPIO(FND) Setting Library */
    R_FND_Initial_Setting();

    /* Invoke Interrupt Setting Library */
    R_IRQ_Initial_Setting();

    /* Invoke Ethernet Setting Library */
    R_Eth_Initial_Setting();
}
```

그림 9-39. 실습 예제 프로그램의 "g_DeviceDriver.c"

이제 그림 9-39의 "HW_Initial_Setting( )"에서 호출하는 함수 중, Ethernet 초기 설정을 위한 "R_Eth_Initial_Setting( )"을 살펴보도록 하겠다.

```
void R_Eth_Initial_Setting()
{
    fsp_err_t err = FSP_SUCCESS;
①   R_ETHER_Open(&g_ether0_ctrl, &g_ether0_cfg);
②   do {
        err = R_ETHER_LinkProcess(&g_ether0_ctrl);
    } while (FSP_SUCCESS != err);
③   R_ETHERC_EDMAC->EESIPR_b.TCIP = 0U; // Disable Transmit Interrupt Setting
    memset(&RxFrameBuffer, 0, sizeof(ethFrameStr));
④   R_IOPORT_PinWrite(&g_ioport_ctrl, BSP_IO_PORT_10_PIN_08, BSP_IO_LEVEL_LOW);
```

그림 9-40. 실습 예제 프로그램의 "g_Ethernet.c" (1)

① 해당 코드에서는 ETHERC 및 EDMAC 모듈 설정을 위한 Ethernet HAL 함수를 호출한다. "R_ETHER_Open( )"은 MCU에 내장된 ETHERC 및

EDMAC 모듈에 대한 레지스터를 설정하고, "Ethernet Descriptor" 및 "Ethernet Buffer"를 메모리에 할당한다. 또한, FSP Configuration에서 설정한 대로 메모리에 설정 값을 저장한다. 라이브러리를 자세히 확인하고 싶다면, 해당 함수 위에 커서를 위치한 후 "Ctrl"과 함께 클릭하면 된다.

② 해당 코드는 PHY IC와의 인터페이스를 설정하는 용도이다. 연결 작업을 완료할 때까지 While문 안에서 "R_ETHER_LinkProcess( )"를 호출한다. 이를 통해 PHY IC와의 연결 상태를 확인하고, "Descriptor" 내부의 상태 변수들을 갱신한다.

③ 해당 코드는 Ethernet 송신 전용 이벤트를 비활성화하는 용도이다. 실습 보드에서는 Ethernet과 관련한 이벤트를 다음과 같이 구분한다.

표 9-3. Ethernet과 관련한 이벤트 항목

이벤트명	번호	발생 사유
ETHER_EVENT_WAKEON_LAN	0	Magic Packet 감지
ETHER_EVENT_LINK_ON	1	PHY IC와의 연결 생성 감지
ETHER_EVENT_LINK_OFF	2	PHY IC와의 연결 중단 감지
ETHER_EVENT_INTERRUPT	3	Ethernet 프레임 송/수신

표 9-3과 같이, Ethernet 프레임을 송/수신할 때 이벤트가 발생할 수 있는데, 본 실습에서는 송신 과정에서의 이벤트 처리가 필요 없어 해당 기능만을 비활성화하는 것이다. 해당 옵션을 비활성화하기 위해, 무조건 EDMAC 모듈의 EESIPR 레지스터를 직접 제어해야 한다. 우리가 항상 HAL 함수에 의존할 수 없는 이유가 여기에서 드러난다. HAL 함수 및 FSP Configuration과 같은 통합 개발 환경에서 모든 기능을 제공하지는 않기 때문에, 개발자가 직접 세부 사항을 제어할 수 있도록 숙련된 경험이 필요하다.

④ 해당 코드는 MAC 모듈과 관련한 대부분의 초기 설정이 완료되었다는 것을 육안으로 확인하고자, 실습 보드의 "LED1(PA08)"을 점등하는 용도이다. 이를 위해, FSP Configuration에서 "PA08"에 대한 설정이 부가적으로 필요하다.

다음으로, Ethernet 프레임 구조체를 살펴보겠다. "g_Ethernet.h" 파일에는 "ethFramStr"이라는 구조체가 선언되어 있다.

```c
typedef struct _ethFrameStr{
    //////////////////////////////////////////////////////////
    /// Support Data-link Layer (OSI-2nd-Layer) (Ethernet II Frame) ///
    //////////////////////////////////////////////////////////

    uint8_t         dstMAC[ETH_MAC_ADDR_SIZE];   // Destination MAC Address (6bytes)
    uint8_t         srcMAC[ETH_MAC_ADDR_SIZE];   // Source MAC Address (6bytes)

#if ETH_VLAN_MODE
    uint8_t         VLANType[ETH_TYPE_SIZE];     // VLAN Type: 0x8100 (2bytes)

    uint8_t         IDH : 4;                      // VLAN Tag ID High
    uint8_t         DEI : 1;                      // VLAN Tag DEI
    uint8_t         PRI : 3;                      // VLAN Tag Priority
    uint8_t         IDL : 8;                      // VLAN Tag ID Low
#endif

    uint8_t         ethType[ETH_TYPE_SIZE];      // EtherType (2bytes)

    //////////////////////////////////////////////////////////
    ///                 Support Payload Area                ///
    //////////////////////////////////////////////////////////

    uint8_t         payload[ETH_MTU_SIZE];

} ethFrameStr;
```

그림 9-41. 실습 예제 프로그램의 "g_Ethernet.h"

그림 9-41을 좀 더 쉽게 이해하기 위해, 그림 9-42를 통해 메모리에 할당되는 구조체의 형태를 살펴보도록 하자.

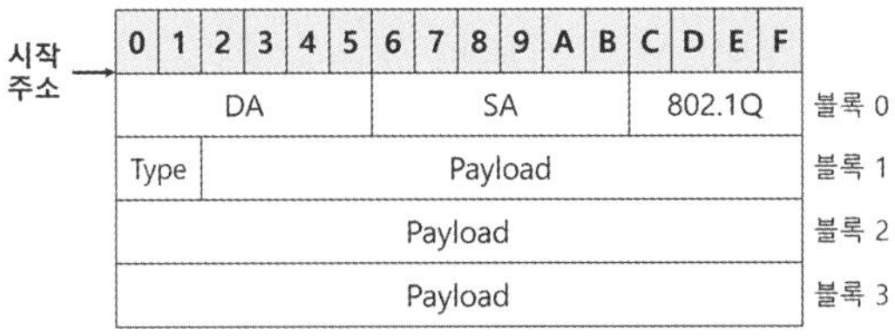

시작 주소 →	0	1	2	3	4	5	6	7	8	9	A	B	C	D	E	F	
	DA						SA						802.1Q				블록 0
	Type		Payload														블록 1
	Payload																블록 2
	Payload																블록 3

그림 9-42. 16바이트 메모리 기반 구조체 할당 예시

그림 9-42는 16바이트 크기의 메모리 블록을 가정하여 Ethernet 프레임에 대한 구조체 할당 예시를 표현한 것이다. Ethernet 프레임 송/수신을 위한 HAL 함수를 사용할 경우, 메모리에 순차적으로 읽고 쓰기 때문에 반드시 그림 9-42와 같은 순서로 구조체를 할당할 필요가 있다. 위 순서를 준수하지 않는다면, Ethernet 프레임이 손상되어 정상적인 해석이 불가능하다. 그림 9-41에서 "Payload" 영역에 대한 배열은 1바이트씩 MTU만큼 할당된다. Ethernet II 프레임의 MTU는 1,500바이트이다.

4) 실습 결과

이제 WireShark를 통해 PC의 실습 GUI에서 전송한 Ethernet 프레임을 분석할 것이다. WireShark에서 캡처한 Ethernet 프레임은 그림 9-43과 같다.

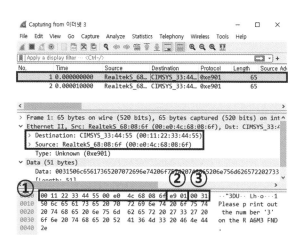

그림 9-43. 실습 1의 WireShark 측정 결과

① Ethernet 프레임의 맨 앞에는 6바이트의 DA와 SA가 포함된다. 따라서 실습 보드의 MAC 주소와 PC의 MAC 주소가 순서대로 입력된 것을 확인할

수 있다.

② MAC 주소 다음으로는, "EtherType"이 이어진다. "EtherType"은 보통 상위 계층의 규약 정보를 나타내는데, 본 실습에서는 IP 라우팅과 같은 기능을 사용하지 않으므로 Ethernet 실습을 위한 '0xE901'로 설정하였다.

③ "EtherType" 뒤부터는 "Payload"가 이어진다. 실습 GUI에서는 "Payload" 영역의 맨 앞 2바이트를 메시지의 전체 길이로 할당하였다. 따라서 '0x0031' 이라는 값이 나온 것을 확인할 수 있다. 이는 뒤에 이어지는 메시지 "Please print out the number '3' on the RA6M3 FND."의 전체 길이인 49바이트 를 의미한다.

처음 WireShark를 사용하는 경우, "Payload"의 앞부분이 "Logical Link Control"로 인식될 수 있다. 이는 WireShark에서 IEEE 802.2에 기반한 LLC 규약을 자동으로 적용하기 때문이다. 이를 해제하기 위해서는, 그림 9-44와 같이 "Analyze"→"Enabled Protocols…"로 들어간 다음, 그림 9-45와 같이 LLC 규약과 관련된 모든 설정을 해제하면 된다.

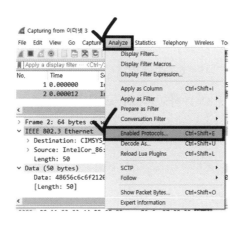

그림 9-44. LLC 규약 설정 해제 방법 (1)

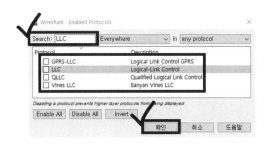

그림 9-45. LLC 규약 설정 해제 방법 (2)

그림 9-43과 같은 WireShark 결과를 자세히 살펴보면, 프레임이 연속으로 두 번 캡처된 것을 확인할 수 있다. 이는 실습 GUI와 PC에서 패킷 캡처 및 전송에 사용하는 라이브러리가 다르기 때문이다. C# MFC 기반의 실습 GUI는 Ethernet 통신을 위해 "WinPcap" 라이브러리를 사용하였다. 그러나 PC는 기본적으로 Ethernet 통신을 위해 "NPCAP" 라이브러리를 사용하므로, WireShark는 각각의 라이브러리에 의해 두 번 패킷을 캡처하는 것이다. 이는 실제로 Ethernet 프레임이 두 번 연달아 전송되는 것이 아니고, 단순히 하나의 Ethernet 프레임이 두 번 반복해서 캡처된 것일 뿐이다. 이러한 현상은 실습 GUI를 사용할 때만 발생하므로, 크게 신경 쓰지 않아도 된다.

본 실습에서는 실습 GUI를 통해 PC → ECU 방향으로 Ethernet 프레임을 전송하고, WireShark를 이용하여 해당 프레임을 분석하였다. 또한, Ethernet 프레임 수신을 위한 응용 프로그램을 자세히 살펴보았다. 이를 통해 응용 프로그램에서 Ethernet 통신 관련 라이브러리를 설계하는 방법, WireShark 사용법 등을 확실하게 숙지하였길 바란다.

9.3.2. 실습 2: Ethernet 프레임 전송 (ECU → PC)

1) 실습 방법

이번에는 실습 1과 반대로, ECU → PC 방향으로 Ethernet 프레임을 전송하는 실습을 진행한다. 이전 실습에서 Ethernet Callback 함수를 통해 Ethernet 프레임을 수신하였다면, 이번 실습에서는 외부 인터럽트를 이용하여 실습 보드에서 Ethernet 프레임을 송신할 것이다. 프로그램은 이전과 동일한 파일을 사용한다. 실습 보드에서 "RA6M3_Ex9_1_Eth ernet" 프로그램을 실행하였다면, WireShark를 실행 중인 상태에서 그림 9-46과 같이 스위치 1번을 누르면 된다.

그림 9-46. 실습 보드 내 스위치 1번 위치

이때 반드시 "LED1(PA08)"이 점등된 이후에 스위치 1번을 눌러야 한다. Ethernet 모듈에 대한 하드웨어 설정이 완료되지 않은 상태에서 스위치를 누르면, 정상적으로 Ethernet 프레임을 송신할 수 없다.

2) 함수 기반 제어

```
/* Receive External Interrupt Signal from Outside */
void R_IRQ_Callback(external_irq_callback_args_t *p_args)
{
    switch(p_args->channel)
    {
        case EXTERNAL_INTERRUPT_11:
            setEthFrame(EthDstMAC, EthSrcMAC, messageA);        // Set Tr
            R_ETHER_Write(&g_ether0_ctrl, &TxFrameBuffer, TxFrameSize);
            R_BSP_SoftwareDelay(100, BSP_DELAY_UNITS_MICROSECONDS);
            break;
        case EXTERNAL_INTERRUPT_12:
            setEthFrame(EthDstMAC, EthSrcMAC, messageB);        // Set Tr
            R_ETHER_Write(&g_ether0_ctrl, &TxFrameBuffer, TxFrameSize);
            R_BSP_SoftwareDelay(100, BSP_DELAY_UNITS_MICROSECONDS);
            break;
    }
}
```

그림 9-47. 실습 예제 프로그램의 "hal_entry.c" (3)

먼저 스위치 1번에 대한 Callback 함수를 살펴보겠다. 스위치를 누를 때마다 해당 함수에 접근하고, "setEthFrame( )"을 통해 Ethernet 프레임 구조체를 설정한다. 그리고 "R_ETHER_Write( )"를 호출하여 Ethernet 프레임 송신을 시작하고, "R_BSP_SoftwareDelay( )"를 이용하여 일정 시간을 지연시킨다. 이는 Ethernet 프레임 송신을 위한 최소 시간을 보장하기 위함이다. "R_ETHER_Write( )"를 실행하였다고 Ethernet 프레임 송신이 끝난 것은 아니다. "R_ETHER_Write( )"는 단순히 특정 영역에 할당된 Ethernet 프레임을 실제 "Ethernet Buffer" 안으로 옮긴 후, "Ethernet Descriptor"의 송신 상태 변수를 활성화하는 용도이다. 이 과정이 끝나면, Ethernet 모듈은 MII 인터페이스를 통해 "Ethernet Buffer"에 저장되어있는 프레임을 PHY IC로 전송한다. "R_ETHER_Write( )" 함수 실행이 끝난 직후는 아직 Ethernet 프레임이 전송되기 전이다. 따라서 "R_BSP_ SoftwareDelay( )"를 이용하여 완전히 프레임 전송이 끝날 때까지 일정 시간을 대기해야만 한다. 100Mbps의 통신 속도에 따라 1비트 전송에 10ns가 소요되므로, 프레임의 최대 길이인 1,514바이트를 전송하기 위해 최소 121.12μs의 시간이 필요하다. 물론 16비트의 "Interframe Gap"을 고려하면, 최소 121.28μs의 시간이 필요하다. 그러나 본 실습에서 최대 크기의 프레임을 전송하지는 않으므로, 100μs의 지연 시간을 설정하였다.

다시 "g_Ethernet.c" 파일을 살펴보겠다. Callback 함수에서는 "set Eth-Frame( )"을 호출한다. 해당 함수는 Ethernet 프레임 구조체에 값을 삽입하는 용도이다.

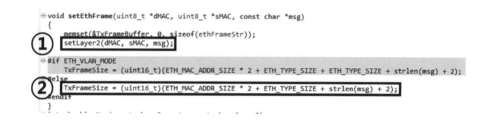

그림 9-48. 실습 예제 프로그램의 "g_Ethernet.c" (2)

① "setEthFrame( )"은 Ethernet 프레임 구조체를 초기화한 후, 가장 먼저 "set-Layer2( )"를 호출한다.

② 이후, 해당 코드를 통해 Ethernet 프레임 구조체의 전체 길이를 계산한다. "TxFrameSize" 변수는 추후 "R_ETHER_Write( )"의 매개변수로 사용된다.

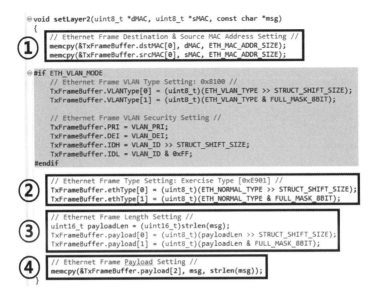

```
void setLayer2(uint8_t *dMAC, uint8_t *sMAC, const char *msg)
{
    // Ethernet Frame Destination & Source MAC Address Setting //
①  memcpy(&TxFrameBuffer.dstMAC[0], dMAC, ETH_MAC_ADDR_SIZE);
    memcpy(&TxFrameBuffer.srcMAC[0], sMAC, ETH_MAC_ADDR_SIZE);

#if ETH_VLAN_MODE
    // Ethernet Frame VLAN Type Setting: 0x8100 //
    TxFrameBuffer.VLANType[0] = (uint8_t)(ETH_VLAN_TYPE >> STRUCT_SHIFT_SIZE);
    TxFrameBuffer.VLANType[1] = (uint8_t)(ETH_VLAN_TYPE & FULL_MASK_8BIT);

    // Ethernet Frame VLAN Security Setting //
    TxFrameBuffer.PRI = VLAN_PRI;
    TxFrameBuffer.DEI = VLAN_DEI;
    TxFrameBuffer.IDH = VLAN_ID >> STRUCT_SHIFT_SIZE;
    TxFrameBuffer.IDL = VLAN_ID & 0xFF;
#endif
    // Ethernet Frame Type Setting: Exercise Type [0xE901] //
②  TxFrameBuffer.ethType[0] = (uint8_t)(ETH_NORMAL_TYPE >> STRUCT_SHIFT_SIZE);
    TxFrameBuffer.ethType[1] = (uint8_t)(ETH_NORMAL_TYPE & FULL_MASK_8BIT);

    // Ethernet Frame Length Setting //
③  uint16_t payloadLen = (uint16_t)strlen(msg);
    TxFrameBuffer.payload[0] = (uint8_t)(payloadLen >> STRUCT_SHIFT_SIZE);
    TxFrameBuffer.payload[1] = (uint8_t)(payloadLen & FULL_MASK_8BIT);
    // Ethernet Frame Payload Setting //
④  memcpy(&TxFrameBuffer.payload[2], msg, strlen(msg));
}
```

그림 9-49. 실습 예제 프로그램의 "g_Ethernet.c" (3)

"setLayer2( )"는 데이터링크 계층에 해당하는 값을 Ethernet 프레임 구조체에 삽입하기 위한 용도이다.

① 해당 코드는 사용자가 설정한 MAC 주소를 Ethernet 프레임에 넣는다. 이 때 "memcpy( )"를 이용하여 메모리 간 데이터 복사를 수행한다. "memcpy( )"나 "memset( )"과 같은 메모리 관련 함수들은 C언어 표준 라이브러리 중 하나인 "string.h"에서 제공한다. 해당 라이브러리는 프로젝트 생성 시 자동으로 호출된다.

② 해당 코드는 MAC 주소 다음으로 나오는 "EtherType"을 설정한다. 본 실습에 알맞은 '0xE901' 값을 1바이트씩 쪼개어 삽입한다.

③ 해당 코드는 "Payload" 영역의 맨 앞 2바이트에 사용자가 설정한 메시지의 전체 길이를 할당하는 용도이다. "strlen( )"을 이용하여 문자열 메시지의 전체 길이를 계산한 후, 구조체의 "payload[0]~[1]" 영역에 해당 값을 저장한다.

④ 해당 코드는 사용자가 설정한 메시지를 "Payload" 영역에 옮겨 넣는 용도이다. 이때 메시지는 "setEthFrame( )"의 매개변수로 입력받는 "const char *msg"를 의미한다.

```
const char          messageA[] = "Hello, this is a second exercise about Ethernet!";
const char          messageB[] = "SKKU Automation Lab";
const char          checkMsgA[] = "Please print out the number \'";
const char          checkMsgB[] = "\' on the RA6M3 FND.";

uint8_t             numIndex[4] = {0x0A, 0x0A, 0x0A, 0x0A};
* main() is generated by the RA Configuration editor and is used to generate threads if
void hal_entry(void)
{
    HW_Initial_Setting();

    while(true)
        R_FND_Print_Data(numIndex);
}

/* Receive External Interrupt Signal from Outside */
void R_IRQ_Callback(external_irq_callback_args_t *p_args)
{
    switch(p_args->channel)
    {
        case EXTERNAL_INTERRUPT_11:
            setEthFrame(EthDstMAC, EthSrcMAC, messageA)        // Set Transmit Ethernet Fr
            R_ETHER_Write(&g_ether0_ctrl, &TxFrameBuffer, TxFrameSize);
            R_BSP_SoftwareDelay(100, BSP_DELAY_UNITS_MICROSECONDS);
            break;
```

그림 9-50. 실습 예제 프로그램의 "hal_entry.c" (4)

주의할 점은, 스위치를 누르기 전 어떠한 메시지를 이용하여 송신용 Ethernet 프레임 구조체를 구성하였는지 확인할 필요가 있다. 스위치 1번을 누를 경우, "setEthFrame( )" 내에서 "messageA" 문자열 메시지를 이용하여 프레임의 "Payload" 영역을 구성한다. 따라서 본 실습에서 실습 보드(ECU)가 송신한 Ethernet 프레임에는 "Hello, this is a second exercise about Ethernet!"이라는 메시지가 포함되어야 한다.

3) 실습 결과

이제 WireShark를 통해 실습 보드에서 전송한 Ethernet 프레임을 분석할 것이다. 해당 Ethernet 프레임은 그림 9-51과 같다.

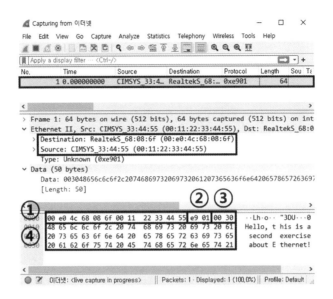

그림 9-51. 실습 2의 WireShark 측정 결과

① Ethernet 프레임의 맨 앞에는 6바이트의 DA와 SA가 들어간다. 실습 1과 반대로, PC의 MAC 주소와 실습 보드의 MAC 주소가 순서대로 입력된 것을 확인할 수 있다.

② MAC 주소 다음으로는, "EtherType"이 이어진다. 실습 1과 동일하게 Ethernet 실습을 의미하는 '0xE901'로 설정하였다.

③ "EtherType" 뒤부터는 "Payload"가 이어진다. 실습 GUI와 마찬가지로, "Payload" 영역의 맨 앞 2바이트를 메시지의 전체 길이로 할당하였다. 따라서 '0x0030'이라는 값이 나온 것을 확인할 수 있다. 이는 뒤에 이어지는 메시지 "Hello, this is a second exercise about Ethernet!"의 전체 길이인 48 바이트를 의미한다.

④ 이번 실습에서는 "Payload" 영역에 들어있는 메시지의 16진수 값을 분석해

볼 것이다. 우리가 설정한 "Hello, this is a second exercise about Ethernet!"을 ASCII 코드 및 16진수로 표현하면 표 9-4와 같다.

표 9-4. 전송한 메시지에 대한 ASCII/16진수 대조

ASCII	H	e	l	l	o	,		t	h	i	s
HEX	0x48	0x65	0x6C	0x6C	0x6F	0x2C	0x20	0x74	0x68	0x69	0x73
ASCII		i	s		a		s	e	c	o	n
HEX	0x20	0x69	0x73	0x20	0x61	0x20	0x73	0x65	0x63	0x6F	0x6E
ASCII	d		e	x	e	r	c	i	s	e	
HEX	0x64	0x20	0x65	0x78	0x65	0x72	0x63	0x69	0x73	065	0x20
ASCII	a	b	o	u	t		E	t	h	e	r
HEX	0x61	0x62	0x6F	0x75	0x74	0x20	0x45	0x74	0x68	0x65	0x72
ASCII	n	e	t	!							
HEX	0x6E	0x65	0x74	0x21							

메시지에 포함되는 공백(Spacebar)도 하나의 문자임을 명심하자. ASCII 코드와 관련한 내용은 이미 "7. SCI-UART" 실습에서 설명한 바 있다.

9.3.3. 실습 3: Ethernet 프레임 패딩

1) 실습 방법

이제까지 PC와 실습 보드(ECU) 사이에서 Ethernet 프레임을 주고받았다. 마지막으로, Ethernet 프레임의 "Payload" 영역의 데이터 길이가 46바이트를 넘지 않는 경우, 어떤 식으로 프레임이 바뀌어 전송되는지 확인할 것이다. 프로그램은 이전과 동일한 파일을 사용한다. 실습 보드에서 "RA6M3_Ex9_Ethernet" 프로그램을 실행하였다면, WireShark를 실행 중인 상태에서 그림 9-52와 같이 스위치 2번을 누르면 된다.

스위치 2번

그림 9-52. 실습 보드 내 스위치 2번 위치

마찬가지로, 반드시 "LED1(PA08)"이 점등된 이후에 스위치 2번을 눌러야한다. Ethernet 모듈에 대한 하드웨어 설정이 완료되지 않은 상태에서 스위치를 누르면, 정상적으로 Ethernet 프레임을 송신할 수 없다.

2) 함수 기반 제어

```
/* Receive External Interrupt Signal from Outside */
void R_IRQ_Callback(external_irq_callback_args_t *p_args)
{
    switch(p_args->channel)
    {
        case EXTERNAL_INTERRUPT_11:
            setEthFrame(EthDstMAC, EthSrcMAC, messageA);        // Set Tra
            R_ETHER_Write(&g_ether0_ctrl, &TxFrameBuffer, TxFrameSize);
            R_BSP_SoftwareDelay(100, BSP_DELAY_UNITS_MICROSECONDS);
            break;
        case EXTERNAL_INTERRUPT_12:
            setEthFrame(EthDstMAC, EthSrcMAC, messageB);        // Set Tra
            R_ETHER_Write(&g_ether0_ctrl, &TxFrameBuffer, TxFrameSize);
            R_BSP_SoftwareDelay(100, BSP_DELAY_UNITS_MICROSECONDS);
            break;
    }
}
```

그림 9-53. 실습 예제 프로그램의 "hal_entry.c" (5)

해당 실습에서는 이전 실습과 거의 동일한 코드를 사용하므로, 자세한 설명은 생략하도록 하겠다. 스위치를 누를 때마다 Callback 함수에 접근하고, "setEthFrame( )"을 통해 Ethernet 프레임 구조체를 설정한다. 이번에는 "messageB"를 이용하여 프레임의 "Payload"를 구성한다.

```
const char          messageA[] = "Hello, this is a second exercise about Ethernet!";
const char          messageB[] = "SKKU Automation Lab";
const char          checkMsgA[] = "Please print out the number \'";
const char          checkMsgB[] = "\' on the RA6M3 FND.";
```

그림 9-54. 실습 예제 프로그램의 "hal_entry.c" (6)

본 실습에서 ECU가 송신한 Ethernet 메시지는 "SKKU Automation Lab"
으로, 전체 길이는 19바이트이다.

3) 실습 결과

이제 WireShark를 통해 실습 보드에서 송신한 Ethernet 프레임을 분석할
것이다. WireShark에서 캡처한 Ethernet 프레임은 그림 9-55와 같다. Ether-
net 프레임 구성은 이미 이전 실습에서 설명하였으므로, 자세한 내용은 생략
하도록 하겠다.

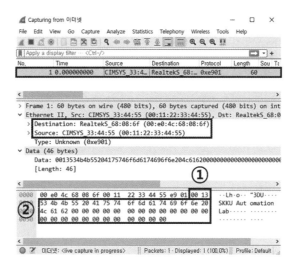

그림 9-55. 실습 3의 WireShark 측정 결과

① "Payload" 영역에 포함된 메시지, "SKKU Automation Lab"의 전체 길이가 19바이트이므로 "Payload" 영역의 첫 2바이트는 '0x0013'으로 설정된 것을 확인할 수 있다.

② "Payload" 영역에 우리가 설정한 메시지가 정상적으로 들어가 있음을 확인할 수 있다. 그러나 중요한 것은, 메시지 뒤에 의도하지 않은 '0x00' 값이 반복되고 있다. ①과 ②에 대한 전체 길이를 측정해보면, 정확히 46바이트임을 확인할 수 있다. 이를 통해 해당 프레임이 패딩(Padding) 처리되었음을 알 수 있다. CD에 필요한 최소한의 시간을 충족하기 위해, 전송되는 Ethernet 프레임은 무조건 64바이트 이상의 크기를 가져야만 한다. 이 중에서, 6바이트의 MAC 주소 및 2바이트의 "EtherType"과 4바이트의 FCS를 제외하면, 오직 "Payload" 영역에서만 46바이트 이상의 데이터를 확보해야 하는 것이다. 만약 이러한 조건을 충족하지 못한다면, 물리 계층에 해당하는 PHY IC에서 Ethernet 프레임을 전기적인 신호로 변환하여 전송할 때, '0'을 뒤에 이어 붙여 64바이트를 채운다. 일련의 과정을 "Ethernet 프레임 패딩(Padding)"이라고 정의한다. 실습 3에서 설정한 메시지는 "SKKU Automation Lab"으로, 전체 길이가 19바이트밖에 되지 않는다. "Payload" 영역 맨 앞에 붙인 길이 정보(2바이트)를 포함했을 때, 나머지 25바이트만큼은 자동으로 패딩 처리되는 것이다.

이상으로 Ethernet 실습을 마치도록 하겠다. 9장에서는 WireShark 사용 방법, PC ↔ ECU 간 Ethernet 프레임 송/수신 방법, Ethernet 프레임 패딩 과정에 대해 살펴보았다. Ethernet 통신은 이미 현업에서 상용화되었고, 차세대 핵심 차량용 통신 방법으로 주목받고 있다. 이번 실습으로 Ethernet과 관련된 기본 개념들을 충분히 이해하였기를 바란다.

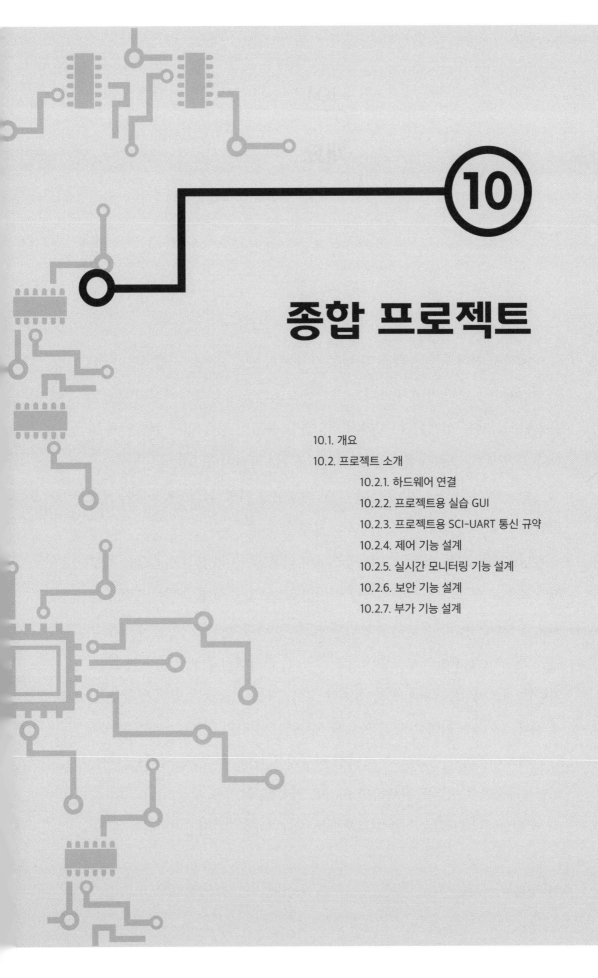

종합 프로젝트

10.1. 개요

10.2. 프로젝트 소개

10.2.1. 하드웨어 연결

10.2.2. 프로젝트용 실습 GUI

10.2.3. 프로젝트용 SCI-UART 통신 규약

10.2.4. 제어 기능 설계

10.2.5. 실시간 모니터링 기능 설계

10.2.6. 보안 기능 설계

10.2.7. 부가 기능 설계

10.1

개요

이제까지 진행한 실습들은 각 항목에 대해서 개별적으로 진행되었다. 실제 현업에서는 여러 가지 임베디드 시스템 요소들을 종합하여 하나의 복잡한 응용 프로그램을 설계한다. 따라서 다양한 기능들이 충돌 없이 원활하게 동작할 수 있도록, 프로그램을 유연하게 설계하는 능력이 필요하다. 본 실습에서는 이 책에서 다뤘던 임베디드 시스템 요소들을 복합적으로 활용하여 전체적인 시스템 제어를 위한 프로그램을 설계할 것이다.

해당 파트에서는 소스 코드를 공개하지 않을 것이며, 앞선 실습들을 참고하여 스스로 프로그램을 설계하길 바란다. 프로그램 설계 과정에서 약간의 팁을 주자면, 처음 설계부터 기능별로 라이브러리화하여 정리하는 것이 필요하다. 복합적인 응용 프로그램에서는 기능 간 종속성이 존재할 수밖에 없다. 이러한 기능 중 일부분을 잘못 설계한 경우, 다른 기능들도 함께 영향을 받게 된다. 이 경우 최대한 쉽고 빠르게 오류를 수정하기 위해, 기능별 체계적인 라이브러리화가 필요하다. 디버깅 과정에서 실행 순서별로 라이브러리를 비활성화하면서 오류를 탐색하면 시간을 절약할 수 있을 것이다.

본 실습에서 다루는 종합 프로젝트는 성균관대학교 "전자전기공학부" 및

"반도체시스템공학과" 3~4학년 학부생 대상의 "마이크로프로세서실험" 교과목에서 실제로 운용되었던 프로젝트임을 밝히는 바이다.

10.2

프로젝트 소개

10.2.1. 하드웨어 연결

해당 프로젝트에서는 ECU 역할의 실습 보드, 제어 및 모니터링 용도의 PC, 장치 사이의 통신을 위한 USB−Serial 모듈 및 CAN 트랜시버를 사용할 것이다. 상세한 하드웨어 구성은 그림 10−1과 같다.

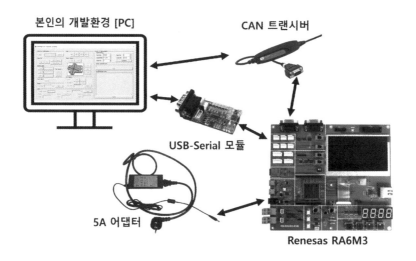

그림 10-1. 종합 프로젝트의 하드웨어 구성도

해당 프로젝트에서 주의할 점은, 반드시 5A의 어댑터를 함께 연결해야 한다는 것이다. "7. SCI-UART"와 "8. CAN"에서 살펴봤듯이, 실습 보드에 외부 전원을 공급하지 않는다면 USB-Serial 모듈과 CAN 트랜시버를 사용할 수 없다. 해당 프로젝트를 진행한다면, 반드시 그림 10-1과 동일하게 하드웨어를 구성하길 바란다.

10.2.2. 프로젝트용 실습 GUI

Ethernet 실습과 마찬가지로, 해당 프로젝트에서는 PC에서의 실습 보드 제어 및 모니터링을 위해 별도로 제작된 실습 GUI를 사용할 것이다. GitHub에서 "Final Project Package.zip" 파일을 다운로드한 후, 내부의 "03. Supplement" 폴더를 확인하면 실습 GUI 파일을 찾을 수 있을 것이다. 실습 GUI 파일은 "Final Project GUI.exe"이다. 만약 해당 exe 파일을 실행하는 과정에서 문제가 발생한다면, "2. 개발환경 소개"에서 설명한 dll 파일을 특정 경로에 제대로 삽입하지 않은 경우일 것이다. 본 프로젝트에서 사용한 실습 GUI는 C# MFC 기반으로 설계되었기 때문에, 반드시 앞서 소개한 dll 파일을 시스템 경로 상에 위치시켜야 한다. 해당 GUI를 실행하면 그림 10-2와 같은 창을 확인할 수 있다.

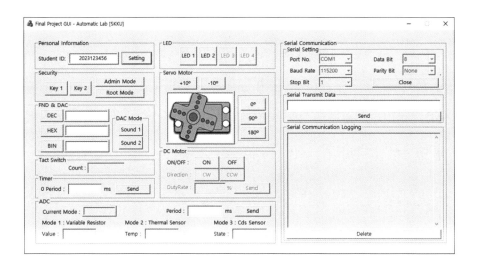

그림 10-2. 프로젝트용 실습 GUI 실행 화면

이제 실습 GUI의 세부 항목들을 살펴보도록 하겠다. 실습 GUI는 크게 기능 및 제어 방법에 따라 영역을 구분할 수 있다. 먼저 기능에 따라 GUI 영역을 구분해보겠다.

1) 기능별 구분 - 인터페이스 설정

모든 사용자는 가장 먼저 실습 GUI의 인터페이스를 설정해야 한다. 인터페이스를 설정하기 위해, 사용자는 그림 10-3에 표시된 영역을 조작해야 한다.

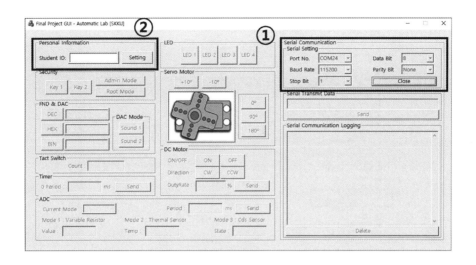

그림 10-3. 실습 GUI 기능별 세부 설명 - 인터페이스 설정

① 해당 영역에서는 SCI-UART에 대한 인터페이스 연결을 설정할 수 있다. "Data Bit", "Baud Rate", "Parity Bit", "Stop Bit"는 기본 설정 값을 유지한 채, 본인의 SCI-UART 통신 포트에 알맞은 "Port No."를 선택하면 된다. USB-Serial 모듈을 PC에 연결한 상태에서, 장치 관리자에 들어가면 자신의 포트번호를 확인할 수 있다. 그림 10-4를 참고하여 고유한 시리얼 포트번호를 확인하길 바란다. 해당 번호는 사용자마다 다를 수 있다.

그림 10-4. 장치 관리자에서의 SCI-UART 통신 포트번호 확인 방법

이때, 잘못된 "Port No."를 선택하여 연결을 시도한다면, "Connection Fail" 오류 창을 확인할 수 있다. 이 경우, 다시 정확한 "Port No."를 선택한 후 "Connect" 버튼을 누르면 된다.

② SCI-UART 인터페이스 연결을 완료하였다면, 자신의 고유한 ID를 설정해야 한다. ID는 의도치 않은 메시지의 무분별한 전송을 방지하기 위해, 사용자가 설정할 수 있는 암호이다. 모든 SCI-UART 메시지는 반드시 해당 ID를 삽입해야 한다. 실습 GUI의 해당 영역에서 자신만의 ID를 설정할 경우, 이후 전송되는 모든 SCI-UART 메시지에 자신이 설정한 ID가 자동으로 삽입된다. 따라서 사용자는 실습 보드 응용 프로그램에서 해당 ID만을 필터링할 수 있는 기능을 추가로 설계해야 한다. 해당 영역에서 ID를 입력하고 "Setting" 버튼을 클릭하면, 나머지 모든 기능이 활성화된다.

2) 기능별 구분 - 보안 설정

인터페이스 연결 및 ID 설정을 완료하였다면, 본격적으로 실습 GUI를 사용할 수 있다. 그러나 아직 사용자는 자유롭게 실습 보드를 제어할 수 없다. 우선 실습 보드의 잠금 설정을 해제하고, 접근 권한을 얻어야 한다.

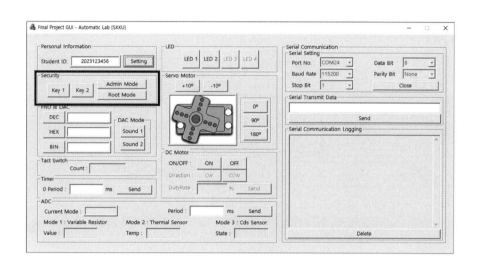

그림 10-5. 실습 GUI 기능별 세부 설명 - 보안 설정

그림 10-5에 표시된 영역을 통해, 사용자는 실습 보드의 잠금 설정을 해제하고 접근 권한을 부여받을 수 있다. 각각의 기능에 대해서는 뒤에서 상세히 설명할 것이다. 제대로 보안 기능을 설정하지 않는다면, 실습 GUI에서 제어용 SCI-UART 메시지를 전송하더라도 실습 보드는 반응할 수 없어야 한다. 이러한 기능 역시 실습 보드 응용 프로그램에서 직접 설계해야 한다.

3) 기능별 구분 - 제어 메시지 송신

보안 설정을 완료하였다면, 본격적으로 실습 GUI를 이용하여 실습 보드를 제어할 수 있다. 그림 10-6에 표시된 영역은 PC→실습 보드 방향으로 제어용 SCI-UART 메시지를 전송하기 위한 용도이다.

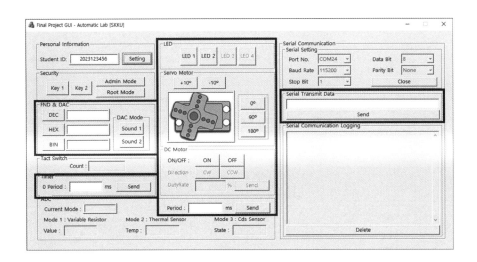

그림 10-6. 실습 GUI 기능별 세부 설명 - 제어 메시지 송신

제어용 SCI-UART 메시지는 항목에 따라 "Binary"와 "ASCII" 형식으로 구분된다. 상세한 내용은 후술할 SCI-UART 통신 규약을 통해 확인할 수 있다. 사용자는 실습 GUI의 특정 영역에서 정해진 범위 내 값을 입력하고 버튼을 누름으로써, 제어용 SCI-UART 메시지를 실습 보드로 전송할 수 있다.

4) 기능별 구분 - 실시간 모니터링

실습 GUI는 제어용 SCI-UART 메시지 전송 외에도, 실습 보드의 일부 기능에 대한 실시간 모니터링을 수행할 수 있다. 그림 10-7에 표시된 영역은 실습 보드→PC 방향으로 실시간 모니터링용 SCI-UART 메시지를 전송했을 때 관련 정보를 출력하는 용도이다. 실시간 모니터링을 위해, 해당 메시지는 일정 주기 간격으로 반복해서 전송되어야만 한다.

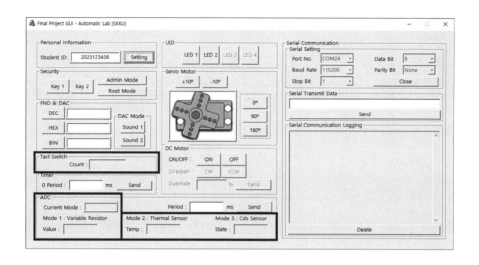

그림 10-7. 실습 GUI 기능별 세부 설명 - 실시간 모니터링

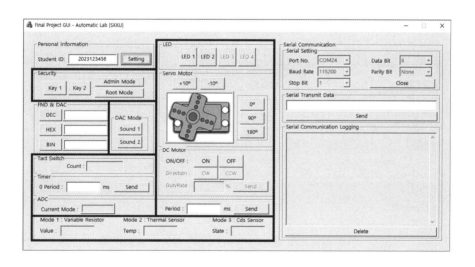

그림 10-8. 실습 GUI 메시지 형식별 세부 설명 - "Binary" 형식

5) 메시지 형식별 구분 - "Binary" 형식

이제 메시지 형식에 따라 실습 GUI를 구분할 것이다. 메시지는 크게 "Binary" 및 "ASCII" 형식으로 구분된다. 그림 10-8에서는 "Binary" 형식의 메시지만 다루는 영역을 표시한다.

해당 영역을 통해 SCI-UART 메시지를 송/수신할 경우, 무조건 "Binary" 형식의 메시지만을 다룬다. 즉, 해당 영역의 버튼을 누를 경우, 반드시 "Binary" 형식의 메시지가 전송된다는 것이다. 또한, 실시간 모니터링은 반드시 "Binary" 형식의 메시지만 취급할 수 있는 것이다.

6) 메시지 형식별 구분 - "ASCII" 형식

그림 10-9에서는 "ASCII" 형식의 메시지만 다루는 영역을 표시한다.

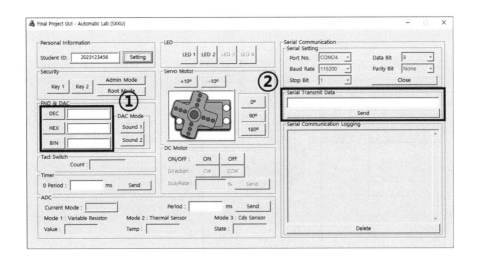

그림 10-9. 실습 GUI 메시지 형식별 세부 설명 - "ASCII" 형식

① 주의할 점은, "FND" 제어 영역은 버튼을 다루는 다른 영역들과 달리, "AS-CII" 형식의 메시지만 다룬다.

② 해당 영역에서는 보안 및 제어 기능에 대한 "ASCII" 형식의 SCI-UART 메

시지를 직접 작성 및 전송할 수 있다. 이는 실습 보드에서 "ASCII" 형식의 메시지를 다룰 수 있는 항목에 대해서만 가능하다. 해당 영역에서 "ASCII" 형식의 메시지를 입력할 때, 사용자는 "메시지 용도"부터 "데이터 필드"까지의 8바이트만 입력할 수 있다. 이외의 메시지 요소("STX", "메시지 형식", "ETX" 등)는 실습 GUI에서 자동으로 삽입하여 전송한다.

10.2.3. 프로젝트용 SCI-UART 통신 규약

이번에는 PC와 실습 보드가 주고받는 SCI-UART 메시지 구성에 대해 살펴보도록 하겠다. 본 프로젝트에서 모든 SCI-UART 메시지는 반드시 그림 10-10과 같은 규약을 준수해야 한다. 해당 규약을 위배한 메시지는 실습 보드 응용 프로그램에서 무시해야 한다. 실습 GUI는 이미 해당 규약에 맞춰 메시지를 주고받도록 설계되어 있다. 이제 SCI-UART 메시지를 구성하는 각 필드에 대해 상세히 살펴보도록 하겠다.

종합 프로젝트용 시리얼 통신 규약										전체 길이
	STX (0x02)	장치 주소	메시지 형식	메시지 용도	그룹 번호	명령어	데이터 길이	데이터	ETX (0x02)	
"Binary"	1바이트	6비트	2비트	2비트	3비트	3비트	4비트	12비트	1바이트	6바이트
"ASCII"				1바이트	1바이트	1바이트	1바이트	4바이트		11바이트

그림 10-10. 종합 프로젝트용 SCI-UART 통신 규약

① "STX"는 SCI-UART 메시지의 맨 앞에 나오는 값으로, 메시지의 시작을 알리는 용도이다. 해당 필드는 메시지 종류에 상관없이 '0x02'의 고정된 값을 사용한다.

② "장치 주소"는 실습 GUI에서 설정한 고유 ID의 3~4번째 위치의 10진수로 설정된다. 예를 들어, 설정한 ID가 '2023123456'일 경우, 3~4번째 위치의 10진수인 '0d23=0b010111'을 "장치 주소"로 사용한다. 응용 프로그램에서는 자신이 사용할 ID와 연동되도록 사전에 "장치 주소"를 할당하고, 이후 주고받는 SCI-UART 메시지에 해당 "장치 주소"가 포함되어 있는지 확인해야 한다.

③ "메시지 형식"은 메시지를 어떤 형식으로 구성하였는지를 나타내는 용도이다. 앞서 설명했듯이, SCI-UART 메시지는 "Binary"와 "ASCII" 형식으로 구분한다. 만약 특정 SCI-UART 메시지가 "Binary" 형식이라면, "메시지 형식" 필드는 '0b01'로 설정한다. 메시지가 "ASCII" 형식일 경우, 해당 필드는 '0b10'으로 설정한다.

④ "메시지 용도"는 해당 SCI-UART 메시지의 용도를 의미한다. 해당 필드부터는 "메시지 형식"에 따라 표현 방법이 달라진다. SCI-UART 메시지는 "보안", "제어", "실시간 모니터링"으로 구분한다. "메시지 형식"에 따라 해당 필드가 어떤 값으로 구성되는지는 표 10-1을 통해 확인할 수 있다.

표 10-1. "메시지 형식" 별 "메시지 용도" 필드 설정 방법

메시지 형식	메시지 용도	세부 설명
"Binary"	0b01	특정 메시지가 실습 보드를 "**제어**"하는 용도일 경우
	0b10	특정 메시지가 실습 보드를 "**실시간 모니터링**"하는 용도일 경우
	0b11	특정 메시지가 실습 보드의 "**보안**" 설정 관련 용도일 경우
"ASCII"	0x31	특정 메시지가 실습 보드를 "**제어**"하는 용도일 경우
	0x32	특정 메시지가 실습 보드를 "**실시간 모니터링**"하는 용도일 경우
	0x33	특정 메시지가 실습 보드의 "**보안**" 설정 관련 용도일 경우

⑤ "그룹 번호"는 실습 보드의 각 항목에 대한 고유한 번호를 의미한다. "그룹 번호" 역시 "메시지 형식"에 따라 표현 방법이 달라지며, 표 10-2와 같이 할당된다.

표 10-2. "메시지 형식" 별 "그룹 번호" 필드 설정 방법

메시지 형식	그룹 번호	세부 설명
"Binary"	0b000	해당 메시지가 "**제어/보안 설정**"하는 대상이 "LED" 혹은 "잠금 설정"인 경우
	0b001	해당 메시지가 "**보안 설정**"하는 대상이 "접근 권한" 기능인 경우
	0b010	해당 메시지가 "**모니터링**"하는 대상이 "스위치"인 경우
	0b011	해당 메시지가 "**제어**"하는 대상이 "DC 모터"인 경우
	0b100	해당 메시지가 "**제어**"하는 대상이 "서보 모터"인 경우
	0b101	해당 메시지가 "**모니터링**"하는 대상이 "ADC"인 경우
	0b110	해당 메시지가 "**제어**"하는 대상이 "DAC"인 경우
	0b111	해당 메시지가 "**제어**"하는 대상이 "타이머"인 경우
"ASCII"	0x30	해당 메시지가 "**제어/보안 설정**"하는 대상이 "LED" 혹은 "잠금 설정"인 경우
	0x31	해당 메시지가 "**제어/보안 설정**"하는 대상이 "FND" 혹은 "접근 권한" 기능인 경우
	0x33	해당 메시지가 "**제어**"하는 대상이 "DC 모터"인 경우
	0x34	해당 메시지가 "**제어**"하는 대상이 "서보 모터"인 경우
	0x36	해당 메시지가 "**제어**"하는 대상이 "DAC"인 경우
	0x37	해당 메시지가 "**제어**"하는 대상이 "타이머"인 경우

⑥ "명령어"는 "보안", "제어", "실시간 모니터링"에 대한 세부 동작을 의미한다. "명령어"는 "메시지 형식"과 "그룹 번호"에 따라 해석 방법이 달라진다. "명령어"와 관련한 내용은 뒤에서 후술한다.

⑦ "데이터 길이"는 뒤에 이어지는 "데이터" 필드의 전체 길이를 의미한다. 해당 필드는 통신 도중 발생할 수 있는 데이터 훼손 상태를 감지하는 용도이다. 정상적으로 메시지가 전송되지 않아, "데이터" 필드의 뒷부분이 잘린 경우, "데이터 길이" 필드와 비교하여 문제를 발견할 수 있는 것이다.

⑧ "ETX"는 SCI-UART 메시지의 맨 뒤에 나오는 값으로, 메시지의 끝을 알

리는 용도이다. 해당 필드는 메시지 종류에 상관없이 '0x03' 값으로 고정된다. 이 값을 확인한 경우, 응용 프로그램에서는 비로소 하나의 완성된 메시지를 받았음을 인지할 수 있다.

이제까지 SCI-UART 메시지를 구성하는 각 필드의 용도를 간략히 살펴보았다. 이어지는 내용에서는 해당 필드들을 활용하여 "보안", "제어", "실시간 모니터링"을 위한 SCI-UART 메시지 구성 방법에 대해 상세히 살펴볼 것이다.

10.2.4. 제어 기능 설계

"제어"는 실습 GUI(PC)를 통해 실습 보드의 일부 항목들을 제어하는 행위를 의미한다. 이미 해당 항목들이 무엇인지는 "10.2.2. 프로젝트용 실습 GUI"의 그림 10-6을 통해 확인하였다. 이제 "제어"를 위한 항목별 SCI-UART 메시지 구성 방법을 상세히 살펴보도록 하겠다.

1) LED 제어

사용자는 그림 10-11에 표시된 영역을 통해 실습 보드의 LED를 "제어"할 수 있다.

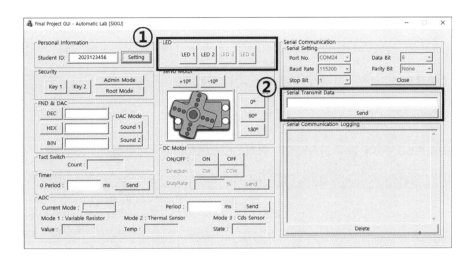

그림 10-11. LED "제어"를 위한 실습 GUI 영역

① 사용자는 "LED 1"과 "LED 2" 버튼을 클릭함으로써, LED "제어"를 위한 "Binary" 형식 SCI-UART 메시지를 전송할 수 있다. 이를 통해 실습 보드의 LED1(PA08) 및 LED2(PA09)의 점등 상태를 변환할 수 있다. 즉, LED 소등 상태에서 해당 버튼을 클릭하면, 해당 LED는 점등된다. 반대로, 점등 상태에서 클릭하면, LED는 소등된다. 이에 대한 SCI-UART 메시지 구성은 표 10-3과 같다.

표 10-3. LED "제어"를 위한 "Binary" 형식 SCI-UART 메시지 구성

메시지 형식	메시지 용도	그룹 번호	명령어	데이터 길이	데이터 (12비트)
0b01	0b01	0b000	0b001	0b0000	0b000000000000 (해당 명령을 통해 LED1[PA08]의 점등 상태를 변환)
			0b010	0b0000	0b000000000000 (해당 명령을 통해 LED2[PA09]의 점등 상태를 변환)

② 사용자는 "Serial Transmit Data" 영역을 이용하여 LED "제어"를 위한 "ASCII" 형식 SCI-UART 메시지를 직접 구성할 수 있다. 이에 대한 SCI-UART 메시지 구성은 표 10-4와 같다.

표 10-4. LED "제어"를 위한 "ASCII" 형식 SCI-UART 메시지 구성

메시지 형식	메시지 용도	그룹 번호	명령어	데이터 길이	데이터 (4바이트)
0b10	0x31	0x30	0x31	0x30	0x30, 0x30, 0x30, 0x30 (해당 명령을 통해 LED1[PA08]의 점등 상태를 변환)
			0x32	0x30	0x30, 0x30, 0x30, 0x30 (해당 명령을 통해 LED2[PA09]의 점등 상태를 변환)

2) FND 제어

사용자는 그림 10-12에 표시된 영역을 통해 실습 보드의 FND를 "제어" 할 수 있다.

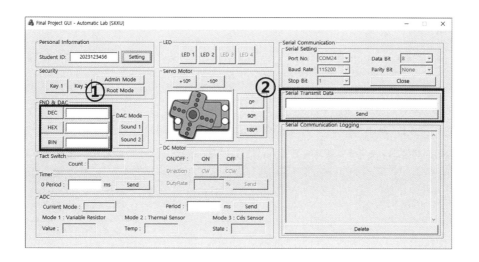

그림 10-12. FND "제어"를 위한 실습 GUI 영역

① 사용자는 "DEC", "HEX", "BIN" 버튼을 클릭함으로써, FND "제어"를 위한 "ASCII" 형식 SCI-UART 메시지를 전송할 수 있다. 예외적으로, FND "제어"를 위한 버튼을 클릭하면 "ASCII" 형식 SCI-UART 메시지를 전송한다. 이는 FND를 오직 "ASCII" 형식 SCI-UART 메시지로만 "제어"할 수 있기 때문이다. 버튼을 클릭하기 전에, 반드시 버튼 우측의 빈칸에 실습 보드 FND 출력 숫자를 입력해야만 한다. 값을 입력하지 않거나 잘못된 값을 입력한 상태에서 버튼을 누를 경우, 오류 창이 표시될 것이다. 이제부터 버튼 종류에 따라 입력할 수 있는 값을 살펴볼 것이다. "DEC" 버튼은 FND 출력 숫자를 10진수 형태로 설정하는 용도이다. 따라서 "DEC" 버튼을 통해 설정할 수 있는 값은 '0d0'~'0d9'다. "HEX" 버튼은 FND 출력 숫자를 16진수 형태로 설정하는 용도이다. 따라서, "HEX" 버튼을 통해 설정할 수 있는 값은 '0x0'~'0x9', '0xA'~'0xF'이다. "BIN" 버튼은 FND 출력 숫자를 2진수 형태로 설정하는 용도이다. 따라서 "BIN" 버튼을 통해 설정할 수 있는 값은 '0'과 '1'로만 구성된 '0b0000'~'0b1111'이다. '0'과 '1' 이외의 수로 구성된 값을 입력한 경우, 오류가 발생한다. 이에 대한 SCI-UART 메시지 구성은 표 10-5와 같다.

표 10-5. FND "제어"를 위한 "ASCII" 형식 SCI-UART 메시지 구성

메시지 형식	메시지 용도	그룹 번호	명령어	데이터 길이	데이터 (4바이트)
0b10	0x31	0x31	0x31	0x31	0x30, 0x30, 0x30, 0x□□ (하위 **1바이트**를 통해 FND Digit 4에 출력할 값을 10진수['0'~'9']로 결정)
			0x32	0x31	0x30, 0x30, 0x30, 0x□□ (하위 **1바이트**를 통해 FND Digit 4에 출력할 값을 16진수['0'~'F']로 결정)
0b10	0x31	0x31	0x33	0x34	0x□□, 0x□□, 0x□□, 0x□□ (하위 **4바이트**를 통해 FND Digit 4에 출력할 값을 2진수['0000'~'1111']로 결정)

② 사용자는 "Serial Transmit Data" 영역을 이용하여 FND "제어"를 위한 "ASCII" 형식 SCI-UART 메시지를 직접 구성할 수 있다. 이에 대한 SCI-UART 메시지 구성은 표 10-5와 동일하다.

해당 SCI-UART 메시지를 통해 제어하는 것은 FND의 "Digit 4"이다. 처음 프로그램을 실행했을 때는 "Digit 4"에 '0'을 출력하도록 설정하면 된다. "Digit 4"에 16진수 '0xA'~'0xF'를 출력하는 경우, 그림 10-13과 같은 형태로 출력하면 된다.

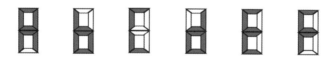

그림 10-13. 실습 보드 FND의 일부 16진수 출력 방법

3) DC 모터 제어

사용자는 그림 10-14에 표시된 영역을 통해 실습 보드의 DC 모터를 "제어"할 수 있다.

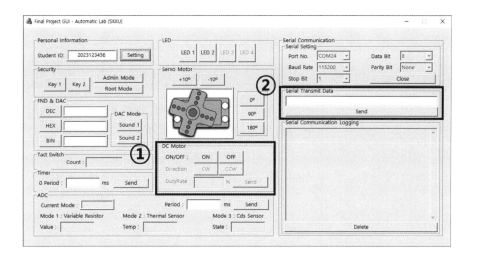

그림 10-14. DC 모터 "제어"를 위한 실습 GUI 영역

① 사용자는 "ON", "OFF", "CW", "CCW", "Send" 버튼을 클릭하여, DC 모터 "제어"를 위한 "Binary" 형식 SCI-UART 메시지 전송이 가능하다. DC 모터를 "제어"하려면, 먼저 "ON/OFF" 영역을 설정해야 한다. "ON" 버튼을 클릭하면 DC 모터가 동작하고, "OFF"를 클릭하면 동작을 멈춰야 한다. "Direction"과 "DutyRate" 영역은 "ON" 일 때만 활성화된다. "Direction" 영역의 "CW"와 "CCW" 버튼은 각각 "시계방향 회전(Clock Wise Rotation)" 과 "반시계방향 회전(Counter Clock-Wise Rotation)"을 의미한다. 해당 영역은 DC 모터의 회전 방향을 결정하는 용도이다. "DutyRate" 영역은 DC 모터의 PWM 듀티 비(Duty Ratio)를 설정하는 용도이다. 해당 영역에 '0'~'100' 의 값을 입력한 후, "Send" 버튼을 누르면 된다. 이에 대한 SCI-UART 메시지 구성은 표 10-6과 동일하다.

표 10-6. DC 모터 "제어"를 위한 "Binary" 형식 SCI-UART 메시지 구성

메시지 형식	메시지 용도	그룹 번호	명령어	데이터 길이	데이터 (12비트)
0b01	0b01	0b011	0b001	0b0000	0b000000000000 (해당 명령을 통해 DC 모터 ON)
			0b010	0b0000	0b000000000000 (해당 명령을 통해 DC 모터 OFF)
			0b011	0b0111	0b00000□□□□□□□ (하위 **7비트**를 통해 PWM 듀티 비 결정)
			0b100	0b0000	0b000000000000 (해당 명령을 받은 경우, DC 모터는 시계방향[CW] 회전)
			0b101	0b0100	0b000000001111 (해당 명령을 받은 경우, DC 모터는 반시계방향[CCW] 회전)

② 사용자는 "Serial Transmit Data" 영역을 이용하여 DC 모터 "제어"를 위한 "ASCII" 형식 SCI-UART 메시지를 직접 구성할 수 있다. 이에 대한 SCI-UART 메시지 구성은 표 10-7과 같다.

표 10-7. DC 모터 "제어"를 위한 "ASCII" 형식 SCI-UART 메시지 구성

메시지 형식	메시지 용도	그룹 번호	명령어	데이터 길이	데이터 (4바이트)
0b10	0x31	0x33	0x31	0x30	0x30, 0x30, 0x30, 0x30 (해당 명령을 통해 DC 모터 ON)
			0x32	0x30	0x30, 0x30, 0x30, 0x30 (해당 명령을 통해 DC 모터 OFF)
			0x33	0x33	0x30, 0x□□, 0x□□, 0x□□ (하위 **3바이트**를 통해 PWM 듀티 비 결정)
			0x34	0x33	0x30, 0x30, 0x43, 0x57 (해당 명령을 받은 경우, DC 모터는 시계방향[CW] 회전)
			0x35	0x33	0x30, 0x43, 0x43, 0x57 (해당 명령을 받은 경우, DC 모터는 반시계방향[CCW] 회전)

실습 보드 응용 프로그램에서 처음 DC 모터를 동작시킬 때의 초기 상태는 자유롭게 설정하면 된다. 예를 들어, "Direction"은 반시계(CCW) 방향으로, "DutyRate"는 50%로 설정하면 된다.

4) 서보 모터 제어

사용자는 그림 10-15에 표시된 영역을 통해 실습 보드의 서보 모터를 "제어"할 수 있다.

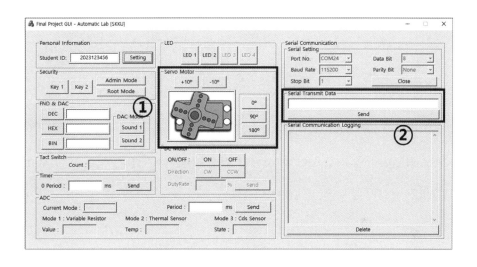

그림 10-15. 서보 모터 "제어"를 위한 실습 GUI 영역

① 사용자는 "+10°", "−10°", "0°", "90°", "180°" 버튼을 클릭함으로써, 서보 모터 "제어"를 위한 "Binary" 형식 SCI-UART 메시지를 전송할 수 있다. 각각의 버튼은 서보 모터의 각도를 설정하는 용도이다. 이에 대한 SCI-UART 메시지 구성은 표 10-8과 같다.

표 10-8. 서보 모터 "제어"를 위한 "Binary" 형식 SCI-UART 메시지 구성

메시지 형식	메시지 용도	그룹 번호	명령어	데이터 길이	데이터 (12비트)
0b01	0b01	0b100	0b001	0b0000	0b000000000000 (해당 명령을 통해 서보 모터를 0˚로 위치시킴)
			0b010	0b0000	0b000000000000 (해당 명령을 통해 서보 모터를 90˚로 위치시킴)
			0b011	0b0000	0b000000000000 (해당 명령을 통해 서보 모터를 180˚로 위치시킴)
			0b100	0b0100	0b000000001010 (해당 명령을 통해 서보 모터를 현재 각도에서 10˚만큼 우측으로 회전시킴) (+10˚)
			0b101	0b0100	0b000000001010 (해당 명령을 통해 서보 모터를 현재 각도에서 10˚만큼 좌측으로 회전시킴) (-10˚)

② 사용자는 "Serial Transmit Data" 영역을 이용하여 서보 모터 "제어"를 위한 "ASCII" 형식 SCI-UART 메시지를 직접 구성할 수 있다. 이에 대한 SCI-UART 메시지 구성은 표 10-9와 같다.

표 10-9. 서보 모터 "제어"를 위한 "ASCII" 형식 SCI-UART 메시지 구성

메시지 형식	메시지 용도	그룹 번호	명령어	데이터 길이	데이터 (4바이트)
0b10	0x31	0x34	0x31	0x30	0x30, 0x30, 0x30, 0x30 (해당 명령을 통해 서보 모터를 0˚로 위치시킴)
			0x32	0x30	0x30, 0x30, 0x30, 0x30 (해당 명령을 통해 서보 모터를 90˚로 위치시킴)
			0x33	0x30	0x30, 0x30, 0x30, 0x30 (해당 명령을 통해 서보 모터를 180˚로 위치시킴)
			0x34	0x33	0x30, 0x50, 0x31, 0x30 (해당 명령을 통해 서보 모터를 현재 각도에서 10˚만큼 우측으로 회전시킴) (+10˚)
			0x35	0x33	0x30, 0x4D, 0x31, 0x30 (해당 명령을 통해 서보 모터를 현재 각도에서 10˚만큼 좌측으로 회전시킴) (-10˚)

"명령어"가 '0x34', '0x35'일 때의 "데이터" 필드를 살펴보면, '0x30', '0x50', '0x31', '0x30'과 '0x30', '0x4D', '0x31', '0x30'이 고정 값으로 포함되는 것을 확인할 수 있다. 16진수로만 보았을 때는 해당 값들이 어떤 의미인지 알 수 없으나, ASCII 문자로 변환해보면 이해할 수 있다. '0x30', '0x50', '0x31', '0x30'은 "0+10" 문자열을 의미하고, '0x30', '0x4D', '0x31', '0x30'은 "0-10" 문자열을 의미한다.

5) DAC 제어

사용자는 그림 10-16에 표시된 영역을 통해 실습 보드의 DAC를 "제어" 할 수 있다.

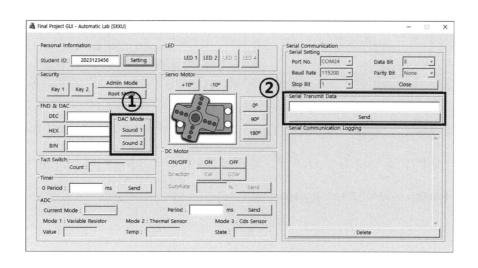

그림 10-16. DAC "제어"를 위한 실습 GUI 영역

① 사용자는 "Sound 1", "Sound 2" 버튼을 클릭하여, DAC "제어"를 위한 "Binary" 형식 SCI-UART 메시지를 전송할 수 있다. "Sound 1" 버튼을 클

릭하면, 실습 보드에서 첫 번째 음성 파일을 재생하고, "Sound 2" 버튼을 클릭하면, 두 번째 음성 파일을 재생한다. 이때, C로 변환된 음성 파일은 DAC 모듈과 주변 회로를 통해 아날로그 음성으로 출력된다. 두 가지 음성 파일("Sound 1.mp3", "Sound 2.mp3")은 GitHub에서 다운할 수 있는 "Final Project Package.zip" 파일 내부의 "03. Supplement"→"Final Project Sound File" 폴더에 존재한다. 이를 활용하여 C언어 기반 음성 변환 파일을 생성하고, 실습 보드 응용 프로그램에 삽입하면 된다. 이에 대한 SCI-UART 메시지 구성은 표 10-10과 같다.

표 10-10. DAC "제어"를 위한 "Binary" 형식 SCI-UART 메시지 구성

메시지 형식	메시지 용도	그룹 번호	명령어	데이터 길이	데이터 (12비트)
0b01	0b01	0b110	0b001	0b0000	0b000000000000 (해당 명령을 통해 Sound 1 재생)
			0b010	0b0000	0b000000000000 (해당 명령을 통해 Sound 2 재생)

② 사용자는 "Serial Transmit Data" 영역을 이용하여 DAC "제어"를 위한 "ASCII" 형식 SCI-UART 메시지를 직접 구성할 수 있다. 이에 대한 SCI-UART 메시지 구성은 표 10-11과 같다.

표 10-11. DAC "제어"를 위한 "ASCII" 형식 SCI-UART 메시지 구성

메시지 형식	메시지 용도	그룹 번호	명령어	데이터 길이	데이터 (4바이트)
0b10	0x31	0x36	0x31	0x30	0x30, 0x30, 0x30, 0x30 (해당 명령을 통해 Sound 1 재생)
			0x32	0x30	0x30, 0x30, 0x30, 0x30 (해당 명령을 통해 Sound 2 재생)

DAC 관련 기능을 실습 보드 응용 프로그램에서 설계할 때 주의할 점은, 다른 기능으로 인해 음성 파일 재생이 중간에 중단되지 않아야 한다. 즉, 음성 파일이 재생되는 동안에는 가급적 최소한의 인터럽트만을 허용해야 한다. 너무 많은 인터럽트가 복잡하게 발생할 경우, 음성 재생이 불안정하게 끊길 수 있다.

6) 타이머 제어

사용자는 그림 10-17에 표시된 영역을 통해 실습 보드의 타이머를 "제어" 할 수 있다.

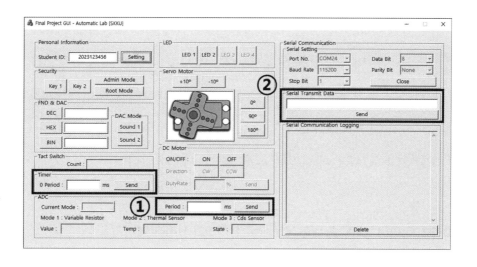

그림 10-17. 타이머 "제어"를 위한 실습 GUI 영역

① 본 프로젝트의 실습 보드 응용 프로그램에서는 두 개 이상의 타이머를 운용 해야 한다. 첫 번째 타이머는 FND의 "Digit 1"~"Digit 2"에 출력되는 숫 자를 정해진 주기마다 바꾸기 위한 용도이다. 두 번째 타이머는 ADC 모듈

의 실시간 모니터링을 일정 주기마다 수행하기 위한 용도이다.

타이머는 최우선 순위의 인터럽트를 통해 실시간으로 운용되어야 한다. 처음 프로그램을 실행하였을 때, FND 출력을 위한 첫 번째 타이머는 자동으로 동작해야 한다. 이때 동작 주기에 대한 초기 설정값은 1s를 사용하길 바란다. 동작 주기는 실습 GUI를 통해 100ms~1s 내의 범위에서 자유롭게 조정할 수 있어야 한다. 또한, FND "Digit 1"~"Digit 2"에 출력되는 숫자는 '00'부터 '99'까지 동작 주기마다 1씩 증가하며, '99'를 초과하면 다시 '00'으로 초기화되어 해당 동작을 반복해야 한다. ADC 실시간 모니터링을 위한 두 번째 타이머는 특정 조건을 충족할 때까지 동작하지 않아야 한다. 해당 조건은 사용자가 실습 GUI를 통해 ADC 모니터링 주기 설정을 완료하는 것이다. 즉, 사용자가 실습 GUI에 원하는 ADC 모니터링 주기를 입력한 후, "Send" 버튼을 클릭하여 타이머 "제어"용 SCI-UART 메시지를 전송할 때까지 ADC 모니터링 기능은 동작할 수 없는 것이다. 두 가지 타이머에 대한 기능들을 완벽히 설계하기 위해, GitHub에 별도로 첨부한 동작 영상을 참고하길 바란다. 이에 대한 SCI-UART 메시지 구성은 표 10-12와 같다.

표 10-12. 타이머 "제어"를 위한 "Binary" 형식 SCI-UART 메시지 구성

메시지 형식	메시지 용도	그룹 번호	명령어	데이터 길이	데이터 (12비트)
0b01	0b01	0b111	0b001	0b1010	0b00☐☐☐☐☐☐☐☐☐☐ (하위 **10비트**를 통해 FND 출력 문자 변경 주기 결정)
			0b010	0b1100	0b☐☐☐☐☐☐☐☐☐☐☐☐ (전체 **12비트**를 통해 ADC 실시간 모니터링 주기 결정)

② 사용자는 "Serial Transmit Data" 영역을 이용하여 타이머 "제어"를 위한 "ASCII" 형식 SCI-UART 메시지를 직접 구성할 수 있다. 이에 대한 SCI-

UART 메시지 구성은 표 10–13과 같다.

표 10-13. 타이머 "제어"를 위한 "ASCII" 형식 SCI-UART 메시지 구성

메시지 형식	메시지 용도	그룹 번호	명령어	데이터 길이	데이터 (4바이트)
0b10	0x31	0x37	0x31	0x34	0x□□, 0x□□, 0x□□, 0x□□ (전체 **4바이트**를 통해 FND 출력 문자 변경 주기 결정)
			0x32	0x34	0x□□, 0x□□, 0x□□, 0x□□ (전체 **4바이트**를 통해 ADC 실시간 모니터링 주기 결정)

7) 제어용 SCI-UART 메시지 구성 예시

지금까지 "제어"를 위한 SCI–UART 메시지 구성 방법을 항목별로 살펴보았다. 물론, 이 책에서 소개한 내용만으로는 직접적인 구현이 어려울 수 있다. 따라서, GitHub에 별첨하는 규약 정보 및 동작 영상을 참고하고, 실습 GUI에서 직접 버튼을 눌러봄으로써 어떤 형태의 메시지가 전송되는지 확인하길 바란다. 이제 한 가지 예시로 "제어"용 SCI–UART 메시지의 전체 구성을 살펴보도록 하겠다. 이때 모든 SCI–UART 데이터는 1바이트 단위로 합쳐져 전송된다는 것을 유의해야 한다. 따라서, 비트 단위의 필드들은 1바이트 단위로 묶이게 된다. DC 모터의 PWM 듀티 비를 41%로 설정하기 위해 "Binary" 및 "ASCII" 형식의 SCI–UART 메시지를 전송했다고 가정하겠다. 이때 전송되는 SCI–UART 메시지는 그림 10–18과 같다.

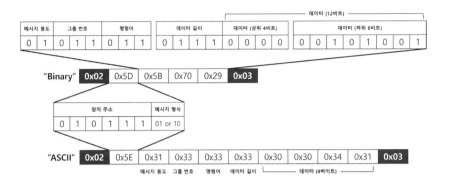

그림 10-18. 제어용 SCI-UART 메시지 구성 예시 (모터 PWM 듀티 비 제어)

"메시지 형식"과 상관없이, 모든 SCI-UART 메시지의 양 끝 1바이트는 각각 "STX"와 "ETX"로 구성되며, 메시지의 시작과 끝을 의미한다. SCI-UART 메시지 구성은 앞서 설명하였기 때문에, 필드별 용도를 자세히 설명하지는 않을 것이다. "STX" 뒤에는 6비트의 "장치 주소"와 2비트의 "메시지 형식"이 이어진다. 해당 필드들 역시 메시지 형식과 상관없이 설정된다. 실습 GUI에서 자신의 ID를 '0d2023123456'으로 설정했을 때, "장치 주소"는 '0b10111'로 설정된다. "메시지 형식"은 "Binary"와 "ASCII" 형식에 따라 각각 '0b01'과 '0b10'으로 설정된다. 이때 원활한 SCI-UART 데이터 전송을 위해, "장치 주소"와 "메시지 형식"이 합쳐져 1바이트를 구성한다. 따라서 전체 1바이트 중에서 "장치 주소"는 상위 6비트를, "메시지 형식"은 하위 2비트를 차지한다. 나머지 필드 역시 마찬가지이다. 규약 정보와 책에서 설명한 내용을 기반으로, 그림 10-18의 전체 메시지 구성을 이해하길 바란다.

10.2.5. 실시간 모니터링 기능 설계

"실시간 모니터링"은 실습 GUI(PC)에서 실습 보드의 일부 항목에 대한 상태 정보를 실시간으로 관찰할 수 있는 기능이다. 이미 해당 항목들이 무엇인지는 "10.2.2. 프로젝트용 실습 GUI"의 그림 10-7을 통해 확인하였다. 이제 "실시간 모니터링"을 위한 항목별 SCI-UART 메시지 구성 방법을 상세히 살펴보도록 하겠다. "실시간 모니터링"을 위해서는, "제어"와 반대로, 실습 보드에서 PC 방향으로 SCI-UART 메시지를 전송해야 한다.

1) 스위치 실시간 모니터링

사용자는 그림 10-19에 표시된 영역을 통해 실습 보드의 스위치에 대한 상태 정보를 "실시간 모니터링"할 수 있다. 해당 상태 정보는 스위치를 누른 횟수를 의미한다.

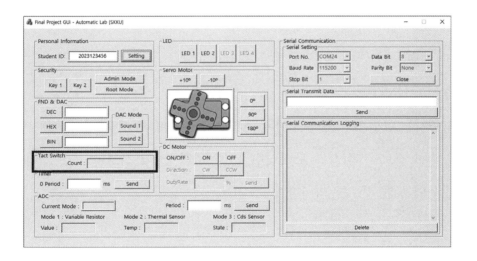

그림 10-19. 스위치 "실시간 모니터링"을 위한 실습 GUI 영역

실습 보드에서 스위치에 대한 "실시간 모니터링" SCI-UART 메시지를 전송하면, 실습 GUI에 자동으로 상태 정보가 표시된다. 이를 통해 사용자는 실습 보드에서 몇 번 스위치를 눌렀는지 확인할 수 있다. 이에 대한 SCI-UART 메시지 구성은 표 10-14와 같다.

표 10-14. 스위치 "실시간 모니터링"을 위한 "Binary" 형식 SCI-UART 메시지 구성

메시지 형식	메시지 용도	그룹 번호	명령어	데이터 길이	데이터 (12비트)
0b01	0b10	0b010	0b001	0b1100	0b111111111111 해당 메시지를 통해 스위치가 한 번 눌렸음을 알림

"실시간 모니터링"의 경우, "ASCII" 형식 SCI-UART 메시지를 보낼 수 없다. 실습 GUI는 오직 "Binary" 형식 SCI-UART 메시지만 취급할 수 있으므로 주의하길 바란다. 만약 실습 GUI에 상태 정보가 제대로 표시되지 않는다면, SCI-UART 메시지 형식을 준수하지 않았거나, SCI-UART 통신이 정상적으로 연결되지 않은 상태일 것이다.

2) ADC 실시간 모니터링

사용자는 그림 10-20에 표시된 영역을 통해 실습 보드의 ADC 관련 항목들에 대한 정보를 "실시간 모니터링"할 수 있다. 해당 정보는 가변 저항, 조도 센서의 상태 정보를 의미한다.

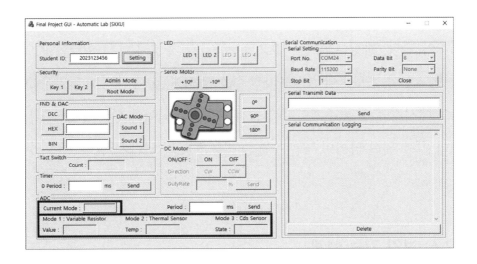

그림 10-20. ADC "실시간 모니터링"을 위한 실습 GUI 영역

실습 보드에서 ADC에 대한 "실시간 모니터링" SCI-UART 메시지를 전송하면, 실습 GUI에 자동으로 상태 정보가 표시된다. 이를 통해 사용자는 가변 저항의 현재 저항값 혹은 조도 센서의 밝기 정도를 확인할 수 있다. 이에 대한 SCI-UART 메시지 구성은 표 10-15와 같으며, 상세한 데이터 표현 방법은 GitHub에서 제공하는 규약 정보를 확인하길 바란다.

표 10-15. ADC "실시간 모니터링"을 위한 "Binary" 형식 SCI-UART 메시지 구성

메시지 형식	메시지 용도	그룹 번호	명령어	데이터 길이	데이터 (12비트)
0b01	0b10	0b101	0b001	0b1001	0b00001□□□□□□□ 해당 메시지를 통해 가변 저항의 정수형 퍼센트 값을 전달 (반올림)
			0b011	0b1001	0b00011□□□□□□□ 해당 메시지를 통해 조도 센서의 밝기 상태를 전달

실습 GUI에서는 한 번에 한 가지 장치에 대한 상태 정보만을 출력할 수

있다. 따라서 사용자는 실습 보드 내 스위치를 이용하여 ADC 출력 대상을 결정해야 한다. 해당 내용은 "10.2.7. 부가 기능 설계"에서 설명할 것이다. 실습 보드 응용 프로그램은 사용자가 설정한 ADC 출력 대상에 알맞은 SCI-UART 메시지를 일정 주기마다 전송하도록 설계되어야 한다. ADC "실시간 모니터링"을 위한 타이머 "제어" 관련 내용은 이미 앞에서 설명한 바 있다.

10.2.6. 보안 기능 설계

"보안"은 승인되지 않은 사용자가 실습 보드에 함부로 접근하지 못하도록 방지하는 용도이다. 이미 해당 항목들이 무엇인지는 "10.2.2. 프로젝트용 실습 GUI"의 그림 10-5를 통해 확인하였다. 이제 "보안" 기능을 설정하기 위한 항목별 SCI-UART 메시지 구성 방법을 상세히 살펴보도록 하겠다. "보안" 기능을 설정하기 위해서는, 실습 GUI의 일부 영역을 이용하여 실습 보드로 SCI-UART 메시지를 전송해야 한다.

1) 잠금 설정

"잠금 설정"은 사용자가 함부로 특정 항목에 대한 기능을 "제어"하지 못하도록 방지하는 용도이다. "잠금 설정"은 프로그램 시작과 동시에 적용되며, "잠금" 상태에서 사용자는 실습 GUI를 통해 어떠한 기능도 "제어"할 수 없다. 단, "실시간 모니터링"은 사용자의 동작과 무관하므로, "잠금 설정" 상태와 상관없이 동작해야 한다. 여기서 헷갈릴 수 있는 점은, ADC에 대한 "실시간 모니터링"은 "잠금 설정"을 해제한 이후에만 동작할 수 있다는 것이다. 해당 기능은 실습 GUI에서 타이머 동작 주기를 결정한 이후에만 사용할 수 있다. 따라서 "제어"에 속하는 타이머 동작 주기 결정 작업이 "잠금 설정"이 해제되기 전까지 ADC "실시간 모니터링"은 동작할 수 없다.

"잠금 설정"을 해제하기 위해, 사용자는 2단계에 걸친 작업을 수행해야 한다. 우선, 자신의 ID 하위 3자리의 10진수로 결정된 "잠금 설정 암호 1" 값을 정해진 SCI-UART 메시지를 통해 전송해야 한다. 만약, 사용자가 설정한 ID가 '2023123456'일 경우, "잠금 설정 암호 1"은 '0d456' 혹은 '0x34, 0x35, 0x36'으로 결정된다. "잠금 설정 암호 1"을 전송한 후, 사용자는 3초 이내에 "잠금 설정 암호 2" 값을 정해진 SCI-UART 메시지를 통해 전송해야 한다. "잠금 설정 암호 2"는 '0xE9D=0b111010 011101' 혹은 '0x45, 0x39, 0x44'의 고정된 값으로 결정된다. 만약 사용자가 3초가 지난 이후 "잠금 설정 암호 2"를 전송할 경우, 사용자는 "잠금 설정" 해제에 실패한다. 이때 3초 카운팅 동작은 타이머를 이용하여 설계할 수 있다. 해당 기능은 실습 보드 내 응용 프로그램에서 구현되어야만 한다. 또한, 잠금 설정 해제를 위한 암호 값들은 응용 프로그램에서 사전에 보유하고 있어야 한다. 사용자는 그림 10-21에 표시된 영역을 통해 실습 보드의 "잠금 설정"을 해제할 수 있다.

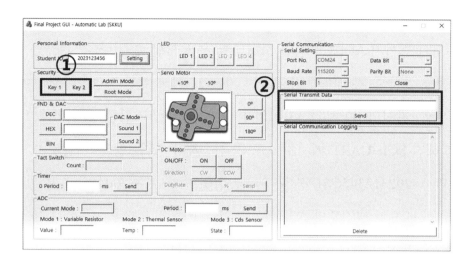

그림 10-21. "잠금 설정" 해제를 위한 실습 GUI 영역

① 사용자는 "Key 1", "Key 2" 버튼을 클릭하여, "잠금 설정" 해제를 위한 "Binary" 형식 SCI-UART 메시지를 전송할 수 있다. "Key 1" 버튼을 클릭하면, 고유한 ID에 따라 결정된 "잠금 설정 암호 1"이 SCI-UART 메시지로 전송된다. "Key 2" 버튼을 클릭하면, 고정된 값인 "잠금 설정 암호 2"가 SCI-UART 메시지로 전송된다. "잠금 설정" 해제를 위한 사용자의 동작을 다시 정리해보면, 처음으로 "Key 1" 버튼을 클릭한 다음, 3초 이내에 "Key 2" 버튼을 누르면 된다. 이에 대한 SCI-UART 메시지 구성은 표 10-16과 같다.

표 10-16. "잠금 설정" 해제를 위한 "Binary" 형식 SCI-UART 메시지 구성

메시지 형식	메시지 용도	그룹 번호	명령어	데이터 길이	데이터 (12비트)
0b01	0b11	0b000	0b110	0b1100	0b□□□□□□□□□□□□ (해당 명령을 통해 "잠금 설정 암호 1"을 전송, 이때 해당 암호는 실습 GUI에서 설정한 ID를 통해 결정)

0b01	0b11	0b000	0b111	0b1100	0b111010011101 (해당 명령을 통해 "잠금 설정 암호 2"를 전송, 이때 해당 암호는 고정된 값을 사용)

② 사용자는 "Serial Transmit Data" 영역을 이용하여 "잠금 설정" 해제를 위한 "ASCII" 형식 SCI-UART 메시지를 직접 구성할 수 있다. 주의할 점은, "잠금 설정 암호 2"에 대한 SCI-UART 메시지는 "잠금 설정 암호 1"에 대한 SCI-UART 메시지가 전송된 이후 3초 이내에 전송되어야만 하는 것이다. 이에 대한 SCI-UART 메시지 구성은 표 10-17과 같다.

표 10-17. "잠금 설정" 해제를 위한 "ASCII" 형식 SCI-UART 메시지 구성

메시지 형식	메시지 용도	그룹 번호	명령어	데이터 길이	데이터 (4바이트)
0b10	0x33	0x30	0x36	0x33	0x30, 0x□□, 0x□□, 0x□□ (해당 명령을 통해 "잠금 설정 암호 1"을 전송, 이때 해당 암호는 실습 GUI에서 설정한 ID를 통해 결정)
			0x37	0x33	0x30, 0x45, 0x39, 0x44 (해당 명령을 통해 "잠금 설정 암호 2"를 전송, 이때 해당 암호는 고정된 값을 사용)

2) 접근 권한

"접근 권한"은 사용자가 특정 항목에 접근하여 "제어"할 수 있는 권한을 의미한다. "접근 권한"은 "관리자"와 "일반"으로 구분된다. 프로그램 시작과 동시에 사용자는 "일반" 권한을 부여받으며, 특정 작업을 수행해야만 "관리자" 권한을 부여받을 수 있다. "일반" 권한을 부여받은 사용자는 실습 보드의 일부 항목만을 직접 "제어"할 수 있고, "관리자" 권한을 부여받은 사용자는 실습 보드의 모든 항목을 직접 "제어"할 수 있다. "접근 권한"에 따라 사용자가 "제어"할 수 있는 항목은 표 10-18을 통해 확인할 수 있다.

표 10-18. "접근 권한" 별 사용자의 "제어" 가능 항목

항목	"일반" 권한	"관리자 권한"
LED / FND	제어 가능	제어 가능
DC 모터	제어 불가능	제어 가능
서보 모터	제어 불가능	제어 가능
DAC	제어 가능	제어 가능
타이머	제어 불가능	제어 가능

사용자는 그림 10−22에 표시된 영역을 통해 실습 보드의 "접근 권한"을 설정할 수 있다.

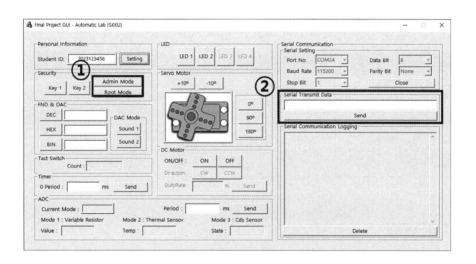

그림 10-22. "접근 권한" 설정을 위한 실습 GUI 영역

① 사용자는 "Admin Mode", "Root Mode" 버튼을 클릭함으로써, "접근 권한" 설정을 위한 "Binary" 형식 SCI−UART 메시지를 전송할 수 있다. "Admin Mode" 버튼을 클릭하면, 사용자는 "일반" 권한을 부여받는다. "Root Mode" 버튼을 클릭하면, 사용자는 "관리자" 권한을 부여받는다. 이에 대한

SCI−UART 메시지 구성은 표 10−19와 같다.

표 10-19. "접근 권한" 설정을 위한 "Binary" 형식 SCI-UART 메시지 구성

메시지 형식	메시지 용도	그룹 번호	명령어	데이터 길이	데이터 (12비트)
0b01	0b11	0b001	0b000	0b1100	0b010101010101 (해당 명령을 통해 접근 권한을 "일반"으로 설정)
			0b111	0b1100	0b101010101010 (해당 명령을 통해 접근 권한을 "관리자"로 설정)

② 사용자는 "Serial Transmit Data" 영역을 이용하여 "접근 권한" 설정을 위한 "ASCII" 형식 SCI−UART 메시지를 직접 구성할 수 있다. 이에 대한 SCI−UART 메시지 구성은 표 10−20과 같다.

표 10-20. "접근 권한" 설정을 위한 "ASCII" 형식 SCI-UART 메시지 구성

메시지 형식	메시지 용도	그룹 번호	명령어	데이터 길이	데이터 (4바이트)
0b10	0x33	0x31	0x30	0x34	0x30, 0x46, 0x30, 0x46 (해당 명령을 통해 접근 권한을 "일반"으로 설정)
			0x37	0x34	0x46, 0x30, 0x46, 0x30 (해당 명령을 통해 접근 권한을 "관리자"로 설정)

이때 실습 보드의 응용 프로그램은 "접근 권한"에 따라 항목별 "제어" 가능 여부를 결정할 수 있도록 설계되어야만 한다.

10.2.7. 부가 기능 설계

앞서 우리는 "제어", "실시간 모니터링", "보안" 기능의 목적과 항목별 설계 방법에 대해 자세히 살펴보았다. 마지막으로, 해당 3가지 기능 외에 부가적으로 설계해야 하는 기능에 대해 살펴보도록 하겠다.

1) 상태 표시용 LED

실습 GUI에서는 "LED1", "LED2" 버튼을 이용하여 "LED1(PA08)"과 "LED2(PA09)"의 점등 상태를 "제어"할 수 있었다. 이와 별개로, "LED3 (PA10)"과 "LED4(PB00)"는 "보안" 기능의 상태 표시를 위해 사용된다.

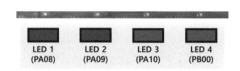

그림 10-23. 실습 보드의 LED 구분

"LED3"을 통해 사용자는 "잠금 설정" 유무를 판단할 수 있다. 해당 LED 가 점등된 상태라면 "잠금 설정"이 해제된 상태이고, 점등되지 않은 상태라 면 "잠금 설정"이 적용된 상태이다. 즉, "LED3"이 점등된 이후부터 사용자는 실습 보드 항목을 "제어"할 수 있는 것이다.

"LED4"를 통해 사용자는 "접근 권한"을 확인할 수 있다. 해당 LED가 점 등된 상태라면 사용자는 "관리자" 권한을 부여받은 것이고, 점등되지 않은 상 태라면 사용자는 "일반" 권한을 부여받은 것이다. 위 내용과 일치하도록 프 로젝트를 설계하길 바란다.

2) 상태 표시용 FND 세그먼트

FND "Digit 3"은 ADC "실시간 모니터링" 대상을 나타내는 용도이다. 만 약 해당 대상이 가변 저항일 경우, FND "Digit 3"에 숫자 '1'을 출력한다. 반대로 조도 센서일 경우, FND "Digit 3"에 숫자 '2'를 출력한다. 위 내용대로 동작하도록 프로젝트를 설계하길 바란다.

3) 추가 기능 호출용 스위치

스위치 1번은 스위치의 "실시간 모니터링"을 위해 사용된다. 이와 달리 스위치 2~4번은 추가 기능을 호출하기 위한 용도로 사용된다. 스위치 2번은 CAN 통신 기반 상태 메시지를 전송하는 용도이다. CAN 메시지는 자유롭게 구성해 보길 바란다. PC에서는 CAN 메시지를 통해 실습 보드의 정상 동작 유무를 점검할 수 있다. 스위치 3번은 ADC "실시간 모니터링" 대상을 변환하기 위한 용도이다. 스위치 3번을 누를 때마다 FND "Digit 3"에 출력되는 숫자가 바뀌어야 한다. 위에서 설명했듯이, 해당 숫자는 '1'과 '2' 중에서 번갈아 가며 선택한다. 스위치 4번은 FND "Digit 1"과 "Digit 2"에 출력되는 숫자를 '00' 으로 초기화하는 용도이다. 실습 보드에서는 타이머를 통해 FND "Digit 1" 과 "Digit 2"에 출력되는 숫자를 1씩 증가시킨다. 응용 프로그램 실행 도중에 스위치 4번을 누른다면, 해당 숫자는 강제로 '00'으로 초기화되어야만 한다.

이상으로 종합 프로젝트에 대한 설명을 마치도록 하겠다. 해당 프로젝트 는 이 책에서 학습한 내용들을 활용 및 조합할 수 있는 응용 예제이다. 앞선 실습들에서 간단한 프로그램을 구성하였다면, 해당 실습은 굉장히 복잡하고 난해할 수 있다. 여러 가지 MCU 요소들을 복합적으로 활용하며 해당 프로 젝트를 설계하다 보면, 임베디드 시스템 개발 역량을 크게 높일 수 있을 것 이다. 책에서 설명한 내용만으로는 완벽한 프로젝트 구현이 어려울 수 있으 니, 반드시 GitHub에 별첨하는 규약 정보, 소개 자료, 동작 영상 등을 확인 하길 바란다.

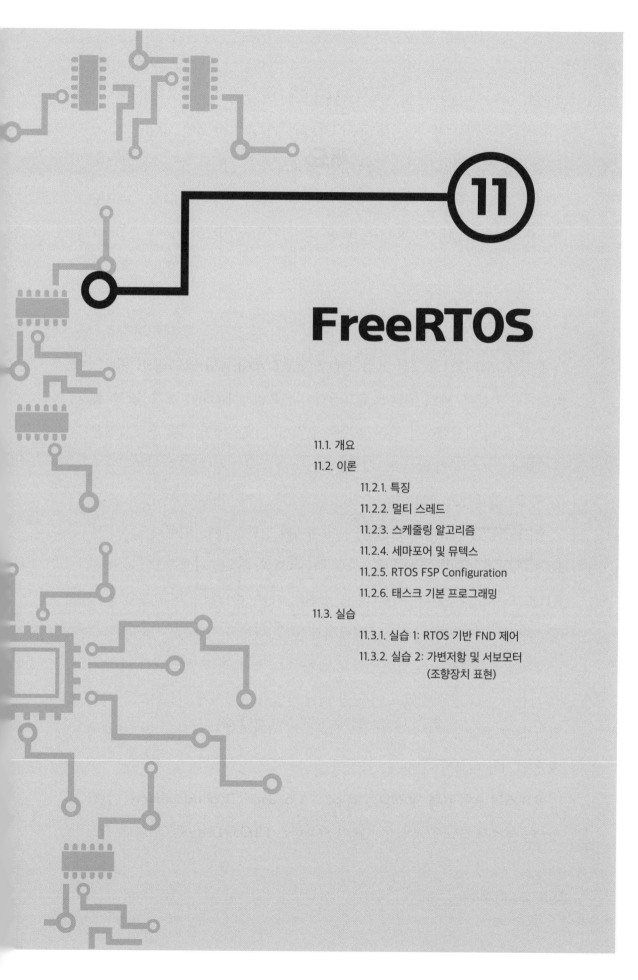

FreeRTOS

11

11.1. 개요

11.2. 이론

11.2.1. 특징

11.2.2. 멀티 스레드

11.2.3. 스케줄링 알고리즘

11.2.4. 세마포어 및 뮤텍스

11.2.5. RTOS FSP Configuration

11.2.6. 태스크 기본 프로그래밍

11.3. 실습

11.3.1. 실습 1: RTOS 기반 FND 제어

11.3.2. 실습 2: 가변저항 및 서보모터
(조향장치 표현)

11.1

개요

우리가 지금까지 수행한 프로그래밍 방법을 베어 메탈(Bare-metal) 프로그래밍이라고 한다. 베어 메탈 프로그래밍이란 운영체제(OS)나 초기 소프트웨어 스택 없이 하드웨어를 직접 조작하는 것이다. 즉, 베어 메탈 프로그램은 운영체제를 지원하지 않는 프로그램이라 할 수 있고 보통 하나의 무한루프로 실행되는 펌웨어로 구성된다.

앞서 언급한 시스템과 다르게, 운영체제의 지원을 받는 임베디드 시스템도 존재한다. 임베디드 시스템을 지원하는 OS의 종류는 다양하고 그중에서 RTOS가 주로 사용된다. 파일 및 폴더 관리 기능, 하드웨어 및 네트워크 설정 기능 등을 지원하는 일반 운영체제와 달리 RTOS는 실시간 시스템의 요구사항을 충족하기 위해 특화된 운영체제이다. 즉, 특정 작업에 대한 처리 완료 시간이 미리 정해져 있고 이 시간 내에 작업을 엄격하게 완료하도록 지원하는 운영체제라고 할 수 있다. 또 임베디드 시스템에 탑재되는 운영체제이기에 크기가 비교적 가볍다는 특징이 있다.

RTOS의 종류에는 WIND, 마이크로 OS, FreeRTOS, Alteronic 등이 있다. 이 중에서 개발자들이 가장 많이 사용하는 RTOS는 FreeRTOS이다. Free

라는 수식어가 붙은 이유는 누구나 무료로 사용할 수 있기 때문이다. 본 실습에서는 FreeRTOS의 기본 개념들에 대해서 알아볼 것이며, 더 나아가 현재까지 진행한 실습 내용을 FreeRTOS 기반으로 재구성해 볼 것이다.

11.2

이론

11.2.1. 특징

RTOS는 실시간 운영체제 시스템(Real-Time Operating System)의 약어로, 제한된 시간 내에 원하는 작업을 처리하도록 보장하는 운영체제를 의미한다. RTOS의 특징에 관해서 알아보기 전에 실시간 시스템에 대해서 알아보도록 하겠다.

1) 실시간 시스템

실시간 시스템(Realtime System)은 시스템 동작의 정확성이 논리적 정확성뿐만 아니라 시간적 정확성에도 의존하는 시스템이다. 이러한 시스템에서는 작업에 대한 시간 제약이 존재하는데 이를 마감 기한(deadline)이라 한다. 마감 기한 내에 엄격하게 작업을 완료해야 하는 경우를 경성 실시간(Hard-realtime) 시스템이라 하고, 마감 기한이 존재하지만, 작업을 완료하지 못하더라도 큰 영향이 없는 경우를 연성 실시간(Soft-realtime) 시스템이라고 한다.

즉, 실시간 시스템에서 원하는 작업을 마감 기한 안에 완료할 수 있도록 보장하는 임베디드 운영체제를 RTOS라 부른다. RTOS는 특히 경성 실시간 시스템의 요구사항을 충족시키며, 항공, 우주, 군사, 의료 등의 분야에서 다양하게 활용된다.

2) 기존 OS와의 차이점

컴퓨터 시스템의 운영체제는 자원 관리, 파일 시스템, 장치 드라이버, 등과 같은 기능을 제공하여 시스템의 효율적인 관리를 우선적으로 보장한다. 이와 다르게, RTOS는 시스템의 실시간성을 우선적으로 보장한다. 표 11-1을 통해 두 운영체제 간의 차이점을 확인하길 바란다.

표 11-1. 기존 OS와의 차이점

특징	기존 OS	RTOS
용도	일반 PC	임베디드 시스템
하드웨어 연관성	X, 하드웨어에 관해 전혀 몰라도 됨	O, 하드웨어와 회로에 대한 기본지식은 보유해야 함
목적	가능한 빠른 시스템	실시간 시스템
메모리	충분한 메모리	제한된 메모리 (작은 RAM 용량)

3) FreeRTOS

FreeRTOS는 실시간 운영체제(RTOS)의 한 종류이며 개발자들이 가장 많이 사용하는 RTOS 중 하나이다. 이는 2003년에 만들어진 ANSI C 기반 RTOS이며 200개 이상의 MCU를 지원한다. 그리고 각 MCU에 포팅 시 필요한 다양한 컴파일러 및 예제를 제공한다. 포팅(Porting)이란 실행 가능한 프로그램이 다양한 환경(CPU, OS, 라이브러리 등)에서 동작하게 하는 과정이다. 용량은 4KB~9KB 정도로 굉장히 가볍고 높은 신뢰성 및 안정성을 제공한다. 해당 저작권은 아마존에 인수되었으며, 이를 기반으로 아마존 클라우드, IoT

를 사용할 수 있게 되었다.

4) 원리

RTOS는 경성 실시간 시스템을 만족하기 위해서 표 11−2와 같은 특징을 가진다.

표 11-2. RTOS 기반 프로그램 특징

	RTOS 기반 프로그램 특징
1	스케줄러를 통한 멀티 스레드 지원
2	스레드 우선순위(Priority) 보유
3	우선순위 기반 선점형 스케줄링 적용
4	동일 우선순위를 가진 스레드가 존재하면 라운드 로빈 기반 선점형 스케줄링 적용

위 4가지 특징은 멀티 스레드 환경에서 처리 시간을 일관되게 유지하는 용도로 사용된다. 위와 같은 용어는 생소할 수 있으나 이에 대한 자세한 내용은 순서대로 설명하도록 하겠다.

11.2.2. 멀티 스레드

1) 프로세스 vs 스레드

스레드(Thread)란 어떠한 프로세스(Process)에서 실제로 작업을 수행하는 작은 작업 단위를 의미한다. RTOS는 멀티 스레드(Multi Thread)를 지원하며 스레드는 태스크(Task)와 같은 용어로 사용된다. 그렇다면 스레드는 프로세스와 어떠한 차이점이 있는지 표 11−3을 참고하여 알아보도록 하겠다.

표 11-3. 프로세스와 스레드 차이점

	프로세스	스레드
정의	연속적으로 실행되고 있는 프로그램	프로세스 내에서 실행되는 작은 실행 단위
자원공유	X, 프로세스 간 자원(메모리)을 공유하지 않음	O, 스레드 간 자원(메모리:Heap, Data, Code 메모리)을 공유함

프로세스는 프로세스 간의 메모리를 공유하지 않고 독립적으로 실행되고 있는 프로그램이다. 이에 대한 시각적인 묘사는 그림 11−1과 같다. 이에 반해 스레드는 다른 스레드와 자원(일부 메모리)을 공유할 수 있다. 이에 대한 시각적인 묘사는 그림 11−2와 같다.

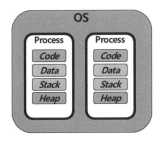

그림 11-1. OS 내에 존재하는 프로세스

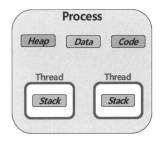

그림 11-2. 프로세스 내에 존재하는 스레드

1−1) 멀티 스레드 환경

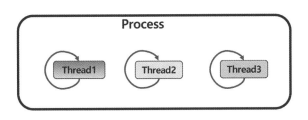

그림 11-3. 멀티 스레드 기반 프로그램 동작

그림 11-3과 같은 멀티 스레드 환경에서 스레드들은 마치 동시에 실행되고 있는 것처럼 보인다. 그러나 특정 시점에서는 단일 스레드만 동작할 수 있으며, 실행될 스레드는 선점형 커널에 의해서 선정된다. 즉, 실행되는 스레드는 짧은 시간 동안 여러 번 교체되어 사용자의 눈에는 여러 스레드가 동시에 실행되는 것으로 보인다. 후술할 내용에서 스레드와 태스크 용어는 편의상 태스크로 통일하겠다.

2) 태스크 구성

FreeRTOS에서 사용하는 전체 메모리는 "FreeRTOS Heap"이라고 정의한다. 이 메모리는 애플리케이션이 실시간 기능을 실행하기 전에 BSS 영역에 정적으로 할당된다. 총 메모리 크기는 사전 정의를 통해 설정되며 애플리케이션 수명이 끝날 때까지 할당된 상태를 유지한다.

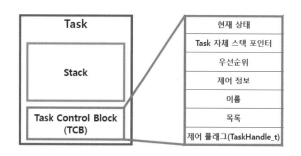

그림 11-4. 태스크 메모리 구성

태스크의 메모리 구성은 TCB와 스택(Stack)으로 이루어져 있다. 태스크가 생성되면 태스크의 메모리는 동적으로 "FreeRTOS Heap" 영역에 할당된다. TCB는 전체적으로 그림 11-4와 같이 우선순위, 이름, 스택 포인터를 포함하며, 이 정보를 활용하여 멀티 태스크 기반 작업을 수행한다.

앞서 언급한 "FreeRTOS Heap" 영역은 일반적으로 우리가 알고 있는 메모리 구조에서의 "Heap" 영역과는 다르다. 다시 말해, "FreeRTOS Heap"은 "Heap" 영역과 독립적으로, BSS 영역 메모리에 할당된다. 따라서, malloc 함수로 할당받는 메모리 영역과 "FreeRTOS Heap" 영역은 구분된다.

11.2.3. 스케줄링 알고리즘

스케줄링 알고리즘은 컴퓨터 및 임베디드 시스템에서 여러 태스크가 CPU를 공유하고 실행되는 과정을 효과적으로 관리하는 방법이다. 스케줄링의 주요 목적은 CPU의 활용도를 극대화하고, 프로세스의 대기 시간과 응답 시간을 최소화하여 시스템의 처리량과 성능을 향상하는 것이다.

1) 스케줄링 종류

1-1) 선점형 스케줄링

선점형 스케줄링은 실행 중인 태스크가 CPU를 점유하고 있을 때 특정 태스크가 CPU 자원을 강제로 빼앗을 수 있는 방식이다.

예를 들어, 우선순위가 높은 태스크나 마감 기한이 적게 남은 태스크가 CPU 자원을 요청하면, 실행 중인 태스크는 중단되고 요청한 태스크가 CPU를 할당받는다.

따라서 긴급한 작업이나 짧은 작업을 빠르게 처리할 수 있다. 하지만, 태스크가 자주 교체되면 오버헤드(Overhead)가 발생하고, 실행 순서를 예측하기 어렵다. 선점형 스케줄링의 종류로 라운드 로빈(RR), 우선순위(Priority) 기반 스케줄링 등이 있다.

RTOS는 경성 실시간 시스템을 만족하기 위해 우선순위 및 라운드 로빈 기반 선점형 스케줄링을 사용한다. 따라서 각 태스크의 중요도와 긴급성을 반영하여 시스템의 전체적인 요구사항을 만족시킬 수 있다.

1-2) 비선점형 스케줄링

비선점형 스케줄링은 실행 중인 태스크가 CPU를 점유하고 있을 때 특정 태스크가 CPU 자원을 빼앗을 수 없는 방식이다.

따라서 프로세스의 교체가 적게 일어나서 오버헤드가 줄고, 실행 순서를 예측하기 쉽다. 하지만, 긴 작업이 CPU를 오랫동안 점유하면 다른 작업은 오랜 시간 동안 대기해야 한다. 비선점형 스케줄링의 종류로 선입선출(FIFO), 최단 작업 우선(SJF) 스케줄링 등이 있다.

2) 우선순위 기반 선점형 스케줄링

각 태스크는 우선순위를 가지며, 높은 우선순위를 가진 태스크가 먼저 실행되는 방식을 우선순위 기반 선점형 스케줄링이라 정의한다. 우선순위가 다른 여러 태스크가 존재할 때, 어떠한 방식으로 태스크들이 동작하는지 예시를 들어 자세히 알아보도록 하겠다.

2-1) 예시

그림 11-5와 같은 상황을 가정하고 우선순위 기반 선점형 스케줄링을 설명해보겠다. 총 3개의 태스크가 존재하고 낮은 우선순위 태스크(LP), 중간 우선순위 태스크(MP), 높은 우선순위 태스크(HP)가 있다고 가정해보겠다.

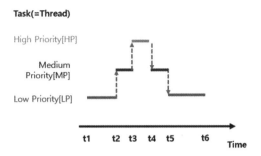

그림 11-5. 우선순위 기반 선점형 스케줄링 예시

태스크 실행 순서는 "LP → MP → HP" 순으로 진행되고, 각 태스크의 실행 시각을 "t1", "t2", "t3"이라고 가정하겠다.

"t2" 시점에서, 우선순위가 더 높은 MP가 실행되고 LP는 낮은 우선순위로 인해 선점되어 중단된다. "t3" 시점에서, 우선순위가 더 높은 HP가 실행되고 MP는 낮은 우선순위로 인해 선점되어 중단된다. "t4" 시점에 HP는 실행을 마치고 실행을 기다리고 있는 MP와 LP 중 MP가 실행된다. "t5" 시점에 MP는 실행을 마치고 실행을 기다리고 있는 LP가 실행된다. "t6" 시점에 LP가 실행을 마친다.

우선순위 기반 선점형 스케줄링의 예시를 알아보았다. 이를 통해 멀티 태스크 간의 우선순위 기반 선점형 스케줄링을 이해했길 바란다.

2-2) 태스크 실행 상태 용어

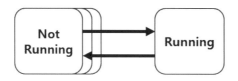

그림 11-6. 태스크 실행 상태 (1)

RTOS는 그림 11-5와 같이 단일 태스크만 특정 시점에 실행될 수 있다. 그림 11-6과 같이, 실행되고 있는 단일 태스크의 상태를 "Running"이라 하며 실행되고 있지 않은 태스크의 상태를 "Not Running"이라 한다.

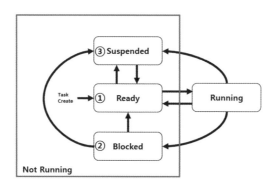

그림 11-7. 태스크 실행 상태 (2)

그림 11-7과 같이 "Not Running" 상태는 3가지로 나뉜다.

① 해당 "Ready"는 준비 상태이다. 다른 태스크들보다 우선순위를 높게 가지고 있는 "Ready" 상태인 태스크는 "Running" 상태로 전환된다. 예를 들어, 먼

저 실행되고 있던 태스크가 "Ready" 상태가 된 다른 태스크보다 우선순위가 낮다면 실행 중인 태스크는 선점되어 "Ready" 상태로 전환된다.

② 해당 "Blocked"는 지연 함수, 큐(Queue), 세마포어, 뮤텍스에 의해서 일시적으로 멈춰진 상태를 나타낸다. 해당 상태는 마감 기한(timeout)을 가지고 있어서 이 기한이 지나면 다시 "Ready" 상태로 전환되어 실행 가능한 상태가 된다.

③ 해당 "Suspended"는 특정 함수에 의해 멈춰진 상태이다. 해당 상태는 특정 기간 없이 계속 멈춰진 상태로 있으며 특정 함수에 의해 다시 "Ready" 상태로 들어갈 수 있다.

3) 라운드 로빈 기반 선점형 스케줄링

앞서 언급했던 우선순위 기반 선점형 스케줄링 예시는 모두 다른 우선순위를 가진 태스크들이 있는 상황에서 이루어졌다. 이와 달리, 우선순위가 같은 태스크들이 있는 상황에서는 라운드 로빈 기반 선점형 스케줄링이 적용된다.

라운드 로빈 기반 선점형 스케줄링은 우선순위가 동일한 태스크들이 순서대로 일정한 시간 동안 실행되는 방식이다. 모든 태스크가 일정한 시간 동안 CPU를 사용할 수 있도록 보장하며 선점형 커널은 "Ready" 상태에 있는 태스크 간의 동일한 타임 큐(Time Slice)를 보장한다. 어떠한 방식으로 태스크들이 동작하는지 예시를 들어 자세히 알아보도록 하겠다.

3-1) 예시

그림 11-8과 같은 상황을 가정하고 RTOS에서 라운드 로빈 기반 선점형 스케줄링 예시를 설명해보겠다. 총 3개의 태스크가 존재하고 모두 같은 우선

순위를 가지고 있다고 가정해보겠다.

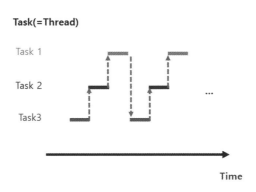

그림 11-8. 라운드 로빈 기반 선점형 스케줄링 예시

태스크 실행은 "태스크 1(Task 1) → 태스크 2(Task 2) → 태스크 3(Task 3)" 순으로 진행되고, 태스크들은 동일한 타임 큐를 보장받는다. 따라서 그림 11-8과 같이 순서에 따라 모든 태스크가 동일한 시간 동안만 실행되는 것을 확인할 수 있다.

4) 비교

앞서 우선순위 기반 선점형 스케줄링과 라운드 로빈 기반 선점형 스케줄링을 소개했다. 두 가지 스케줄링 방법에 대한 차이점을 표 11-4를 통해 확인할 수 있다.

표 11-4. 우선순위 기반과 라운드 로빈 기반 스케줄링 비교

특성	우선순위 기반 선점형 스케줄링	라운드 로빈 기반 선점형 스케줄링
공통점	특정 태스크가 CPU를 점유하고 있을 때, 다른 태스크가 CPU 자원을 강제로 빼앗을 수 있는 방식	
기본 원리	태스크의 우선순위에 따라 스케줄링	태스크가 일정 시간 동안 CPU를 사용하고 나면 다음 태스크로 넘어감
장점	서비스 품질 보장, 우선순위 할당, 중요 작업 대응	공평성, 응답 시간 일정, 간단한 구현
단점	우선순위가 낮은 태스크들에 기아 (Starvation) 현상이 일어날 수 있음	평균대기 시간이 늘어남
RTOS 스케줄링	우선순위 + 라운드 로빈 기반(동일 우선순위) 선점형 스케줄링	

11.2.4. 세마포어 및 뮤텍스

RTOS 기반 멀티 태스크 환경에서 태스크 간에 전역변수를 공유할 수 있다. 그림 11-5와 같은 환경에서 LP와 MP가 전역변수 "a"를 공유하는 상황을 가정해보겠다. LP는 전역변수 "a"를 증가시키고, MP는 전역변수 "a"를 감소시킬 때, 사용자는 전역변수 "a"에 대한 일정한 변화량을 예측하기 어려울 수 있다.

이처럼, 여러 개의 태스크가 공통으로 사용하거나 접근할 수 있는 자원을 공유자원이라고 한다. 공유자원은 전역변수와 같은 데이터뿐만 아니라 각종 레지스터와 같은 자원도 포함될 수 있다.

공유자원을 여러 태스크가 동시에 접근하거나 수정할 때, 태스크 간의 경쟁이나 동기화 문제로 인해 예기치 않은 결과가 발생할 수 있다. 이런 상황을 경쟁 상태(Race Condition)라고 한다. 이를 효율적으로 예방하기 위해 RTOS는 세마포어(Semaphore), 뮤텍스(Mutex) 등과 같은 동기화 도구를 제공한다.

1) 개념

위에서 언급했던 경쟁 상태에서의 동시성 문제를 방지하기 위해 세마포어와 뮤텍스를 사용할 수 있다. 이는 공유자원에 여러 태스크가 동시에 접근하는 것을 제한하는 기능을 수행한다.

여러 태스크가 특정 데이터를 공유하며 작업을 수행할 때, 각 태스크에서 공유자원에 접근하는 부분을 임계 구역(Critical Section)이라 정의한다. 이때, 뮤텍스는 공유자원에 대한 접근을 단일 태스크에만 허용하도록 제한하는 동기화 메커니즘이다. 뮤텍스를 사용하면 임계 구역에는 단 하나의 태스크만이 접근하는 것이 보장된다.

세마포어는 공유자원에 대한 접근을 단일이상 태스크에 허용하도록 제한하는 동기화 메커니즘이다. 세마포어는 특정 자원에 대한 사용 가능한 허가 횟수(예시: 최대 4개의 태스크 접근 가능)를 나타내며, 이를 통해 여러 태스크 간에 자원의 공유를 효과적으로 제어한다. 이러한 메커니즘들은 동시성 제어를 통해 안정적이고 예측 가능한 프로그램 실행을 도와준다.

2) 원리

세마포어는 일종의 열쇠 개수를 나타내는 개념이다. 아래의 예시를 통해 세마포어의 원리를 설명해보겠다. 화장실을 공유자원, 열쇠를 세마포어, 사람을 태스크라고 비유한 예시이다.

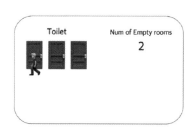

그림 11-9. 세마포어 원리

세마포어는 시작 시에 3개의 값(열쇠)을 갖고 시작하며, 그림 11−9와 같이 화장실을 사용할 때마다 열쇠의 개수가 감소한다. 만약 현재 열쇠가 모두 사용 중이라면, 세마포어 값은 0이 된다. 이후, 화장실 사용하려는 사람은 대기해야 한다. 어떠한 사람이 화장실 사용을 마치면 열쇠 개수를 하나 증가하고 대기 중인 사람에게 신호가 전달된다.

 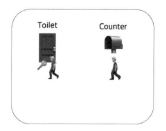

그림 11-10. 뮤텍스 원리

뮤텍스는 그림 11−10과 같이 한정된 자원에 대한 동시 접근을 허용하지 않는 열쇠와 같다. 화장실에 들어가기 위한 열쇠를 한 사람이 가지고 있다면, 그 한 사람만이 화장실에 입장할 수 있다. 사용을 마치면 열쇠를 가진 사람이 다음 대기 중인 사람에게 전달한다. 뮤텍스는 값이 1인 세마포어와 같은 역할을 한다.

3) 종류

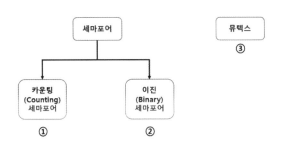

그림 11-11. 세마포어와 뮤텍스 종류

앞서 설명한 원리로 세마포어와 뮤텍스를 구현할 수 있고, 그림 11-11과 같이 구분된다.

① 카운팅 세마포어는 태스크 허가 횟수가 2개 이상일 때 활용된다.

② 이진 세마포어는 허가 횟수가 1개일 때 활용된다.

③ 뮤텍스는 단일 태스크에만 활용된다. 공유자원이 단일 태스크에만 허용된다는 점이 이진 세마포어와 유사하다.

4) 차이점

세마포어와 뮤텍스는 경쟁 상태를 방지하기 위한 동기화 도구로 사용되지만, 주요 차이점을 표 11-5를 통해 자세히 확인할 수 있다.

표 11-5. 세마포어와 뮤텍스

특성	세마포어	뮤텍스
공통점	경쟁 상태를 방지하기 위해 사용되는 동기화 도구	
특징	동기화 대상(태스크) : 1개 이상	동기화 대상(태스크) : 1개
차이점	세마포어를 소유하지 않은 태스크도 세마포어를 해제할 수 있음	뮤텍스를 가진 태스크만 뮤텍스를 해제할 수 있음

이러한 차이점을 이해하고 적절한 방법을 선택함으로써 동기화를 효과적으로 관리할 수 있다.

11.2.5. RTOS FSP Configuration

1) 프로젝트 생성

RTOS 기반 프로젝트를 생성하기 위해서는 다음과 같은 순서에 따라 진행하면 된다.

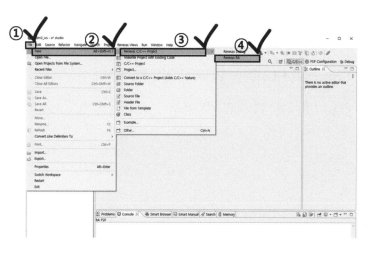

그림 11-12. RTOS 기반 프로젝트 생성 (1)

① 그림 11-12와 같은 화면을 확인하고 "File" 버튼을 누른다.

② "New" 버튼을 누른다.

③ "Renesas C/C++ Project" 버튼을 누른다.

④ "Renesas RA" 버튼을 누른다. 위 과정을 마치면 그림 11-13과 같은 화면
이 표시된다.

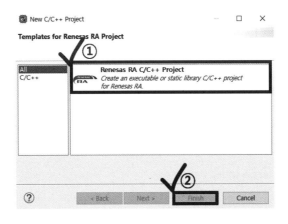

그림 11-13. RTOS 기반 프로젝트 생성 (2)

① 그림 11-13과 같은 화면을 확인하고 C언어 기반의 프로젝트를 생성하기
위해 "Renesas RA C/C++ Project" 버튼을 누른다.

② 위 과정을 마쳤다면 "Finish" 버튼을 누른다.

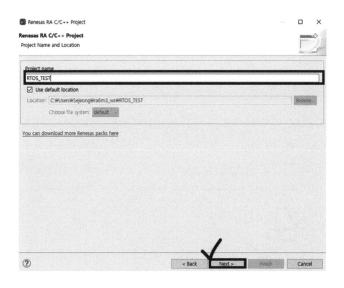

그림 11-14. RTOS 기반 프로젝트 생성 (3)

그림 11-14와 같이, 프로젝트명 설정 화면을 확인할 수 있다. 프로젝트명을 자유롭게 작성한 후, "Next" 버튼을 누른다.

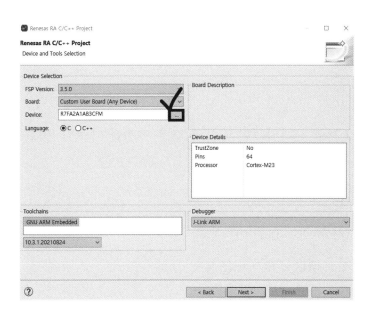

그림 11-15. RTOS 기반 프로젝트 생성 (4)

다음으로, 그림 11-15와 같은 화면을 확인할 수 있다. 해당 화면에서는, MCU 및 Debugger 종류를 결정할 수 있다. 먼저 MCU 종류를 선택하기 위해서 "…" 버튼을 누른다.

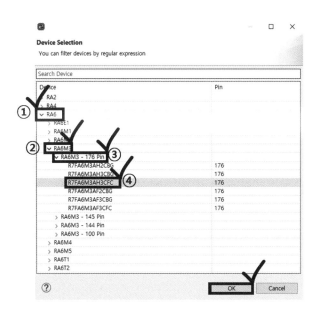

그림 11-16. RTOS 기반 프로젝트 생성 (5)

그림 11-16과 같은 화면에서 MCU 종류를 선택할 수 있다. 실습 보드에 해당하는 MCU를 선택하려면 다음과 같은 단계를 따르면 된다.

① "RA6" 버튼을 누른다.

② "RA6M3" 버튼을 누른다.

③ "RA6M3 – 176 Pin" 버튼을 누른다.

④ "R7FA6M3AH3CFC" 버튼을 누른다.

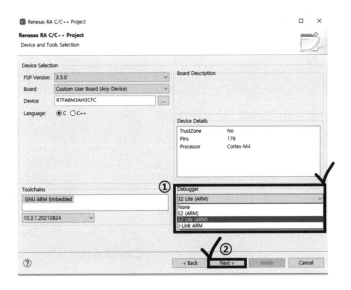

그림 11-17. RTOS 기반 프로젝트 생성 (6)

① 그림 11-17과 같은 화면을 확인하고 "Debugger"에서 "E2 Lite (ARM)"로 설정하였는지 확인한다.

② 위 과정을 모두 마쳤다면 "Next" 버튼을 누른다.

이후 그림 11-18과 같은 화면을 확인할 수 있다. 초기 화면에서 "Build Artifact Selection"은 "Executable"로, "RTOS Selection"은 "No RTOS"로 설정되어 있다. "RTOS Selection"에서 "FreeRTOS"로 설정하고 "Next" 버튼을 누른다.

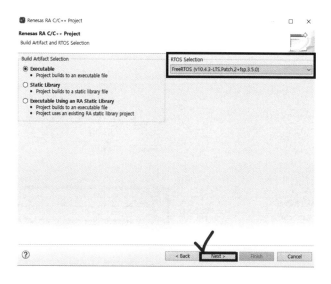

그림 11-18. RTOS 기반 프로젝트 생성 (7)

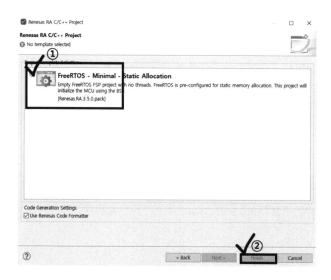

그림 11-19. RTOS 기반 프로젝트 생성 (8)

① 그림 11-19와 같은 화면을 확인하고 "FreeRTOS – Minimal – Static Allocation"을 선택한다.

② 위 과정을 모두 마쳤다면 "Finish" 버튼을 누른다.

그림 11-20. RTOS 기반 프로젝트 생성 (9)

그림 11-20과 같은 진행 화면을 확인할 수 있다. 진행이 완료되었을 때, 프로젝트가 생성된다.

그림 11-21. RTOS 기반 프로젝트 생성 (10)

그림 11-21과 같은 화면을 확인할 수 있는데 이는 FSP 설정 창의 실행 여부를 선택하는 화면이고 "No" 버튼을 클릭한다. 이후 그림 11-22와 같이 프

로젝트가 생성된 파일 화면을 확인할 수 있다.

그림 11-22. RTOS 기반 프로젝트 생성 (11)

2) FSP Configuration 설정

RTOS 관련 소프트웨어 스택에 쌓기 위해 그림 11-23과 같은 순서로 FSP
Configuration 메뉴를 열 수 있다.

① "configuration.xml" 버튼을 두 번 클릭한다.

② "FSP Configuration" 버튼을 누른다. 다음으로, 그림 11-24와 같은 화면
을 확인할 수 있다. 진행이 완료되면 정상적으로 그림 11-25와 같은 FSP
메뉴 창을 확인할 수 있다.

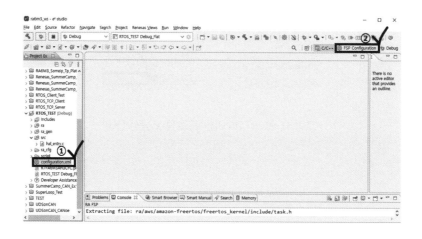

그림 11-23. FSP Configuration 설정 (1)

그림 11-24. FSP Configuration 설정 (2)

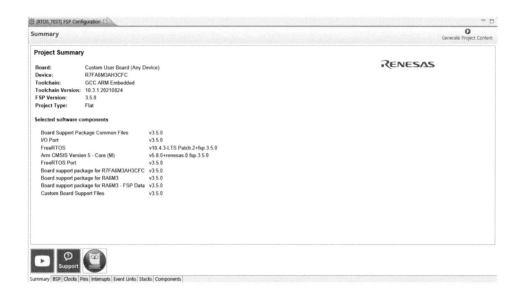

그림 11-25. FSP Configuration 설정 창 (3)

그림 11-26. FSP Configuration 메뉴 (4)

RTOS와 관련된 설정을 해주기 위해서 먼저 그림 11-26과 같이 "Stack" 메뉴를 누른다. 그림 11-27과 같은 화면을 확인할 수 있고 첫 순서로 실행되는 태스크를 생성하기 위해서 "New Thread" 버튼을 누른다.

그림 11-27. FSP Configuration 설정 (5)

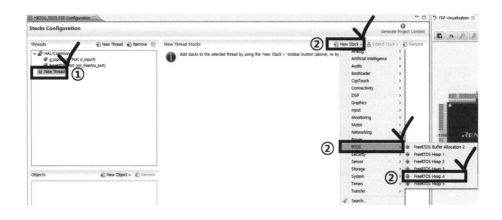

그림 11-28. FSP Configuration 설정 (6)

① 그림 11-28과 같이 "New Thread"가 생긴 것을 확인하고 누른다.

② "FreeRTOS Heap" 영역에서 Task의 메모리를 동적으로 할당하는 방법 중

   "FreeRTOS Heap 4" 방법 사용을 위해 "New Stack"에서 "RTOS" 버튼을

누른 후, "FreeRTOS Heap 4" 버튼을 누른다.

그림 11-29. FSP Configuration 설정 (7)

그림 11-30. FSP Configuration 설정 (8)

그림 11-29와 같이 "New Thread" 아래에 생성된 "FreeRTOS Heap 4"를

확인할 수 있다. 부가적인 기능 설정은 "Properties"의 "Setting"에서 진행할
수 있다.

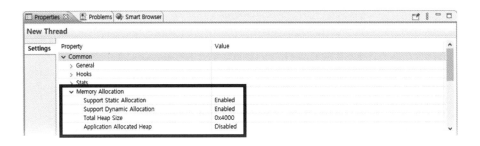

그림 11-31. FSP Configuration 설정 (9)

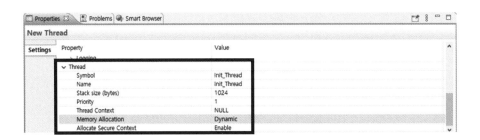

그림 11-32. FSP Configuration 설정 (10)

RTOS 환경에서 동적 메모리 할당을 사용하려면 그림 11-31과 같이 설정
하면 된다. 다음으로, 태스크 명, 스택 크기, 메모리 할당 방법 등을 설정하
기 위해 그림 11-32와 같이 변경하면 된다.

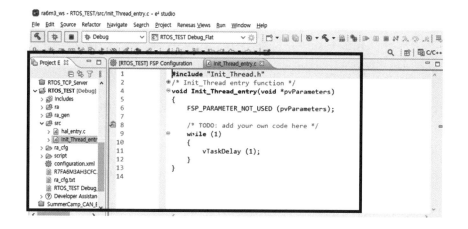

그림 11-33. FSP Configuration 설정 (11)

위와 같은 과정을 거치면 그림 11-33과 같이 정상적으로 태스크가 생성되는 것을 확인할 수 있다. 이 태스크는 실습 보드가 동작하면서 첫 순서로 실행되는 태스크이다.

11.2.6. 태스크 기본 프로그래밍

1) 태스크 실행 순서

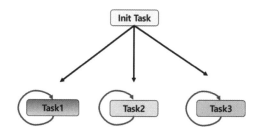

그림 11-34. 태스크 실행 순서

그림 11-34와 같이 RTOS 기반 태스크 동작의 첫 순서는 "Init Task"의 실행이다. 따라서 "Init Task"에서 동작시키고 싶은 태스크를 생성하고 실행한다. 이후 만들어진 태스크들끼리 우선순위에 따라 동작하게 된다.

그림 11-35와 같은 RTOS 기반 프로그램을 확인할 수 있다. "Init Task"는 "Init_Thread_entry"와 같이 생성되며, "Init_Thread_entry()" 태스크 함수에서 태스크를 생성하면 된다. GPIO 실습을 기반으로 태스크 생성, 삭제, 우선순위 설정 등과 관련된 프로그램 설계 방법을 살펴보도록 하겠다.

```c
#include <Init_Thread.h>
/* Init Thread entry function */
/* pvParameters contains TaskHandle_t */

void Initial_Setting();
void Task_LED0(void *pvParameters);
void Task_LED1(void *pvParameters);
void Task_LED2(void *pvParameters);

TaskHandle_t Handle_LED[3];

void Init_Thread_entry(void *pvParameters)
{
    FSP_PARAMETER_NOT_USED (pvParameters);

    Initial_Setting();

    /* TODO: add your own code here */
    while (1)
    {
        xTaskCreate(Task_LED0, "LED0", 0x50, NULL, 1, &Handle_LED[0]);
        xTaskCreate(Task_LED1, "LED1", 0x50, NULL, 2, &Handle_LED[1]);
        xTaskCreate(Task_LED2, "LED2", 0x50, NULL, 3, &Handle_LED[2]);

        vTaskDelay (1);
    }
}
```

그림 11-35. RTOS 기반 프로그램

2) 태스크 생성

태스크 생성을 위해서 태스크 제어변수와 태스크 함수가 필요하다. 태스크 제어변수는 그림 11-36과 같이 선언하면 된다. 또 그림 11-37과 같이 태스크 함수를 선언하면 된다. 태스크 함수는 반드시 "void" 자료형을 갖는 매개변수와 반환(return) 코드가 없는 프로그램 구조를 갖추고 있어야 한다.

```
TaskHandle_t Handle_LED[3];
```

그림 11-36. 태스크 제어변수 선언

```
void Task_LED0(void *pvParameters)
{
    FSP_PARAMETER_NOT_USED(pvParameters);

    for(;;)
    {
        R_PORT10->PODR_b.PODR8 ^= 1U;
        vTaskDelay(pdMS_TO_TICKS(250));
    }
}
```

그림 11-37. 태스크 함수 선언

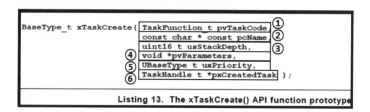

그림 11-38. 태스크 생성

그림 11-38과 같이 "xTaskCreate()" 함수를 통해 태스크 생성이 가능하다.

① 해당 매개변수는 태스크 함수의 포인터를 전달하는 용도이다. 해당 변수에 함수명을 기재하면 되고, 태스크 함수는 절대 반환 코드를 작성하면 안 된다.

② 해당 매개변수는 사용자가 사용할 태스크 이름을 전달하는 용도이다. 이는 디버깅에 이용될 수 있다.

③ 해당 매개변수는 스택 크기를 결정한다. 스택 크기 단위는 4바이트(Byte)를 가지는 "Word" 자료형이다. 만약 사용자가 '100'을 해당 변수에 기재한다면

400바이트의 스택 크기를 가진다.

④ 해당 매개변수는 태스크 함수의 매개변수를 지정하기 위한 용도이다. 인자
를 기재하거나 "NULL"을 기재할 수 있다.

⑤ 해당 매개변수는 태스크의 우선순위를 설정하기 위한 용도이다.

⑥ 해당 매개변수는 태스크 제어변수를 지정하기 위한 용도이다.

```c
void Init_Thread_entry(void *pvParameters)
{
    FSP_PARAMETER_NOT_USED (pvParameters);

    Initial_Setting();

    /* TODO: add your own code here */
    while (1)
    {
        xTaskCreate(Task_LED0, "LED0", 0x50, NULL, 1, &Handle_LED[0]);
        xTaskCreate(Task_LED1, "LED1", 0x50, NULL, 2, &Handle_LED[1]);
        xTaskCreate(Task_LED2, "LED2", 0x50, NULL, 3, &Handle_LED[2]);

        vTaskDelay (1);
    }
}
```

그림 11-39. 태스크 생성 방법

위 매개변수들을 고려하여 그림 11-39와 같이 태스크를 생성할 수 있다.
생성된 태스크는 GPIO 실습 기반 LED 제어 태스크이다. 태스크 생성을 자
세히 살펴보면, "LED0" 태스크는 "Task_LED0"이라는 태스크 함수를 사용하
며, 스택 크기는 '0x50'이고 매개변수는 없다. 또한, 우선순위로 '1'을 가지며,
태스크 제어변수로 "Handle_LED[0]"을 사용한다.

3) 태스크 삭제

생성된 태스크를 삭제하는 방법은 일반적으로 2가지가 있다. 현재 태스크
를 삭제하는 방법과 특정 태스크를 삭제하는 방법이 있다. 이를 코드와 함께

알아보도록 하겠다.

3-1) 현재 태스크 삭제

```
void Init_Thread_entry(void *pvParameters)
{
    FSP_PARAMETER_NOT_USED (pvParameters);

    Initial_Setting();

    /* TODO: add your own code here */
    while (1)
    {
        xTaskCreate(Task_LED0, "LED0", 0x50, NULL, 1, &Handle_LED[0]);
        xTaskCreate(Task_LED1, "LED1", 0x50, NULL, 2, &Handle_LED[1]);
        xTaskCreate(Task_LED2, "LED2", 0x50, NULL, 3, &Handle_LED[2]);
        vTaskDelete(NULL);

    }
}
```

그림 11-40. 현재 태스크 삭제

그림 11-40과 같이 "vTaskDelete()" 함수 안에 "NULL"을 작성하면 현재 태스크를 삭제할 수 있다.

3-2) 특정 태스크 삭제

```
/** For handling LED outputs **/
void Task_LED0(void *pvParameters)
{
    FSP_PARAMETER_NOT_USED (pvParameters);

    /* TODO: add your own code here */
    for(;;)
    {
        R_PORT10->PODR_b.PODR8 ^= 1U;
        vTaskDelete(Handle_LED[1]);
    }
}
```

그림 11-41. 특정 태스크 삭제

그림 11-41과 같이 "vTaskDelete()" 함수 안에 특정 태스크 제어변수를 작성하면 지정한 태스크를 삭제할 수 있고 태스크에 할당되어 있던 메모리는 해제된다.

태스크 제어변수 및 함수는 "FreeRTOS Heap" 영역 밖에서 먼저 할당된다. 태스크를 생성할 때, 두 요소는 포인터를 통해 "FreeRTOS Heap" 영역으로 할당된다. 따라서 태스크를 삭제할 때, "FreeRTOSHeap" 영역에 태스크 메모리는 해제되어도 기존 함수의 메모리는 남아있다.

4) 태스크 우선순위 설정

태스크를 생성할 때, 태스크의 우선순위를 설정한다. 이후 태스크의 우선순위 값을 획득하거나 변경할 수 있는 함수가 존재한다. 이 함수를 활용하는 방법에 대해 알아보도록 하겠다.

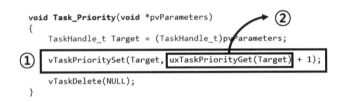

그림 11-42. 태스크 우선순위 획득 및 재설정 함수

① 해당 "vTaskPrioritySet( )" 함수는 태스크 제어변수를 통해 태스크의 우선순위를 변경할 수 있다.

② 해당 "uxTaskPriortyGet( )" 함수는 태스크 제어변수의 태스크 우선순위를 획득할 수 있다.

"Task_Priority()" 태스크 함수는 매개변수로 받아온 태스크 제어변수의 태스크 우선순위를 증가시키는 용도이다. 해당 태스크는 우선순위를 올리고 나서 현재 태스크를 삭제한다. 그래서 단일 태스크의 우선순위를 올리고 삭제되는 태스크를 작성하고 싶다면 그림 11-42와 같이 작성하면 된다.

5) 태스크 정지 및 재개

```
vTaskSuspend(Handle_LED[0]);
vTaskSuspend(Handle_LED[1]);
vTaskSuspend(Handle_LED[2]);
```

그림 11-43. 태스크 정지 함수

태스크의 상태 중 "Suspended" 는 태스크가 정지된 상태이다. 그림 11-43과 같이 "vTaskSuspend()" 함수를 사용하면 해당 태스크를 정지시킬 수 있다.

```
vTaskResume(Handle_LED[0]);
vTaskResume(Handle_LED[1]);
vTaskResume(Handle_LED[2]);
```

그림 11-44. 태스크 정지 함수

정지된 태스크는 기한 없이 정지된다. 이러한 정지된 상태를 재개시키기 위해서는 그림 11-44와 같이 "vTaskResume()" 함수를 사용하여 재개시켜야 한다.

6) 태스크 지연

태스크를 정지시키는 방법과 다르게 "Blocked" 상태로 만들어서 지연시키는 방법이 존재한다. 설정한 시간만큼 현재 태스크는 "Blocked" 상태로 변환되며 시간이 만료되면 다시 "Ready" 상태로 전환된다.

```
void Task_LED0(void *pvParameters)
{
    FSP_PARAMETER_NOT_USED(pvParameters);

    for(;;)
    {
        R_PORT10->PODR_b.PODR8 ^= 1U;
        vTaskDelay(pdMS_TO_TICKS(250));
    }
}
```

그림 11-45. 태스크 정지 함수

그림 11-45와 같이 "vTaskDelay( )" 함수를 사용하면 태스크를 원하는 만큼 지연시킬 수 있다. 이때 해당 함수의 매개변수로 RTOS 틱을 전달한다. RTOS 틱은 RTOS 기반 프로그램에서 지원하는 클럭이고, 용어가 생소할 수 있기에 "RTOS 클럭"이라 지칭하겠다. RTOS 클럭은 시스템 코어 클럭으로부터 펄스 신호를 받아오며 클럭 속도로 1~1000kHz 범위를 가진다.

"pdMS_TO_TICK( )" 함수는 ms 단위의 시간만큼을 RTOS 클럭 카운트 수로 변환해주는 함수이다. 따라서 그림 11-45를 예시로 들었을 때, "Task_LED0" 태스크를 250ms만큼 지연시킬 수 있다.

보드마다 RTOS 클럭 속도(1~1000kHz)는 다를 수 있다. 따라서 이에 대한 개념을 알아가며 RTOS 클럭을 사용할 필요는 없고 "pdMS_TO_TICK()" 함수를 사용하는 것이 권장된다. "pdMS_TO_TICK()" 함수를 사용한다면

RTOS 클럭 개념이 별도로 필요하지 않기 때문에 RTOS 클럭에 대한 개념은 설명하지 않을 것이다.

11.3

실습

11.3.1. 실습 1: RTOS 기반 FND 제어

1) 환경 설정

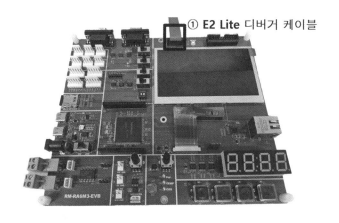

그림 11-46. 실습 보드 하드웨어 연결 방법

그림 11-46은 우리가 사용하는 실습 보드에서 ① E2 Lite 디버거 케이블을 연결하는 방법이다. 앞으로 진행하는 모든 RTOS 실습에서 그림 11-46과 같이 연결하여 실습 보드를 사용할 것이다. 따라서 추가 연결이 필요한 경

우를 제외하고, 실습마다 기본적인 하드웨어 연결 방법을 별도로 설명하지는 않을 것이다.

2) 실습 방법

실습 보드 내 FND에 원하는 숫자를 표시하는 실습을 진행한다. 프로그램 설명을 진행할 때, 숫자는 임의로 '1234'로 표현하겠다. 본격적으로 FreeR-TOS 실습을 위해, E2 Studio에서 설계된 FreeRTOS 예제 프로그램을 준비해야 한다. 이는 GitHub에서 제공하는 "RA6M3_Ex12_FreeRTOS.zip" 파일을 다운로드하면 된다.

3) 태스크 기반 제어

이번 실습 파트에서는 RTOS 기반 프로그램을 설계할 것이다. FND 핀의 FSP Configuration 설정과 함수 구성은 "3. GPIO / FND"를 참고하면 된다. 코드 구성은 그림 11-47~11-48을 참고하길 바란다.

```
/** Main Thread : Create Tasks **/
void Init_Thread_entry(void *pvParameters)
{
    FSP_PARAMETER_NOT_USED (pvParameters);
    /* Initial HW Setting */

①  FND_Setting();

    /* TODO: add your own code here */
    while (1)
    {
②      xTaskCreate(Task_FND, "FND", 0x100, NULL, 1, &Handle_FND);
        vTaskDelete(NULL);
    }
}
```

그림 11-47. 메인 태스크 구성

① 그림 11-47과 같은 화면을 확인하고 해당 코드는 FND 초기 설정을 위한 용도이다.

② 해당 코드는 태스크 생성 함수이다. FND 제어를 위한 태스크를 초기 태스크에서 생성하였다. 해당 태스크는 1024바이트의 스택을 가지며 함수로 전달할 인자는 따로 없다. 우선순위는 '1'이고 태스크의 제어변수는 "Handle_FND"이다.

```
void Task_FND(void *pvParameters)
{
    FSP_PARAMETER_NOT_USED (pvParameters);

    /* TODO: add your own code here */
    for(;;)
    {
        R_FND_Print_Data(Time);
    }
}
```

그림 11-48. FND 태스크 구성

① 그림 11-48의 코드는 FND를 제어하기 위한 용도이다. 앞서 하나의 무한 루프에서 프로그램을 설계했던 것처럼 FND 태스크 함수에서 동일하게 프로그램을 설계하면 된다. 태스크 지연을 사용하지 않은 이유는 FND의 원리 때문이다. 만약 태스크 지연을 사용한다면 "7-segment"가 동시에 표현되는 것처럼 보이지 않을 것이다.

우리는 FND를 제어하는 원리와 함수들에 대해 "3. GPIO / FND"에서 알아보았다. RTOS 기반 FND 제어 프로그램을 설계할 때도 마찬가지로 동일한 FND 원리와 함수를 활용하면 된다. 따라서 앞서 실습하였던 내용을 활용하여 FND 제어 태스크를 구성할 수 있다.

4) 실습 결과

그림 11-49와 같이 실습 보드 내 FND를 통해 숫자('1234')가 표현된 것을 확인할 수 있다.

그림 11-49. 실습 1 결과

11.3.2. 실습 2: 가변저항 및 서보모터 (조향장치 표현)

1) 실습 방법

그림 11-50과 같이 실습 보드 내 가변저항 및 서보모터를 이용하여 조향 장치를 표현하는 실습을 진행한다. 가변저항은 자동차 핸들을 나타내고 서보 모터는 핸들에 따라 달라지는 바퀴의 방향을 나타낸다.

 서보모터

가변저항

그림 11-50. 조향장치 표현

1-1) 실습 조건

• 가변저항을 돌리면 서보모터가 실시간으로 회전한다.

• 가변저항과 서보모터의 회전 방향은 일치해야 한다. 또 가변저항과 서보모터의 각도는 동일해야 한다. 예를 들어, 가변저항의 각도가 0˚ 일 때, 서보모터의 각도도 0˚ 여야 한다.

이로써 이 책의 모든 실습을 마치도록 하겠다. 본 실습에서 사용한 보드의 MCU는 이미 현업에서 광범위하게 활용되고 있다. 이러한 영역을 잘 이해하고 다룰 수 있다면 임베디드 시스템 분야에서 큰 성장을 이룰 수 있을 것이다. 이 책을 통해 관련 기본 개념들을 체계적으로 이해했길 바란다. 또 앞으로도 끊임없는 학습과 개발을 통해 전문성을 향상하고 미래의 임베디드 시스템 발전에 함께 이바지하길 기대한다.

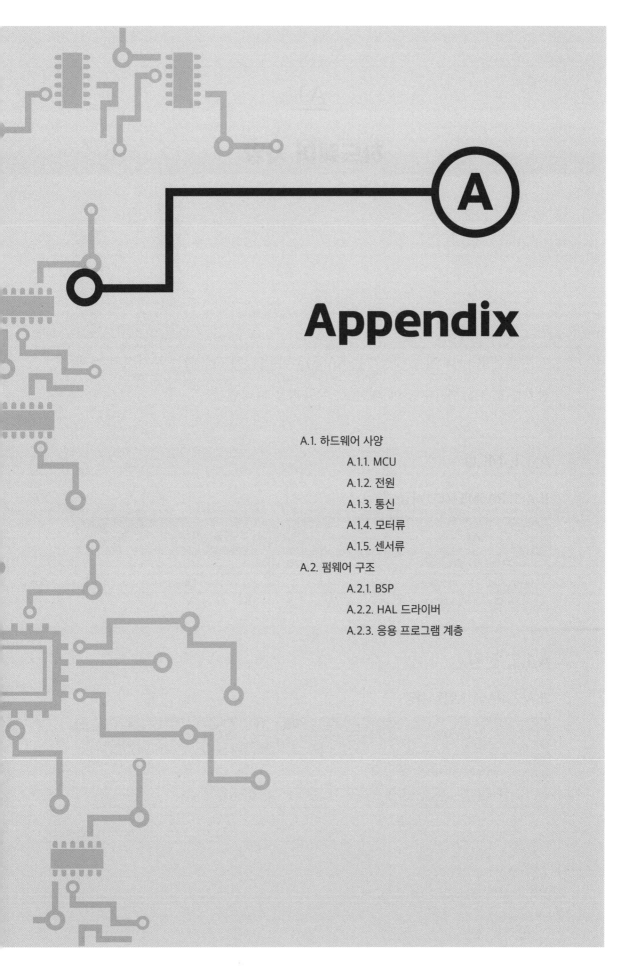

Appendix

A.1. 하드웨어 사양
    A.1.1. MCU
    A.1.2. 전원
    A.1.3. 통신
    A.1.4. 모터류
    A.1.5. 센서류
A.2. 펌웨어 구조
    A.2.1. BSP
    A.2.2. HAL 드라이버
    A.2.3. 응용 프로그램 계층

A.1

하드웨어 사양

다음은 Renesas에서 제공하는 RA6M3 및 실습에 사용하는 부가적인 기계 장치들(모터류, 센서류 등)에 대한 표준 규격을 나타낸다.

A.1.1. MCU

표 A-1. RA6M3 MCU 사양

Parameter	Value			Unit	Note / Test Condition
	Min.	Typ.	Max.		
Maximum Frequency	–	120	–	MHz	
Flash Memory Size	–	2	–	MB	
Operating Voltage	2.7	3.3	3.6	V	

A.1.2. 전원

표 A-2. RA6M3 전원 사양

Parameter	Value			Unit	Note / Test Condition
	Min.	Typ.	Max.		
Power Voltage	12	12	24	V	using DC-Jack Connector.
Power Current			5000	mA	

A.1.3. 통신

표 A-3. RA6M3 통신 사양

Parameter	Value			Unit	Note / Test Condition
	Min.	Typ.	Max.		
UART Logic Volatage	2.7	3.3	3.6	V	
UART Speed	9.6	–	115.2	Kbps	
CAN Logic Volatage	2.7	3.3	3.6	V	
CAN Speed	–	0.5	1	Mbps	
Ethernet Logic Volatage	2.7	3.3	3.6	V	
Ethernet Speed	–	–	100	Mbps	

A.1.4. 모터류

표 A-4. RA6M3 모터류 사양

Parameter	Value			Unit	Note / Test Condition
	Min.	Typ.	Max.		
Motor Power Voltage	–	5	–	V	
Server Motor Signal Voltage	4.8	5	6	V	
Servo Motor Speed	0.19	–	0.15	sec/60 degree	
Server Motor Angle Range	0	–	pi/2	radian	

A.1.5. 센서류

표 A-4. RA6M3 센서류 사양

Parameter	Symbol	Value			Unit	Note / Test Condition
		Min.	Typ.	Max.		
ADC Power Voltage		–	3.3	–	V	
Variable Resistor		0	–	10	k	resistance range
Temperature Senser		-40	–	125		measuring range
CdS Senser		0.5	–	–	M	Dark Resistance

A.2

펌웨어 구조

RA6M3의 펌웨어는 그림 A−1과 같은 구조로 구성되어 있다. 우선, 학습자가 MCU 기반 임베디드 시스템을 원활하게 다루기 위해서는 제어 방식에 대한 이해가 필요하다.

임베디드 시스템은 전자 부품들로 구성된 하드웨어를 MCU의 내부 모듈들과 I/O 제어기를 이용하여 제어할 수 있도록 설계된 시스템을 의미한다. 보통 MCU는 연산 장치, 메모리, 다양한 내부 장치 (타이머, ADC, DAC, PWM, 통신 모듈 등) 및 I/O 제어기를 포함하고 있다.

MCU는 출력 신호를 변경하고 특정 하드웨어에 신호를 전달하여 시스템을 동작시키기 위해 내부 모듈을 조작할 수 있다. 이를 위해 사용자는 MCU 내부 각 모듈에 연결된 레지스터의 값을 적절하게 설정해야 한다. 레지스터는 메모리 영역 중 특정 모듈 설정에 필요한 값을 저장하고 있는 공간이다. 따라서 사용자는 MCU의 레지스터 값을 수정함으로써 임베디드 시스템의 하드웨어를 조절할 수 있다.

다양한 종류의 MCU가 시장에 존재하며, 사용 목적에 따라 성능과 구조가 다르다. 따라서 특정 MCU를 완벽하게 제어하기 위해서는 해당 MCU의 각 모듈과 레지스터 설정 방법을 정확히 이해해야 한다. 이는 사용자 관점에서 매우 어려운 작업이며, 상당한 시간과 노력이 필요하다. 이러한 어려움을 극복하기 위해 Renesas에서는 MCU 모듈을 편리하게 활용할 수 있도록 별도의 라이브러리나 자체적인 패키지인 FSP를 제공한다. 이를 통해 사용자는 더욱 간편하게 MCU를 활용하고, 복잡한 설정에 대한 부담을 줄일 수 있다.

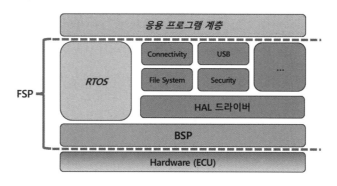

그림 A-1. RA6M3 펌웨어 구조

A.2.1. BSP

BSP는 주로 MCU 제조사에서 개발자에게 전달하는 개발 패키지를 의미한다. 해당 패키지는 주로 부트로더, 드라이버, 컴파일러 및 HAL 드라이버를 포함한다. 이를 배포하는 이유는 개발자들이 MCU 내부 SoC의 세세한 동작을 충분히 이해하지 못해서 특정 SoC에 특화된 하드웨어 초기화 코드를 직접 작성하기 어렵기 때문이다. 그래서 기본 동작하는 코드를 제공하여 개발자가 더욱 쉽게 SoC를 활용할 수 있도록 한다.

Renesas는 BSP를 통해 다양한 하드웨어와 소프트웨어 구성 요소를 지원한다. 여기에는 다양한 편의 기능과 드라이버가 포함되어 있어 개발자가 효율적으로 시스템을 구축하고 제어할 수 있다. Renesas가 제공하는 BSP 중에서 CMSIS는 Arm에서 제공하는 표준 인터페이스로, MCU의 핵심 기능 및 하드웨어 초기화를 위한 라이브러리와 헤더 파일을 제공한다. 이를 통해 효율적인 코드 작성과 이식성이 향상된다.

A.2.2. HAL 드라이버

HAL 드라이버는 하드웨어의 복잡성을 숨기고 표준화된 인터페이스를 제공하는 용도이다. MCU 제조사들은 주로 컴파일러와 함께 사용되는 라이브러리를 제공하여 MCU의 레지스터를 효율적으로 제어할 수 있도록 도와준다. 해당 라이브러리는 레지스터에 값을 쓸 때 매번 메모리 주소를 찾아가며 일일이 작성하는 수고를 덜기 위해, 사전에 정의된 레지스터의 주소를 포함한 C 파일이나 헤더 파일로 구성된다.

이를 통해 소프트웨어 개발자는 하드웨어에 대한 깊은 지식이 없어도 쉽게 MCU를 제어할 수 있다. 또한, 사전에 정의된 함수와 구조체를 사용함으로써 코드 작성이 간소화되어 개발 시간이 단축된다.

A.2.3. 응용 프로그램 계층

상기 언급한 HAL 드라이버를 사용하여 하드웨어를 제어하여 사용자가 원하는 응용 프로그램을 구성할 수 있다.

참고문헌

1. Arm, ARM Cortex-M for Begineers, 2016

2. Arm, ARM Cortex-A Series Programmer's Guide Version 4.0, 2013

3. Arm, ARM Cortex-R Series Programmer's Guide Version 4.0, 2013

4. Renesas, Renesas RA Family of 32-bit MCUs with Arm Cortex, 2023

5. D. Laws, Who invented the microprocessor, Computer History Museum, 2018

6. Renesas, RA6M3 Group User's Manual: Hardware Rev.1.20, 2023

7. Renesas, RA6M3 Group Datasheet Rev.1.20, 2023

8. Renesas, RA6 MCU Advanced Secure Bootloader Design using MCUboot and Code Flash Dualbank Mode Rev.1.20, 2024

9. Renesas, RA Family Nomenlature Ver 2.10, 2024

10. Arm, ARM Cortex-M4 Technical Reference Manual-r0p0, 2010

11. Arm, ARM v7M Architecture Reference Manual, 2021

12. 알기쉽게 풀어 쓴 RENESAS RA4와 RA6 e2 studio를 활용한 Cortex-M, (류대우, 한동훈), (주)뉴티씨, 2014

13. Renesas, Official Renesas RA Family Beginner's Guide, 2023

14. Renesas, Renesas Flexible Software Package (FSP)-v.5.2.0 User's Manual, 2024

15. Renesas, [Flyer] E2 Emulator Lite[RTE0T0002LKCE00000R]

16. Renesas, Renesas Flash Programmer V3 Release Note

17. Kvaser ,CAN_Signal_Analysis_with_Spreadsheets_and_Kvasers_CanKing_BH_200520.pdf

18. M. Grusin, How to read a datasheet ,https://www.sparkfun.com/tutorials/223

19. EE Power, Pull-up and Pull-down Resistors (Chapter 5 - Resistor Applications)

20. RedRock, How to choose the best output configuration in digital sensing applications

21. TI, Common-Anode Power Supply Solution for Common-Cathode LED Display

22. KEINX, 7-segment 구동

23. ㈜뉴티씨, NTC FPGA 강좌 7. 7-Segment 사용하기

24. Barry B. Brey, "The Intel Microprocessors" , 2009

25. RAD Data Communications/Pulse Supply, https://web.archive.org/web/20140217174920/http://www.pulsewan.com/data101/multidrop_polling_basics.htm

26. Charles Platt, "Encyclopediaofelectroniccomponents.Volume1,[Powersources&conversion:resistors,capacitors,inductors,switches,encoders,relays,transistors]" ,2012

27. Arm, ARM Cortex-A Series Programmer's Guide for ARMv7-A.

28. Escudier, Marcel; Atkins, Tony, "A Dictionary of Mechanical Engineering" ,2019

29. Sawicz, Darren, "Hobby Servo Fundamentals", 2012

30. Stephan Hermen, "Industrial Motor Control", 2010

31. Andrew J Butterfield, John Szymanski, "A Dictionary of Electronics and Electrical Engineering", 2018

32. Martin Snelgrove, "Oscillator", 2011

33. PMB ELECTECH, (PMB50083-R08W1.0-B) Specification for speaker

34. GoldWave Manual https://goldwave.com/help/desktop/TableOfContents.html

35. HxD Hex Editor Manual https://mh-nexus.de/en/hxd

36. TOKEN, PGM CDS Photoresistors, 2010

37. TT Electronics, (P120-3304020) Panel Potentiometer P120 Series, 2021

38. Cryptography, Information Theory, and Error-Correction: A Handbook for the 21st Century, 2005

39. NewTC, AD-USBSERIAL_V01_Manual

40. Renesas, UART HAL Module Guide, 2019

41. Texas Instruments, (SPRUGP1) KeyStone Architecture Universal Asynchronous Receiver/Transmitter (UART), 2010

42. NXP, (SCC2691) Universal asynchronous receiver/transmitter (UART), 2006

43. Tera Term Manual https://teratermproject.github.io/manual/5/en

44. Bosch, CAN SPecification-Version 2.0, 1991

45. Elmos, (E520.13) HS CAN Tranceiver for Partial Networking

46. Texas Instruments, (SN65HVD233) 3.3-V CAN Bus Transcerivers - Revision G, 2015

47. Philips, (TJA1050) High Speed CAN Transceiver, 2001

48. Aoife Moloney, Line Coding, Dublin Institute of Technology, 2005

49. M. D. Natale, Understanding and using the COntroller Area Network, 2008

50. M. Passemard, (4069A-CAN-02/04) Atmel Microcontrollers for Controller area Network (CAN), Atmel Corporation, 2004

51. NXP, (AN00094) TJA10141/1041A high speed CAN transceiver, 2006

52. NXP, (TJA1041) High Speed CAN Transceiver, 2007

53. D. Mannisto and M. Dawson, An Overview of CAN Technology, mBUS, 2003

54. T. Thomsen and G. Drenkhahn, Ethernet for AUTOSAR, 2008

55. M. Osajda, The Fully Networked Car, 2010

56. B. Forouzan and F. Mosharraf, Computer Networks: A Top-Down Approach, McGraw-Hill, 2012

57. H. Goto, The Next Generation Automotive Network-Updates of the related activities in Japan, 2012

58. H. Schaal, IP and Ethernet in Motor Vehicles, 2012

59. P. Hank, Automotive Ethernet, Holistic Approach for a Next-genegration In-Vehicle Networking Standar, 2012

60. Renesas Electronics Corporation, Semiconductor Technology to support Higher Speed Automotive Network & Connectivity, 2012

61. R. Hoeben, Automotive Ethernet gaining traction Status and way forward, 2012

62. A. Tan, Designing 1000BASE-T1 Into Automotive Architectures, 2014

63. A. Bar-Niv, Automotive Ethernet Technology, 2016

64. Ethernet & IP @ Automotive Technology Day, 2018

65. FreeRTOS, Mastering-the-FreeRTOS-Real-Time-Kernel.v.1.0, 2023

66. FreeRTOS, The FreeRTOS™ Reference Manual

67. TechTarget, real-time operating system(RTOS)

68. Standford University, Race Conditions and Locks

69. FreeRTOS, https://www.freertos.org

INDEX

숫자	
7-segment	107

ㄱ	
가변 저항	231
경성 실시간 시스템	454
경쟁 상태	465
공유자원	465
공통 애노드	105
공통 캐소드	105
그래픽 LCD 컨트롤러	22
기아 현상	465

ㄷ	
다운카운팅	170
다이오드	105
대역폭	354
데이터 링크 계층	277
데이터 묶음	271
데이터 필드	317
동기 통신	309
동기화	270
듀티 비	178
디버깅	53
디버깅 인터페이스	31
디지털	224

ㄹ	
라운드 로빈 기반 선점형 스케줄링	463
라이브러리	410

랜카드	381
레벨 시프터	29
레지스터	64
링커	53

ㅁ	
마감 기한	454
마이크로프로세서	16
모노	259
물리 계층	277
뮤텍스	465

ㅂ	
반이중 통신	274
버스	272
베어 메탈 프로그래밍	452
벡터 테이블	139
변조	168
병렬 통신	276
보안 암호화 모듈	22
복원	226
부가 정보(Header)	361
부호화	226
분주기	171
분주비	171
분해능	229
비동기 통신	270
비선점형 스케줄링	460
빌드	34

ㅅ

상승 엣지	172
서보 메커니즘	181
서보 모터	181
선점형 스케줄링	459
세마포어	465
센서	225
소켓 프로그래밍	363
스레드	456
스마트카드	269
스케줄링 알고리즘	459
스테레오	259
스피커	230
시리얼 클럭	272
시리얼 통신	271
식별자	316
신호 반사 현상	29
실시간 시스템	454
실시간 운영체제 시스템	454

ㅇ

아날로그	224
양자화	226
양자화 레벨	227
양자화 잡음	228
어댑터	381
업카운팅	170
역캡슐화	357
연성 실시간 시스템	454
오실레이터	168
오픈드레인	104
왜곡	230
우선순위	140
우선순위 기반 선점형 스케줄링	460
운영체제	452
위상 오류	321
유닛	235
음성 표본	263
이산 신호	226
이진 부호	228
이진 세마포어	468
인터럽트	136
인터페이스	357
임계 구역	466
임곗값	251

ㅈ

전송 속도	270
전압 분배 법칙	232
전원 스위치	25
전원 어댑터	25
전원 커넥터	25
전이중 통신	274
정전식 터치 센서 유닛	22
조도 센서	230
종단저항	29
주기	168
주파수	170
중단점	58
중재	312
지연 시간	320

ㅋ

카운팅 세마포어	468
캡슐화	357
크로스 컴파일러	53

ㅌ

타겟 시스템	54
타이머	170

타이밍	272	ARM	16
타임큐	463	ARM Cortex	16
태스크	456	ARM 프로세서	16
통신 규약	310	ASCII 코드	278
트랜시버	313	Atmel	16
트리거	136		

ㅍ

패리티 비트	277	
펄스	100	
포트	131	
포팅	455	
폴링	136	
표본	226	
표본화	226	
표본화 속도	227	
표준 ID	317	
푸시풀	104	
풀다운	102	
풀업	102	
프레임	277	
프로세스	456	
플로팅	103	
핀	100	
필터링	319	

B

Baud Rate	275
Big Endian	259
Bit Rate	275
Blocked 상태	488
bps	275
Broadcast	359
BRP	322
BRR	295
BSP	499
Buffer	365

C

C# MFC	398
CAN	312
CAN 모듈	313
CANH	313
CanKing	78
CANL	313
Carriage Return	279
Clock Source	281
CMOS	105
Cortex-A	17
Cortex-M	17
Cortex-R	17
Count Source	171
Count Value	190
CPU	134
CRC	362

ㅎ

확장 ID	317

A

Acceptance	319
Acceptance Filtering 및 Masking	319
ADC	226
AD-USBSERIAL Driver	298
AGT	172

D

DA	387
DAC	226
DC 모터	179
Descriptor	365
DLC	317
dll File	92
DoIP	357
Dominant	315

E

E2 Lite	31
E2 Studio	36
EDMAC	377
Endian	259
EOF	317
ETHERC	373
ETX	302
Exception	137
exe	413

F

FCS	362
FND	107
FreeRTOS	455
FSP	36

G

GND	103
GPIO	102
GPT	174

H

HAL 드라이버	500
HMI	22
HOCO	171
HTTP	357

I

IANA	361
ICU	141
IDE	34
IEEE 802.3	357
IH	137
IIC	272
Infineon	16
IP 라우팅	363
IP 주소	359
IRQ	141
ISR	137

J

J-Link	31

L

LAN	354
Line Feed	279
Little Endian	259
LLC 규약	397
LOCO	171

M

MAC 주소	359
Mailbox	314
Mask	319
Master	272
MCU	16
MDI	364
MDIO	364
MII	364
MOCO	171
MOSC	171
MTU	375
Multicast	359

Multi-master	312		RJ45	31

N

Not Running 상태	462		RMII	367
NPCAP	384		RSR	289
NVIC	139		Running 상태	462
NXP	16		RX	271

O

S

OSI 7계층	276		SA	360
OUI 번호	360		Sampling Point	320
Overflow	176		scan	243

P

			SCB	138
payload	361		SCI 모듈	269
PCLKA~D	171		SCI-UART	276
Period	175		SCL	272
Periodic Unit	190		SCS	138
PHASE_SEG1	320		Segment	320
PHASE_SEG2	320		SFD	358
PHY IC	363		Slave	272
PLL	171		SOF	316
PMOS	105		SOME/IP	357
Preamble	358		SOSC	171
PWM	178		SPI	273

R

			SRAM	365
			SS	320
RA6M3	20		STX	421
Raw	259		Suspended 상태	463
Raw Counts	190		SysTick	168
RDR	289			

T

Ready 상태	462		TCP/IP	383
Recessive	315		TDR	289
Reload Value	199		Tera Term	83
Renesas	18		Time Quantum	320
Renesas Flash Programmer	66		Timer Period	190
Renesas Reference Manual	61		TSEG1	321

TSEG2		321
TSR		289
TX		289
	U	
UART		271
Underflow		172
Unicast		359
	V	
VCC		103
VLAN		361
	W	
WinPcap		90
WireShark		86
	X	
XCP		357

RA6M3기반 임베디드 시스템

1판 1쇄 인쇄 2024년 8월 26일
1판 1쇄 발행 2024년 8월 30일

지은이 오성빈, 김종훈, 임세정, 차성근, 최혁준, 전재욱
펴낸이 유지범
펴낸곳 성균관대학교 출판부
등록 1975년 5월 21일 제1975-9호

주소 03063 서울특별시 종로구 성균관로 25-2
대표전화 02)760-1253~4
팩시밀리 02)762-7452
홈페이지 press.skku.edu

ISBN 979-11-5550-643-1 93560

※ 잘못된 책은 구입한 곳에서 교환해드립니다.

※ 이 교재는 정부(교육부-산업통상자원부)의 재원으로 한국산업기술진흥원의 지원을
   받아 수행된 연구임(P0022098, 2024년 미래형자동차 기술융합 혁신인재양성사업).